高等职业教育专科、本科计算机类专业新型一体化教材

网络设备配置与管理项目教程（华为 eNSP 模拟器版）

张文库　彭素荷　陈外平　主　编

王　印　史玉洁　黄伟斌　副主编

電子工業出版社

Publishing House of Electronics Industry

北京•BEIJING

内 容 简 介

本书以华为网络设备搭建网络实训环境，以实际项目为导向，共 7 个项目，包括认识 eNSP 及 VRP 基础操作、运用交换机构建小型园区网络、运用路由器构建中型园区网络、构建 IPv6 的园区网络、构建无线的园区网络、构建安全的园区网络和园区网络综合实训。本书是理论与实践相结合的入门教材，以实用为目标，重在实践操作。本书配有丰富的实例与大量的插图，以项目案例的方式进行项目化、图形化界面教学，从实用角度出发，展开教学内容，可以强化学生的实操能力，使学生在训练过程中巩固所学知识。

本书可以作为高职专科、本科院校，技工院校“网络设备配置与管理”课程的教材或教学参考用书，也可以作为网络互联技术岗位人员学习参考用书及“1+X 网络系统建设与运维”的技术参考用书。

未经许可，不得以任何方式复制或抄袭本书之部分或全部内容。
版权所有，侵权必究。

图书在版编目（CIP）数据

网络设备配置与管理项目教程：华为 eNSP 模拟器版/张文库，彭素荷，陈外平主编. —北京：电子工业出版社，2022.1

ISBN 978-7-121-42604-9

Ⅰ. ①网… Ⅱ. ①张… ②彭… ③陈… Ⅲ. ①网络设备－配置②网络设备－设备管理 Ⅳ. ①TN915.05

中国版本图书馆 CIP 数据核字（2022）第 015193 号

责任编辑：李　静　　　特约编辑：田学清
印　　刷：涿州市京南印刷厂
装　　订：涿州市京南印刷厂
出版发行：电子工业出版社
　　　　　北京市海淀区万寿路 173 信箱　　　邮编 100036
开　　本：787×1092　1/16　印张：18　字数：461 千字
版　　次：2022 年 1 月第 1 版
印　　次：2024 年 12月第 12 次印刷
定　　价：55.80 元

凡所购买电子工业出版社图书有缺损问题，请向购买书店调换。若书店售缺，请与本社发行部联系，联系及邮购电话：（010）88254888，88258888。

质量投诉请发邮件至 zlts@phei.com.cn，盗版侵权举报请发邮件至 dbqq@phei.com.cn。

本书咨询联系方式：（010）88254604，lijing@phei.com.cn。

前　言

随着计算机网络技术的不断发展，计算机网络已经成为人们生活、工作中的一个重要组成部分，建立以网络为核心的工作方式是社会发展的趋势，培养大批熟练的网络技术人才是当前社会发展的迫切需求。

1．本书特色

在职业教育中，“网络互联技术”已经成为计算机网络技术专业的重要专业基础课程，计算机相关专业也都开设了“计算机网络组建与维护”等课程。“网络互联技术”是一门实践性很强的课程，不仅需要一定的理论基础，而且需要通过大量的实践练习才能真正掌握。本书作为专业基础课教材，做到了与时俱进，知识面与技术面广，紧跟时代步伐。本书可以让读者学到网络互联领域前沿和实用的技术，为以后参加工作做好知识储备。

本书以华为网络设备搭建网络实训环境，在介绍相关理论知识与技术原理的同时，还提供了大量的网络配置项目案例，以达到理论与实践相结合的目的。本书在内容安排上力求做到深浅适度、详略得当，从 eNSP 模拟器及 VRP 基础操作知识起步，用大量的案例、插图讲解计算机网络互联技术的相关知识，同时对教学方法与教学内容进行了精心的整体规划与设计。本书重点知识突出，贴近教学实际，既方便教师讲授，又方便学生学习、理解与掌握。

全书在重点向学生传授计算机网络互联技术手段的同时，也给学生提供了获取新知识的方法和途径，以便学生可以通过自主学习考取对应的认证资格证书。

2．本书内容

本书内容共包括 7 个项目，具体内容安排如下。

项目 1 认识 eNSP 及 VRP 基础操作，主要讲解了安装 eNSP 模拟器、使用 eNSP 搭建和配置网络、熟悉 VRP 基本操作。

项目 2 运用交换机构建小型园区网络，主要讲解了交换机基本配置、实现不同部门之间网络隔离、实现相同部门跨交换机互访、利用三层交换机实现部门间网络互访、提高骨干链路带宽、避免网络环路、提高网络稳定性和实现部门计算机动态获取地址。

项目 3 运用路由器构建中型园区网络，主要讲解了模拟器中路由器的配置、路由器的基本配置、实现部门计算机动态获取地址、利用单臂路由实现部门间网络互访、使用静态路由实现网络连通、使用默认路由及浮动路由实现网络连通、使用动态路由 RIPv2 协议实现网络连通和使用动态路由 OSPF 协议实现网络连通。

项目 4 构建 IPv6 的园区网络，主要讲解了 IPv6 地址的基本配置、使用 IPv6 静态路由及默认路由实现网络连通、使用动态路由 RIPng 协议实现网络连通、使用动态路由 OSPFv3 协议实现网络连通。

项目 5 构建无线的园区网络，主要讲解了组建直连式二层 WLAN 和组建旁挂式三层 WLAN。

项目 6 构建安全的园区网络，主要讲解了实现计算机的安全接入、实现网络设备的远程管理、使用基本 ACL 限制网络访问、使用高级 ACL 限制服务器端口防攻击、实现园区网络安全接入互联网、利用静态 NAT 实现内网服务器向互联网发布信息、利用动态 NAPT 实现局域网主机访问互联网、使用防火墙隐藏内部网络地址保护内网安全。

项目 7 园区网络综合实训，主要讲解了网络设备的管理与维护、负载均衡的园区网络综合实训和企业网综合实训。

3．教学资源

为了提高学习效率和教学效果，方便教师教学，本书配备了教学标准、电子课件、视频和完整配置代码等配套的教学资源。请有此需要的读者登录华信教育资源网（http://www.hxedu.com.cn）免费注册后进行下载，有问题时请在网站留言板留言或与电子工业出版社联系（E-mail:hxedu@phei.com.cn）。

4．本书编者

参与本书编写及献计献策的人员来自多所高水平技师学院、国家示范性高等职业院校及部分企业：珠海市技师学院张文库、王印、黄伟斌，广东花城工商高级技工学校彭素荷，广东省技师学院陈外平，广州市公用事业技师学院江翰，泉州经贸职业技术学院刘景林，苏州信息职业技术学院周霞，广东省机械技师学院陈小明，以及广东飞企互联科技股份有限公司史玉洁。部分编者曾多次担任国家级技能大赛指导教师，近年来所培养的选手曾多次获得全国职业技能大赛金奖，在计算机网络教学和教材编写工作中具有丰富的经验。本书由张文库、彭素荷和陈外平担任主编，由王印、史玉洁和黄伟斌担任副主编，参加编写的人员还有陈小明、周霞、江翰和刘景林。具体分工为：黄伟斌编写项目 1，张文库、陈小明编写项目 2，刘景林编写项目 3，彭素荷编写项目 4，周霞、史玉洁编写项目 5，江翰、陈外平编写项目 6，王印编写项目 7。全书由张文库和史玉洁组织编写并统稿。

由于时间仓促，编者水平有限，书中难免存在不当或疏漏之处，恳请广大师生和读者批评指正。

注：因本书是单色印刷，故无法展示图中色彩，请读者结合具体操作过程学习。

本书思维导图

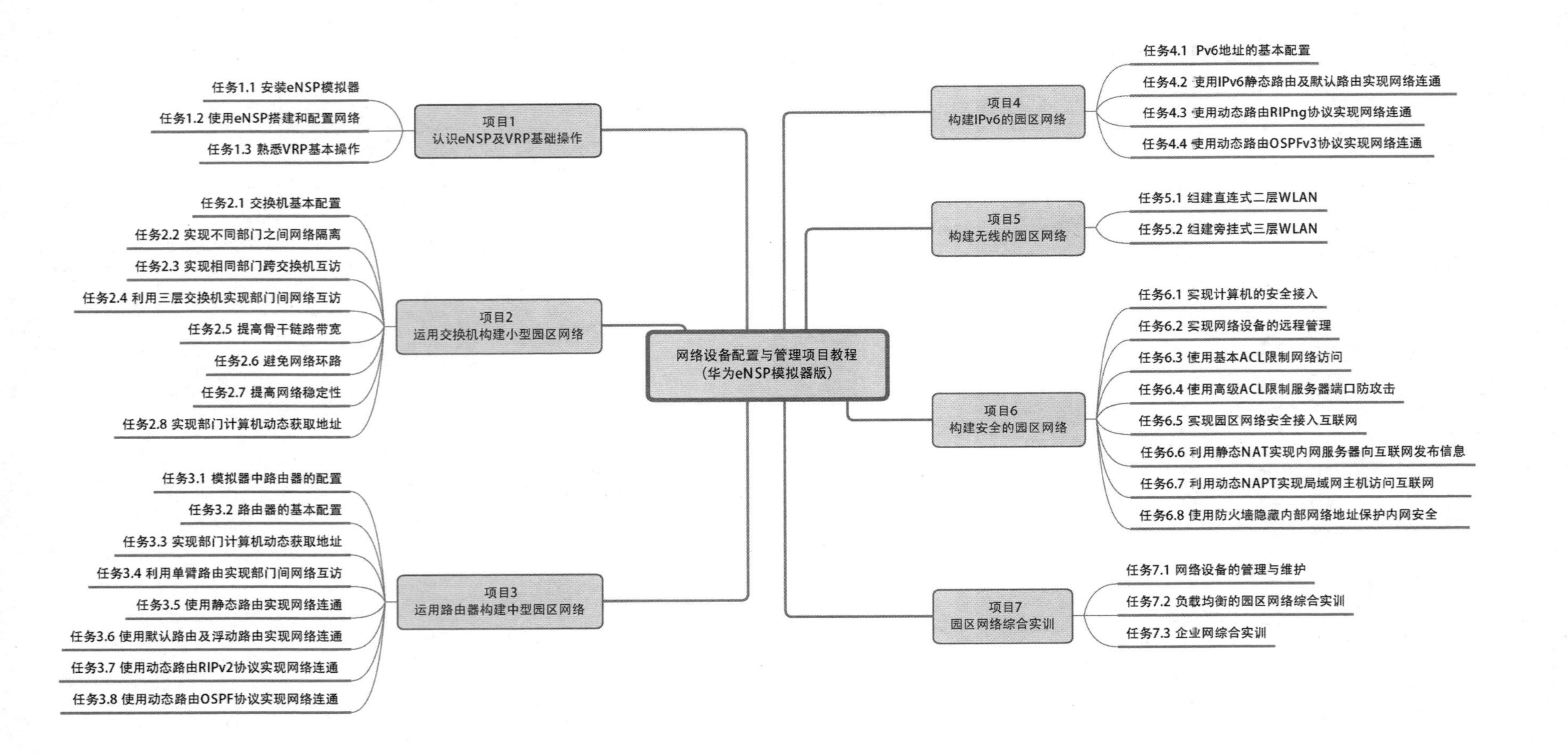

网络设备配置与管理项目教程
(华为eNSP模拟器版)
项目1
认识eNSP及VRP基础操作
任务1.1 安装eNSP模拟器
任务1.2 使用eNSP搭建和配置网络
任务1.3 熟悉VRP基本操作
项目2
运用交换机构建小型园区网络
任务2.1 交换机基本配置
任务2.2 实现不同部门之间网络隔离
任务2.3 实现相同部门跨交换机互访
任务2.4 利用三层交换机实现部门间网络互访
任务2.5 提高骨干链路带宽
任务2.6 避免网络环路
任务2.7 提高网络稳定性
任务2.8 实现部门计算机动态获取地址
项目3
运用路由器构建中型园区网络
任务3.1 模拟器中路由器的配置
任务3.2 路由器的基本配置
任务3.3 实现部门计算机动态获取地址
任务3.4 利用单臂路由实现部门间网络互访
任务3.5 使用静态路由实现网络连通
任务3.6 使用默认路由及浮动路由实现网络连通
任务3.7 使用动态路由RIPv2协议实现网络连通
任务3.8 使用动态路由OSPF协议实现网络连通
项目4
构建IPv6的园区网络
任务4.1 Pv6地址的基本配置
任务4.2 使用IPv6静态路由及默认路由实现网络连通
任务4.3 使用动态路由RIPng协议实现网络连通
任务4.4 使用动态路由OSPFv3协议实现网络连通
项目5
构建无线的园区网络
任务5.1 组建直连式二层WLAN
任务5.2 组建旁挂式三层WLAN
项目6
构建安全的园区网络
任务6.1 实现计算机的安全接入
任务6.2 实现网络设备的远程管理
任务6.3 使用基本ACL限制网络访问
任务6.4 使用高级ACL限制服务器端口防攻击
任务6.5 实现园区网络安全接入互联网
任务6.6 利用静态NAT实现内网服务器向互联网发布信息
任务6.7 利用动态NAPT实现局域网主机访问互联网
任务6.8 使用防火墙隐藏内部网络地址保护内网安全
项目7
园区网络综合实训
任务7.1 网络设备的管理与维护
任务7.2 负载均衡的园区网络综合实训
任务7.3 企业网综合实训

目　　录

项目1　认识 eNSP 及 VRP 基础操作

知识目标

1．了解 eNSP 模拟器的作用。

2．了解 VRP 操作系统的来源和发展。

3．认识 eNSP 主界面和网络连接的线缆。

4．熟悉 VRP 的命令视图和基本操作。

能力目标

1．能正确安装 eNSP 模拟器。

2．能使用 eNSP 搭建和配置网络。

3．能掌握 VRP 平台的应用。

4．能熟悉 VRP 基本操作。

思政目标

1．培养读者具有团队合作精神、写作能力和协同创新能力。

2．培养读者打好专业基础，提高读者的自主学习能力。

3．使读者树立正确使用软件，合理下载软件和安全使用软件的观念。

思维导图

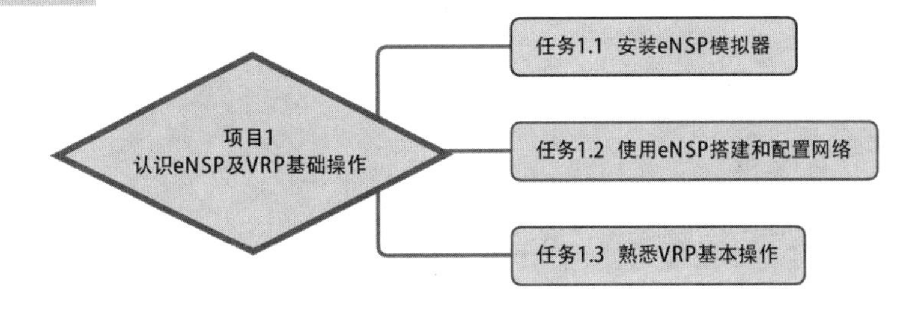

项目描述

eNSP（Enterprise Network Simulation Platform）是一款由华为公司自主开发的、免费的、可扩展的、图形化操作的网络仿真工具平台，主要对企业网络路由器、交换机及相关物理设备进行软件仿真，完美呈现真实设备实景，支持大型网络模拟，可让广大用户能够在没有真实设备的情况下模拟演练，学习网络技术。

VRP（Versatile Routing Platform）是华为公司数据通信产品的通用网络操作系统。目前，在全球各地的网络通信系统中，华为设备几乎无处不在，因此，学习了解 VRP 的相关知识对于网络通信技术人员来说就显得尤为重要。

VRP 是华为公司从低端到高端的全系列路由器、交换机等数据通信产品的通用网络操作系统，就如同微软公司的 Windows 之于 PC，苹果公司的 iOS 之于 iPhone。VRP 可以运行在多种硬件平台之上，并拥有一致的网络界面、用户界面和管理界面，可为用户提供灵活而丰富的应用解决方案。

任务 1.1　安装 eNSP 模拟器

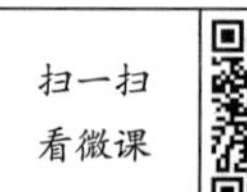

任务描述

eNSP 企业网络仿真平台拥有仿真程度高、更新及时、界面友好、操作方便等特点。这款仿真软件运行的是与真实设备相同的 VRP 操作系统，能够最大限度地模拟真实设备环境。用户可以利用 eNSP 模拟工程开局与模拟网络测试，高效地构建企业优质的 ICT 网络。eNSP 支持与真实设备对接，以及数据包的实时抓取，可以帮助用户深刻理解网络协议的运行原理，协助进行网络技术的钻研和探索。

任务要求

（1）准备相关的安装文件，可登录华为企业业务网站进行下载。

（2）在安装 eNSP 软件程序时，同时需要 WinPcap、Wireshark 和 VirtualBox 的支持，因此需要先安装这三个软件程序包，这三个软件程序包使用默认安装方式即可，最后安装 eNSP 软件。

知识准备

1. eNSP 简介

eNSP 使用图形化操作界面，支持拓扑创建、修改、删除、保存等操作；支持设备拖曳、端口连线操作，通过不同颜色直观反映设备与端口的运行状态。eNSP 还预置了大量工程案例，可直接打开演练学习。

2．eNSP 特点

eNSP 具有如下 4 个显著的特点。

（1）图形化操作。eNSP 提供便捷的图形化操作界面，使复杂的组网操作变得更简单，还可以让读者直观感受设备形态，并且支持一键获取帮助和在华为网站查询设备资料。

（2）高仿真度。按照真实设备支持特性进行模拟，模拟的设备形态多，支持功能全面，模拟程度高。

（3）可与真实设备对接。eNSP 支持与真实网卡的绑定，实现模拟设备与真实设备的对接，组网更灵活。

（4）分布式部署。eNSP 不仅支持单机部署，而且还支持服务器端分布式部署在多台服务器上。在分布式部署环境下，eNSP 能够支持更多设备组成复杂的大型网络。

eNSP 支持单机版本和多机版本，单机部署是指只在一台主机上完成组网，多机部署是指 Server 端分布式部署在多台服务器上。多机组网场景最大可模拟 200 台设备组网规模。

eNSP 作为华为官方发布的网络设备模拟器，推荐读者在学习华为网络技术的同时，结合 eNSP 模拟网络环境，做到理论与实践结合，加深技术理解、提高分析能力、了解网络现象，为以后在网络行业的发展奠定基石。华为完全免费对外开放 eNSP，直接下载安装即可使用，无须申请 license。初学者、专业人员、学生、讲师、技术人员均能免费使用。

由于 eNSP 上每台虚拟设备都要占用一定的内存资源，所以 eNSP 对系统的最低配置要求为：CPU 双核 2.0GHz 或以上，内存为 2GB，空闲磁盘空间为 2GB，操作系统为 Windows XP、Windows Server 2003 或 Windows 7 等，在最低配置的系统环境下组网设备最大数量为 10 台。

eNSP 主界面如图 1.1.1 所示。

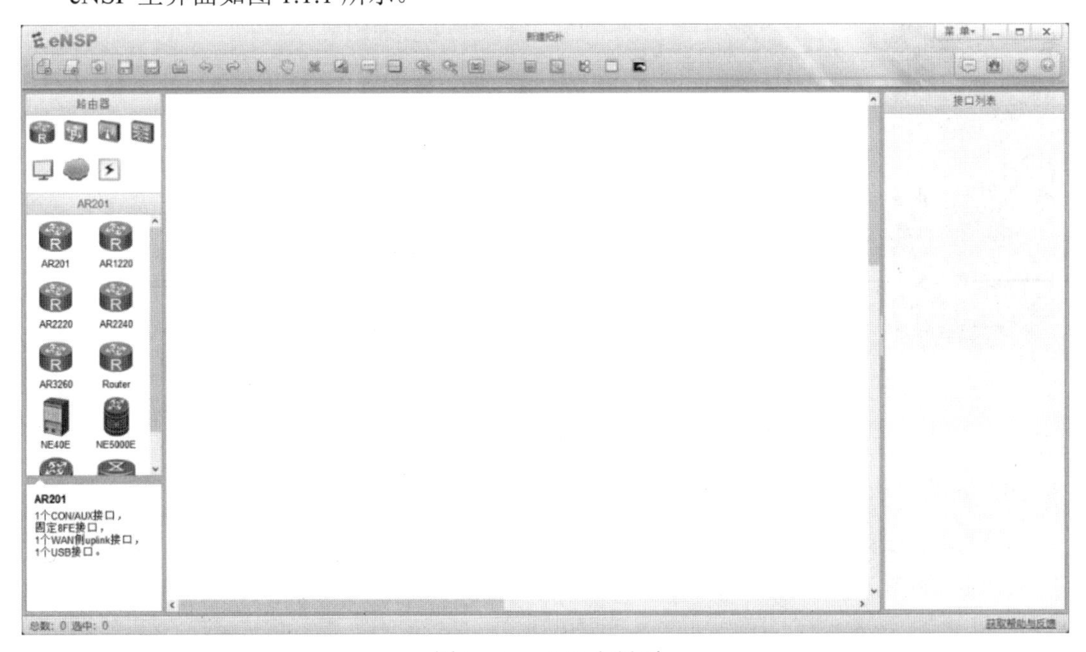

图 1.1.1 eNSP 主界面

任务实施

1．安装 WinPcap 软件

01 双击安装程序 WinPcap 文件，打开安装向导，选择默认安装方式，单击“Next”按钮，如图 1.1.2 所示。

02 单击“Finish”按钮，如图 1.1.3 所示。

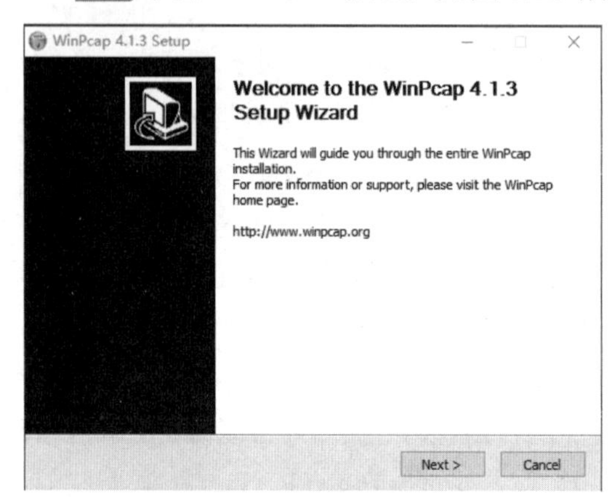

图 1.1.2　WinPcap 欢迎界面

图 1.1.3　WinPcap 完成安装

2．安装 Wireshark 软件

01 双击安装程序 Wireshark 文件，打开安装向导，选择默认安装方式，单击“Next”按钮，如图 1.1.4 所示。

02 单击“Finish”按钮，如图 1.1.5 所示。

图 1.1.4　Wireshark 欢迎界面

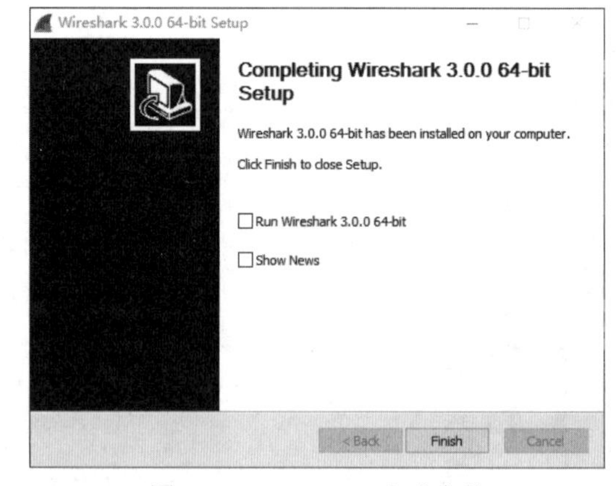

图 1.1.5　Wireshark 完成安装

3．安装 VirtualBox 软件

01 双击安装程序 VirtualBox 文件，打开安装向导，选择默认安装方式，单击“下一步”按钮，如图 1.1.6 所示。

02 单击“完成”按钮，如图 1.1.7 所示。

图 1.1.6 VirtualBox 安装向导界面

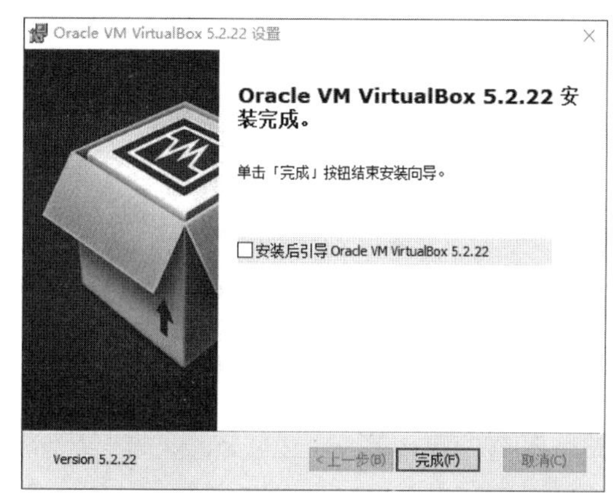

图 1.1.7 VirtualBox 完成安装

4. 安装 eNSP 软件

01 双击安装程序 eNSP 文件，打开安装向导。

02 在“选择安装语言”对话框中选择“中文（简体）”选项，单击“确定”按钮，如图 1.1.8 所示。

03 进入 eNSP 欢迎界面，单击“下一步”按钮，如图 1.1.9 所示。

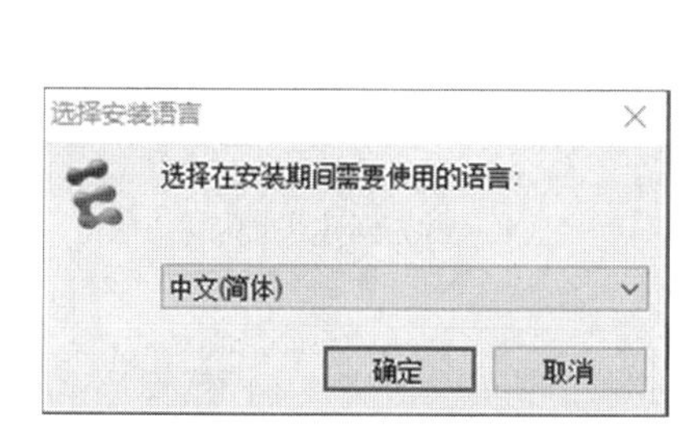

图 1.1.8 选择安装语言

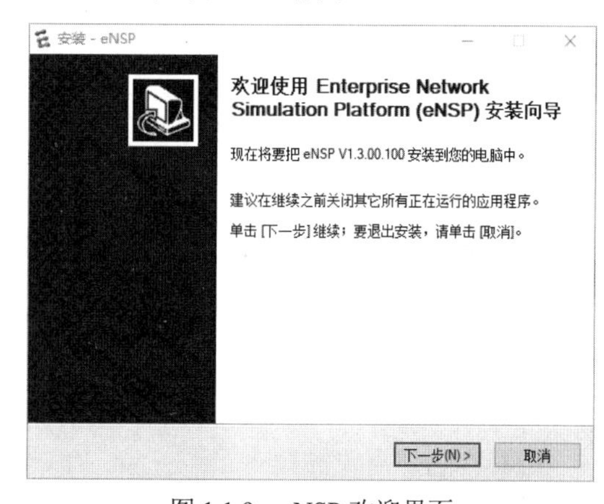

图 1.1.9 eNSP 欢迎界面

04 单击“我愿意接受此协议”单选按钮，单击“下一步”按钮，如图 1.1.10 所示。

05 设置安装位置（整个目录都不能包含非英文字符），单击“下一步”按钮，如图 1.1.11 所示。

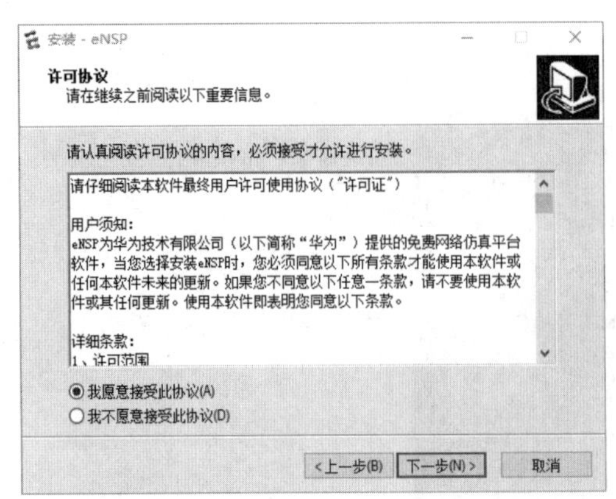

图 1.1.10　eNSP 安装许可协议

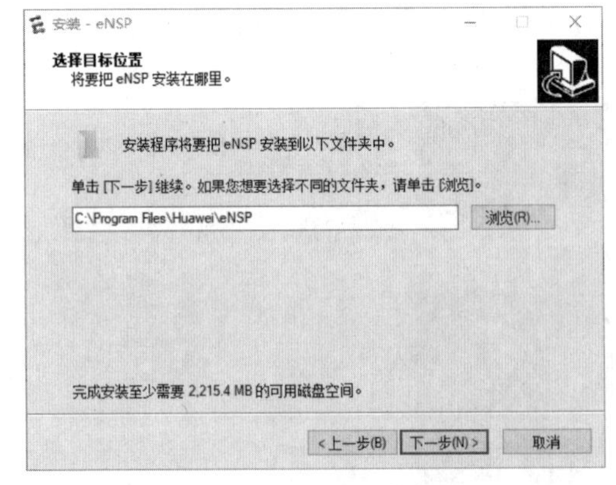

图 1.1.11　设置安装位置

06 设置 eNSP 程序快捷方式在开始菜单中显示的名称，单击“下一步”按钮，如图 1.12 所示。

07 勾选“创建桌面快捷图标”复选框，在桌面创建快捷图标，单击“下一步”按钮，如图 1.1.13 所示。

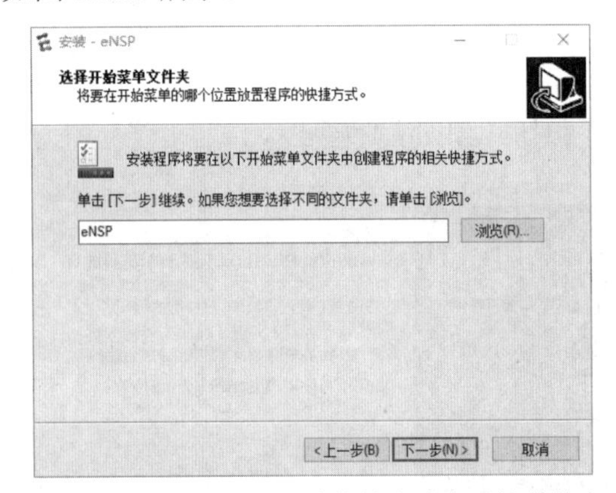

图 1.1.12　设置 eNSP 程序快捷方式在开始菜单中的名称

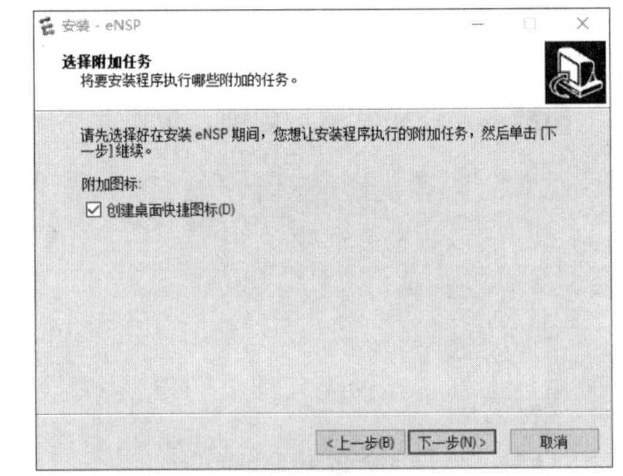

图 1.1.13　创建快捷图标

08 检测到需要的程序已经安装，单击“下一步”按钮，如图 1.1.14 所示。

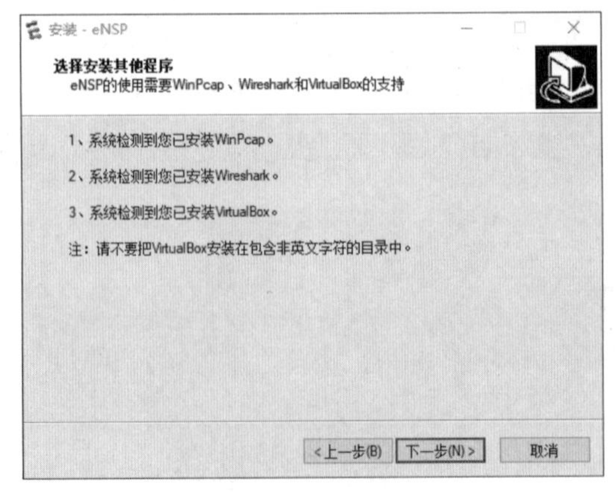

图 1.1.14　检测到其他程序已经安装

09 确认安装信息后，单击“安装”按钮开始安装，如图1.1.15所示。

10 安装完成后，若不希望立刻打开程序，可取消勾选“运行 eNSP”复选框，单击“完成”按钮结束安装，如图1.1.16所示。

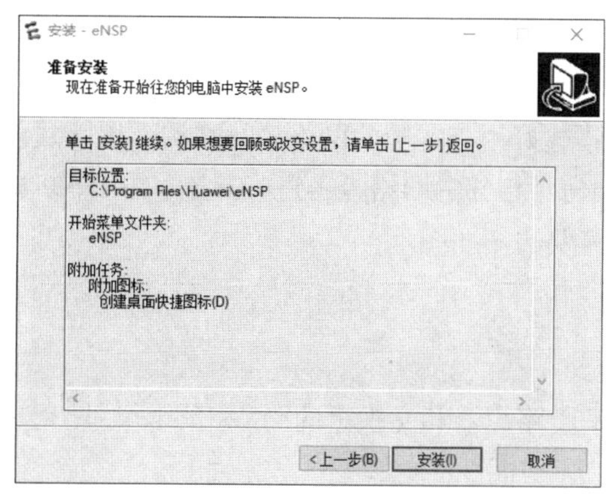

图1.1.15 准备安装

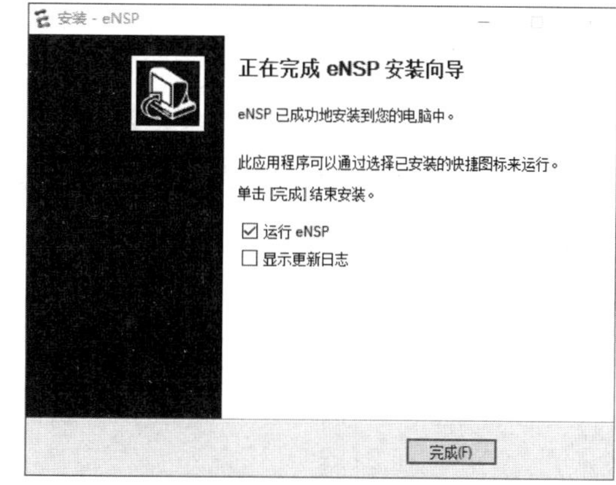

图1.1.16 完成安装

任务验收

启动eNSP模拟器，可看到eNSP已经成功安装，如图1.1.1所示。

任务小结

（1）eNSP的安装过程与其他的应用软件安装过程类似。

（2）eNSP对硬件的要求不高，可以在家用计算机中安装及使用，增加实际操作的机会。

（3）eNSP是一款免费的共享软件，不需要注册和破解，可直接使用。

反思与评价

1. 自我反思（不少于100字）

____

____

____

2. 任务评价

自我评价表

序 号	自 评 内 容	佐 证 内 容	达 标	未 达 标
1	eNSP软件的特点和作用	能描述eNSP软件的特点和作用		
2	VRP操作系统的来源和发展	能了解VRP操作系统的来源和发展		
3	安装eNSP软件	能正确安装eNSP软件		
4	自主学习能力	能合理下载软件，完成软件安装		

任务 1.2　使用 eNSP 搭建和配置网络

任务描述

在 eNSP 中要进行一组网络实验，首先要搭建好用于实验的网络拓扑结构，这就要求用户掌握如何在 eNSP 中添加网络设备，以及如何对相邻的网络设备进行互连。在 eNSP 模拟器中，可以利用图形化操作界面灵活地搭建需要的拓扑图。

任务要求

本任务重点学习网络设备的添加与连线，基于路由器和交换机的网络拓扑图如图 1.2.1 所示。

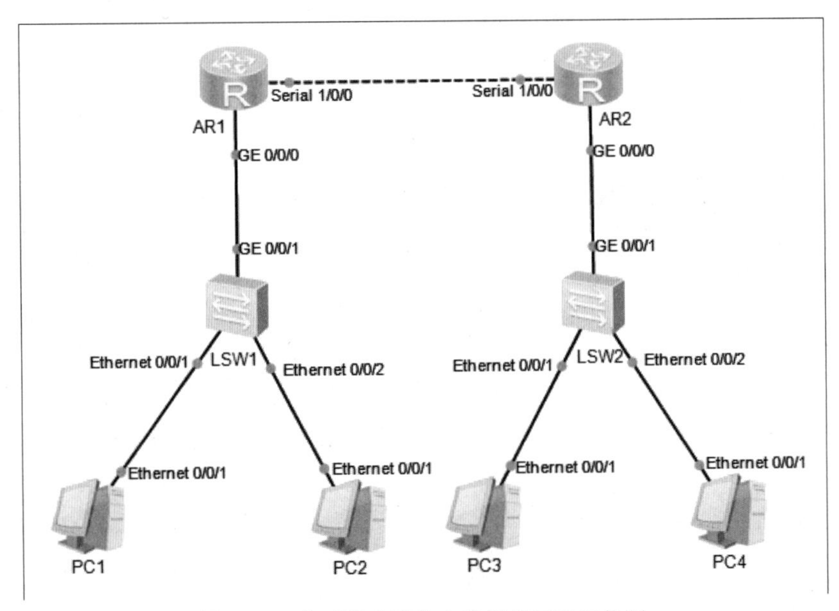

图 1.2.1　基于路由器和交换机的网络拓扑图

知识准备

1. 认识主界面

启动 eNSP 模拟器，可以看到其主界面，eNSP 主界面分为五大区域，如图 1.2.2 所示。

（1）主菜单。

主菜单包括“文件”菜单、“编辑”菜单、“视图”菜单、“工具”菜单、“考试”菜单和“帮助”菜单，它们的作用如下。

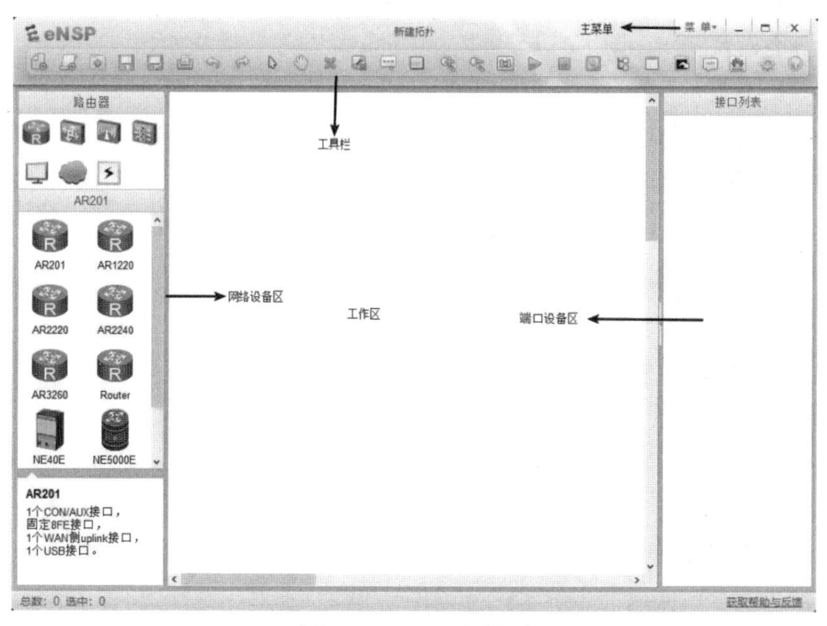

图 1.2.2 eNSP 主界面

- “文件”菜单：用于拓扑图文件的打开、新建、保存、打印等操作。
- “编辑”菜单：用于撤销、恢复、复制、粘贴等操作。
- “视图”菜单：用于对拓扑图进行缩放和控制左右侧工具栏区的显示。
- “工具”菜单：用于打开调色板工具、添加图形、启动或停止设备、进行数据抓包和各选项的设置。
- “考试”菜单：用于用户实现 eNSP 的自动阅卷。
- “帮助”菜单：用于查看帮助文档、检测是否有可用更新、查看软件版本和版权信息。

在“工具”菜单中选择“选项”命令，在弹出的“选项”对话框中设置软件的参数，如图 1.2.3 所示。该对话框中 5 种选项卡的作用如下。

图 1.2.3 “选项”对话框

- 在“界面设置”选项卡中可以设置拓扑中的元素显示效果。例如，是否显示设备标签和型号、是否显示背景等；还可设置“工作区域大小”，即设置工作区域的宽度和长度。
- 在“CLI 设置”选项卡中设置命令行中信息的保存方式。当选中“记录日志”时，设置命令行的显示行数和保存位置。当命令行界面内容行数超过“显示行数”中的设置值时，系统将超过行数的内容自动保存到“保存路径”中指定的位置。
- 在“字体设置”选项卡中可以设置命令行界面和拓扑描述框的字体、字体颜色、背景色等参数。
- 在“服务器设置”选项卡中可以设置服务器端参数，详细信息请参考帮助文档。
- 在“工具设置”选项卡中可以指定“引用工具”的具体路径。

（2）工具栏。

工具栏是指界面中菜单栏下有小图标的那一行，它提供了常用的工具，工具栏常用图标及说明如表 1.2.1 所示。

表 1.2.1　工具栏常用图标及说明

工　　具	简要说明	工　　具	简要说明
	新建拓扑		新建试卷工程
	打开拓扑		保存拓扑
	另存为指定文件名和文件类型		打印拓扑
	撤销上次操作		恢复上次操作
	恢复鼠标		选定工作区，便于移动
	删除对象		删除所有连线
	添加描述框		添加图形
	放大		缩小
	恢复原大小		启动设备
	停止设备		采集数据报文
	显示所有端口		显示网络
	打开拓扑中设备的命令行操作		eNSP 论坛
	华为官网		选项设置
	帮助文档		

在工具栏区域最右边有 4 个按钮，第 1 个按钮是 eNSP 论坛的链接按钮，单击后可进入 eNSP 论坛，进行各种提问和参与讨论；第 2 个按钮是华为官网的链接按钮；第 3 个按钮是“设置”按钮，可进行界面的设置、字体的设置等，与“工具”菜单中的“选项”一致；第 4 个按钮是“帮助文档”按钮，帮助文档详细介绍了当前版本的 eNSP 支持的所有设备特性、各种功能及如何配置服务器和用户端等。

（3）网络设备区。

网络设备区在 eNSP 模拟器左侧，主要提供设备和网线，如图 1.2.4 所示。每种设备都有不同型号，比如单击路由器图标，设备型号区将提供 AR1220、AR2220 等各种路由器，并对设备做简单的端口介绍。

（4）工作区。

在此区域可以根据项目的实际要求，灵活创建实训所需的网络拓扑结构，如图 1.2.5 所示。

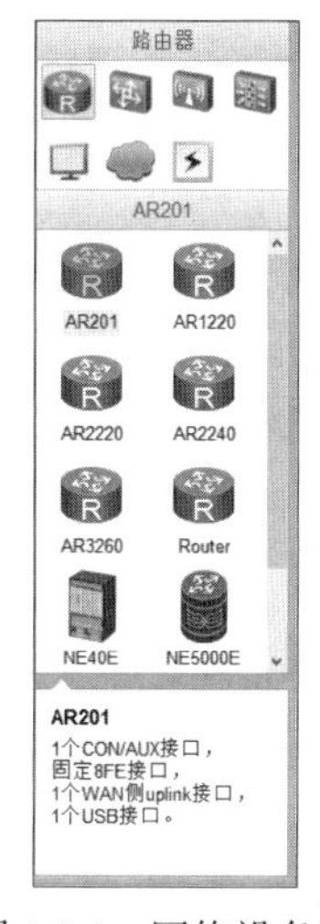

图 1.2.4　网络设备区

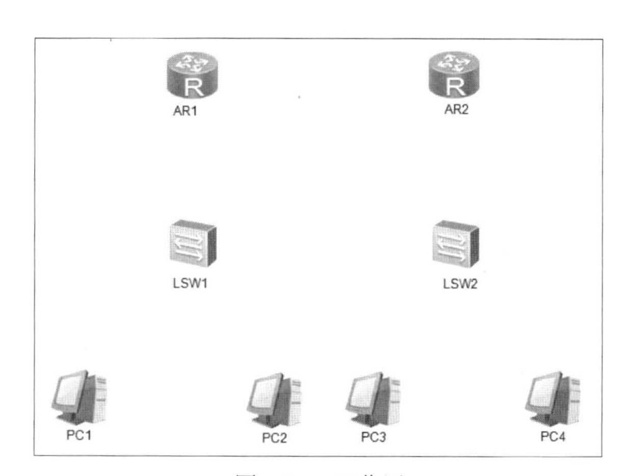

图 1.2.5　工作区

（5）端口设备区。

模拟器的最右侧显示的是拓扑中的设备和设备已连接的端口，可以通过观察指示灯了解端口运行状态，如图 1.2.6 所示。浅灰色表示设备未启动或端口处于物理 DOWN 状态；深灰色表示设备已启动或端口处于物理 UP 状态；黑色表示端口正在采集报文。在处于物理 UP 状态的端口名上单击鼠标右键，可启动/停止端口报文采集。

2. 认识网络连接的线缆

根据设备端口的不同可以灵活选择线缆的类型。当线缆仅一端连接了设备，而此时希望取消连接时，在工作区单击鼠标右键或者按 Esc 键即可。设备连接线缆如图 1.2.7 所示。

（1）Auto：自动识别接口卡，选择相应的线缆。

（2）Copper：双绞线，连接设备的以太网端口。

（3）Serial：串口线，连接设备的串口。

（4）POS：POS 连接线，连接路由器的 POS 口。

（5）E1：E1 口连接线，连接路由器的 E1 口。

（6）ATM：ATM 口连接线，连接路由器的 4G.SHDSL 口。

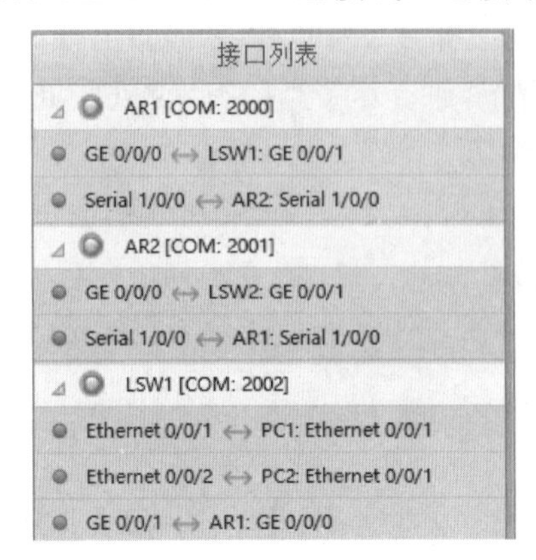

图 1.2.6　端口设备区

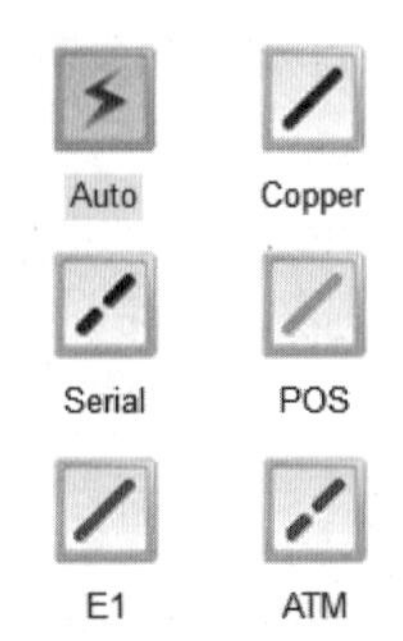

图 1.2.7　设备连接线缆

任务实施

01 添加网络设备并更改标签名。

eNSP 主界面左侧为可供选择的网络设备区，从左至右、从上到下依次为路由器、交换机、无线局域网、防火墙、终端、其他设备和设备连接线缆，可将需要的设备直接拖曳至工作区。每台设备带有默认名称，通过单击可以对其进行修改。

例如，在本任务中添加了一个型号为 AR2220 的路由器，如图 1.2.4 所示。添加完成后在工作区可以看到一个标签名为“AR1”的路由器的图标。单击该标签，可以进入标签的编辑状态。

用同样的方法，可以添加其他的网络设备和更改标签名，添加完成后可以通过移动鼠标的方式调整各个设备之间的位置关系，如图 1.2.5 所示。

02 配置设备。

在拓扑中的设备图标上单击鼠标右键，在弹出的快捷菜单中选择“设置”命令，打开设备端口配置界面。

（1）在“视图”选项卡中，可以查看设备面板及可供使用的接口卡。如果想为设备增加接口卡，则在“eNSP 支持的接口卡”区域选择合适的接口卡，直接拖曳至上方的设备面板上的相应槽位即可；如果想删除某个接口卡，则直接将设备面板上的接口卡拖回“eNSP 支持的接口卡”区域即可。注意，只有在设备电源关闭的情况下才能进行增加或删除接口卡的操作。

例如，在本任务中添加“2SA”的串口模块，设备端口配置界面如图 1.2.8 所示。

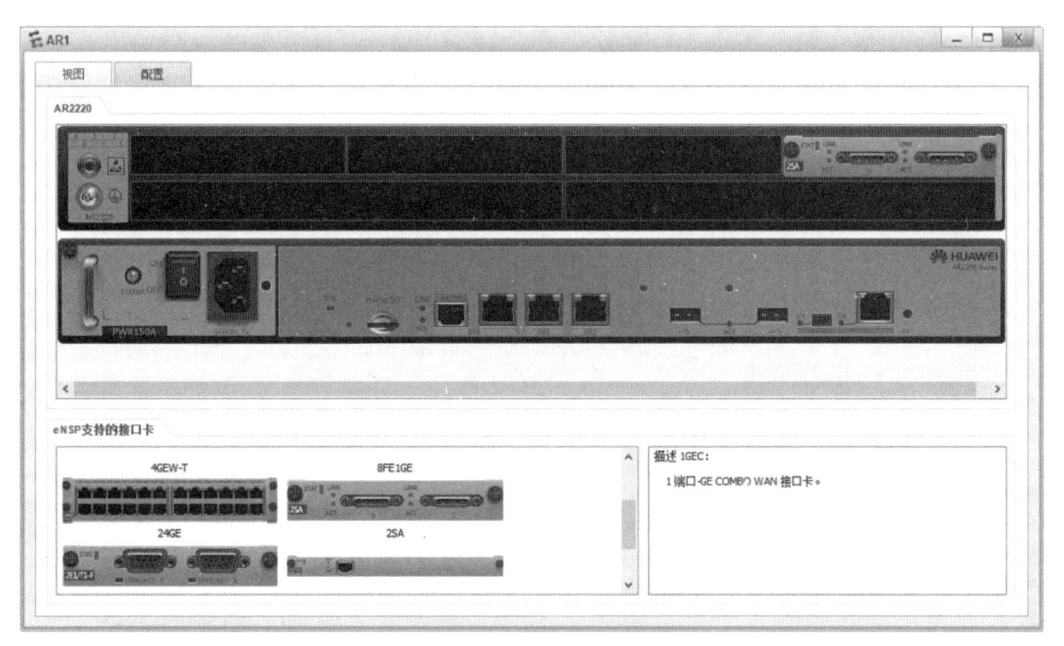

图 1.2.8 设备端口配置界面

（2）在“配置”选项卡中，可以设置设备的串口号，串口号范围为2000～65535，默认情况下从起始数字2000开始使用。可自行更改串口号并单击“应用”按钮生效，如图1.2.9所示。

图 1.2.9 配置设置

（3）在模拟PC上单击鼠标右键，在弹出的快捷菜单中选择“设置”命令，打开设置对话框。在“基础配置”选项卡中配置设备的基础参数，如IP地址、子网掩码和MAC地址等，PC1配置界面如图1.2.10所示。

PC1

基础配置 命令行 组播 UDP发包工具 串口

主机名： client1

MAC 地址： 54-89-98-D6-3F-E6

IPv4 配置

◉静态 ○DHCP □自动获取 DNS 服务器地址

IP 地址： 192 . 168 . 1 . 1 DNS1： 0 . 0 . 0 . 0

子网掩码： 255 . 255 . 255 . 0 DNS2： 0 . 0 . 0 . 0

网关： 192 . 168 . 1 . 254

IPv6 配置

◉静态 ○DHCPv6

IPv6 地址： ::

前缀长度： 128

IPv6 网关： ::

应用

图 1.2.10 PC1 配置界面

03 使用线缆连接设备。

当网络设备添加好之后，选择相应的线缆，然后在要进行连线的网络设备上单击。在本活动中为 AR1 与 AR2 进行连接时使用串口线，单击 AR1 时会弹出如图 1.2.11 所示的端口选择界面，选中要进行连接的端口，再移到 AR2 上单击，选中适当的端口就完成连接操作了。

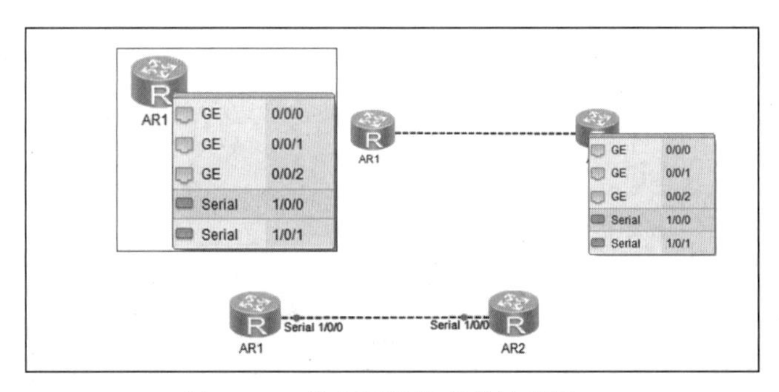

图 1.2.11 选择网络设备的连接端口

使用同样的方法，可以对其他的设备进行连接。在本活动中除2个路由器连接外，其他所有网络设备间都是使用直通线进行连接的，完成后的网络拓扑图应该与图 1.2.1 相似。

04 导入设备配置。

在设备未启动的状态下，在设备上单击鼠标右键，在弹出的快捷菜单中选择“导入设备配置”命令，可以选择设备配置文件（.cfg 文件或者.zip 文件）并导入设备中，如图 1.2.12 所示。

05 启动设备。

选中需要启动的设备后，可以通过单击工具栏中的“启动设备”按钮或者选择该设备的右键菜单的“启动”命令来启动设备，也可以通过“全选”的方式，启动所有设备，如图 1.2.13 所示。启动后，双击设备图标，通过弹出的 CLI 命令行界面进行配置。

06 保存设备和拓扑。

完成配置后，可以单击工具栏中的“保存”按钮来保存拓扑图，并导出设备配置文件。在设备上单击鼠标右键，在弹出的快捷菜单中选择“导出设备配置”命令，如图 1.2.14 所示，在弹出的对话框中输入设备配置文件的文件名，并将设备配置信息导出为.cfg 文件。

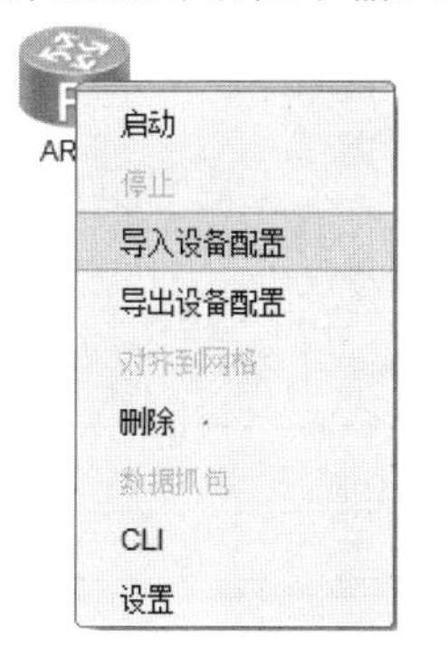

图 1.2.12　导入设备配置

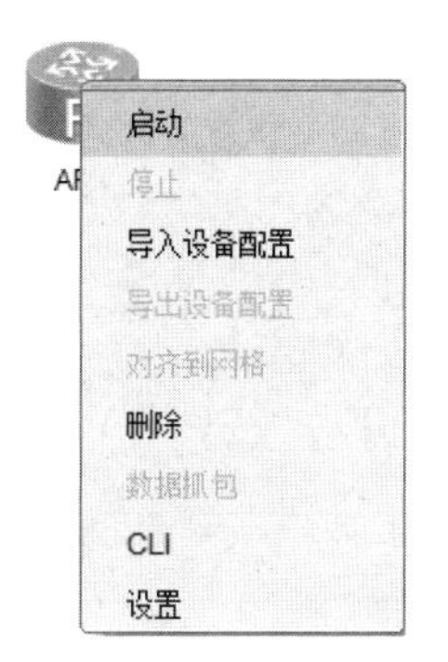

图 1.2.13　启动设备

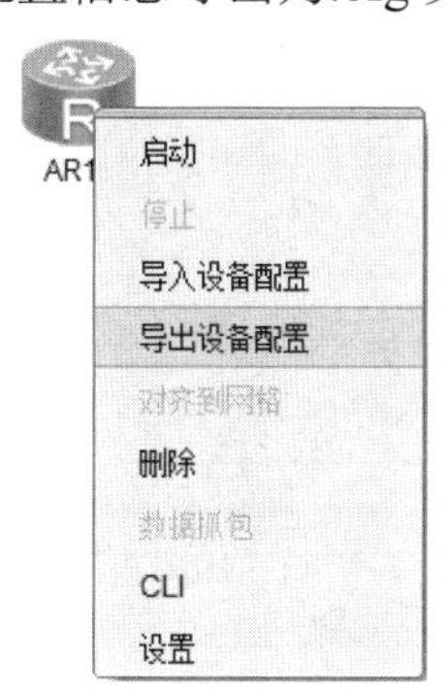

图 1.2.14　导出设备配置

任务验收

完成网络搭建后，最主要的测试就是检查使用的线缆是否正确，是否连接了正确的端口，如图 1.2.15 所示。

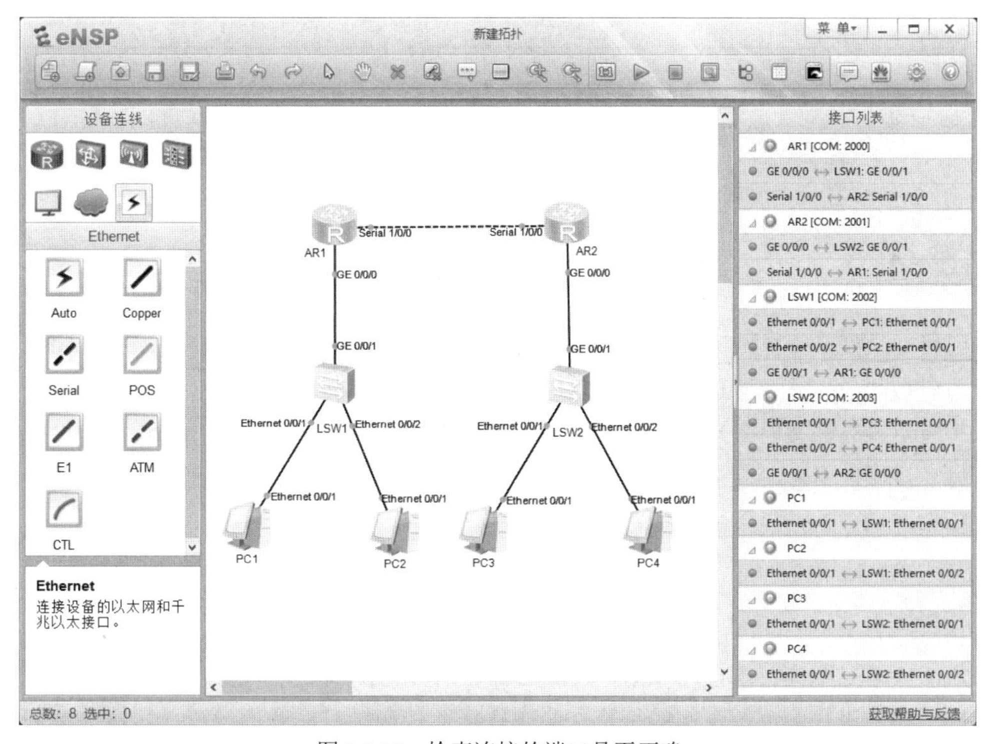

图 1.2.15　检查连接的端口是否正确

任务小结

（1）添加网络设备时应该注意设备的型号，不同型号的交换机，其功能会有很大的区别。

（2）不同的设备之间，不同类型的端口使用的连接线缆会有很大的不同，因此在进行网络设备连接时要注意选择正确的线缆。

（3）连接网络时要根据网络连接要求正确地连接各个网络设备的端口。

（4）eNSP 为路由器提供了许多模块，丰富了实验的内容。

反思与评价

1．自我反思（不少于 100 字）

____

____

____

2．任务评价

自我评价表

序　号	自 评 内 容	佐 证 内 容	达　标	未 达 标
1	eNSP 主界面及菜单项	能熟练操作 eNSP 主界面及菜单项		
2	网络设备连接时的线缆	能使用不同的线缆连接网络设备		
3	搭建和配置网络	能使用 eNSP 搭建和配置不同的网络拓扑		
4	协作精神	安全使用软件，共同完成任务		

任务 1.3　熟悉 VRP 基本操作

任务描述

用户登录到交换机或路由器设备后出现命令行提示符，即进入命令行端口（CLI）。命令行端口是用户与路由器进行交互的常用工具。

当用户输入命令时，如果不记得此命令的关键字或参数，可以使用命令行的帮助获取全部或部分关键字和参数的提示。用户也可以通过使用系统快捷键完成对应命令的输入，简化操作。

任务要求

本任务模拟用户首次使用 VRP 操作系统的过程。在登录路由器或交换机后使用命令行来配置设备，进行命令行视图的切换、命令行帮助和快捷键的使用等操作，并完成设备的基本配置。

知识准备

1. VRP 简介

通用路由平台（Versatile Routing Platform，VRP）是华为公司数据通信产品的通用网络操作系统平台。网络操作系统是运行于一定设备上的、提供网络接入及互联服务的系统软件。VRP 以 IP 业务为核心，实现组件化的体系结构，在提供丰富功能特性的同时，提供基于应用的可裁剪能力和可扩展能力。

VRP 在操作系统中集成了路由技术、QoS 技术、VPN 技术、安全技术和 IP 语音技术等数据通信技术，并以 IP TurboEngine（一种快速的查表算法）技术为路由设备提供了出色的数据转发能力。VRP 经过 VRP 1.x、VRP 3.x、VRP 5.x 和 VRP 8.x 长达十多年的发展和运行验证，目前被证明是非常稳定、高效的操作系统。

VRP 作为华为公司从低端到核心的全系列路由器、以太网交换机、业务网关等产品的软件核心引擎，实现了统一的用户界面和管理界面；实现了控制平面功能，并定义了转发平面端口规范，实现了各产品转发平面与 VRP 控制平面之间的交互；实现了网络端口层，屏蔽各产品链路层对于网络层的差异。

2. VRP 体系结构

VRP 体系结构以 TCP/IP 模型为参考，实现了数据链路层、网络层和应用层的多种协议，其体系结构如图 1.3.1 所示。

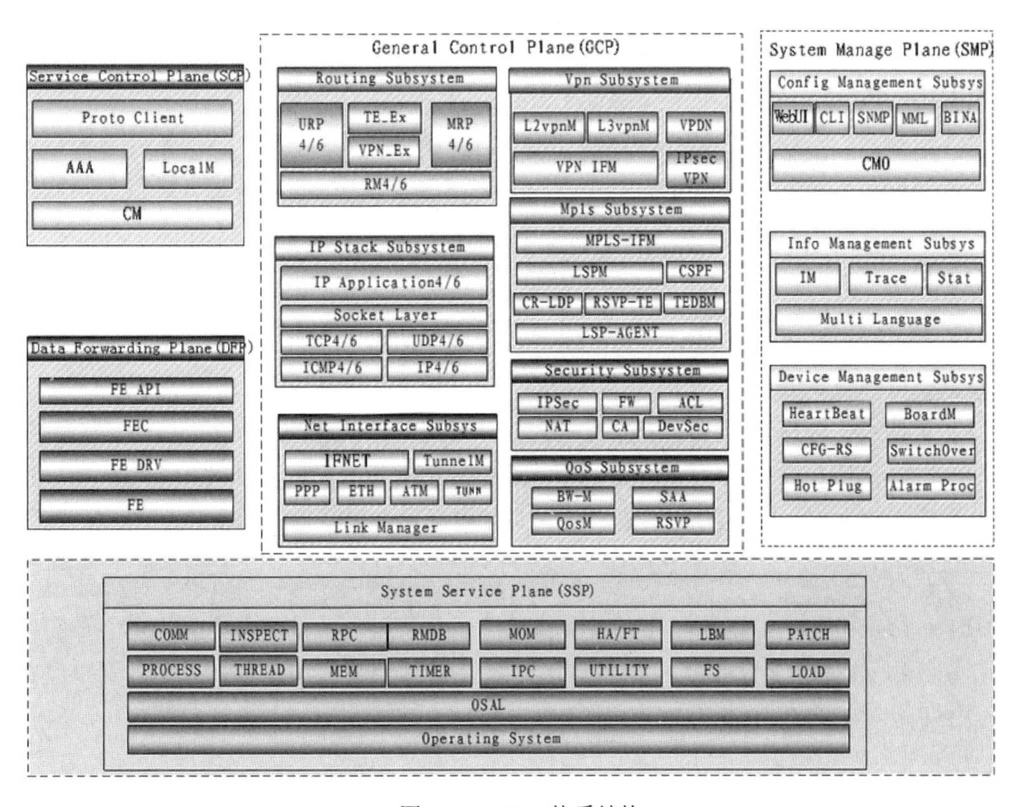

图 1.3.1　VRP 体系结构

3. 命令行端口特性

在用户登录到路由器出现命令行提示符后，即进入命令行端口。命令行端口是用户与路由器进行交互的最常用的工具。系统向用户提供一系列命令，用户可以在命令行端口输入命令来配置和管理路由器。

命令行端口有如下特性。

（1）提供 User-interface 视图，管理各种终端用户的特定配置。

（2）命令分级保护，不同级别的用户只能执行相应级别的命令。

（3）通过本地、Password、AAA 三种验证方式，确保未授权用户无法侵入路由器，保证系统的安全。

（4）用户可以随时输入“?”来获得在线帮助。

（5）提供网络测试命令，如 tracert、ping 等，迅速诊断网络是否正常。

（6）提供种类丰富、内容详尽的调试信息，有助于诊断网络故障。

（7）使用 Telnet 命令直接登录并管理其他路由器。

（8）提供 FTP 服务，方便用户上传和下载文件。

（9）提供类似 DocKev 的功能，可以执行某条历史命令。

（10）命令行解释器提供不完全匹配和上下文关联等多种智能命令解析方法，最大可能地方便用户的输入。

4. 命令的级别

系统命令采用分级保护方式，命令从低到高被划分为参观级、监控级、配置级、管理级 4 个级别。

（1）参观级：该级别的命令包括网络诊断工具命令（ping、tracert）和从本设备出发访问外部设备的命令（Telnet、SSH、Rlogin）等。

（2）监控级：该级别的命令用于系统维护、业务故障诊断等，包括 display、debugging 命令等。

（3）配置级：该级别的命令为业务配置命令，包括路由、各网络层次的命令，用于向用户提供直接网络服务。

（4）管理级：该级别关系到系统基本运行、系统支撑模块的命令，这些命令对业务提供支撑作用，包括文件系统、FTP、TFTP、Xmodem 下载、配置文件切换命令、备板控制命令、用户管理命令、命令级别设置命令、系统内部参数设置命令等。

5. 命令视图

CLI 是交换机、路由器等网络设备提供的人机端口。与使用图形用户界面（GUI）相比，使用 CLI 对系统资源要求低，容易使用，并且功能扩充更方便。

VRP 提供了 CLI，其命令视图如图 1.3.2 所示。

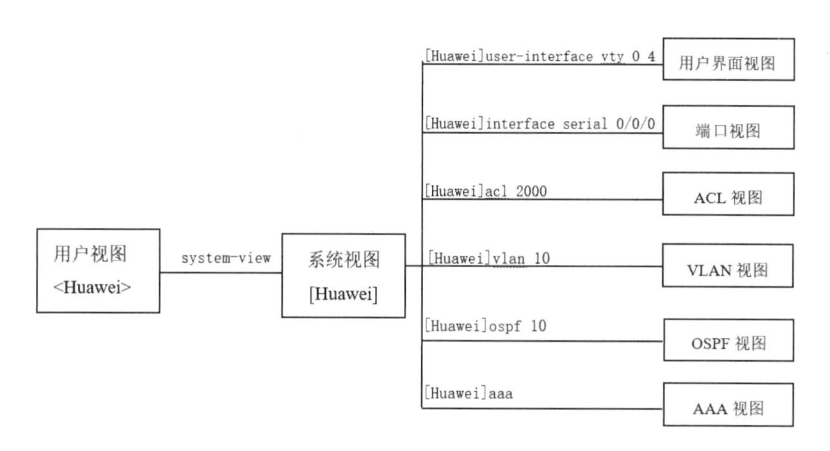

图 1.3.2 VRP 的命令视图

系统将命令行界面分成了若干种命令行视图，使用某个命令行时，需要先进入该命令行所在的视图。最常用的命令行视图有用户视图、系统视图和端口视图，三者之间既有联系，又有一定的区别。

进入命令行界面后，首先进入的就是用户视图。提示符“<Huawei>”中，“<>”是用户视图，“Huawei”是设备默认的主机名。在用户视图下，用户可以了解设备的基础信息，查询设备状态，但不能进行与业务功能相关的配置。如果需要对设备进行业务功能配置，则需要进入系统视图。

在用户视图下使用 system-view 命令，便可以进入系统视图，此时的提示符中使用了方括号“[]”。在系统视图下可以使用绝大部分的基础功能配置命令。

另外，系统视图还提供了进入其他视图的入口；若希望进入其他视图，则必须先进入系统视图。

在系统视图下可以配置端口、协议等，使用 quit 命令又可以切换回用户视图。VRP 的视图切换命令如表 1.3.1 所示。

表 1.3.1 VRP 的视图切换命令

操　作	命　令
从用户视图进入系统视图	system-view 命令
从系统视图返回用户视图	quit 命令
从任意的非用户视图返回用户视图	return 命令或按“Ctrl+Z”快捷键

在系统视图下使用相应命令可进入其他视图，如使用 interface 命令进入端口视图。在端口视图下可以使用 ip address 命令配置端口 IP 地址、子网掩码。为路由器的 GE 0/0/0 端口配置 IP 地址时可以使用子网掩码长度，也可以使用完整的子网掩码，如掩码 255.255.255.0，可以使用 24 替代。

6. 命令行在线帮助

命令行端口提供如下 2 种在线帮助。

（1）完全帮助。

在任意一个命令视图下，输入“?”获取该命令视图下所有命令及其简单描述。

```
<Huawei>?
```

输入一个命令，其后接以空格分隔的“?”，若该位置为关键字，则列出全部关键字及其简单描述。例如：

```
<Huawei>language-mode ?
Chinese Chinese environment
English English environment
```

其中，Chinese、English 是关键字，Chinese environment 和 English environment 是对关键字的分别描述。

输入一个命令，其后接以空格分隔的“?”，若该位置为参数，则列出有关参数的参数名和参数描述。

```
[Huaweildisplay aaa ?
configuration AAA configuration
[Huawei]display aaa configuration ?<cr>
```

其中，configuration 是参数名，AAA configuration 是对参数的简单描述，<cr>表示该位置无参数，在紧接着的下一个命令行该命令被复述，直接按回车键即可执行。

（2）部分帮助。

输入一个字符串，其后紧接“?”，列出以该字符串开头的所有命令。

```
<Huawei>d?
debugging delete dir display
```

输入一个命令，其后接一个字符串然后紧接“?”，列出命令以该字符串开头的所有关键字。

```
<Huawei>display v?
version virtual-access vlan  vpls  vrrp vsi
```

输入命令的某个关键字的前几个英文字母，按下 Tab 键，可以显示完整的关键字，前提是这几个英文字母可以唯一表示该关键字，不会与这个命令的其他关键字混淆。

以上帮助信息均可通过在用户视图下执行 language-mode Chinese 命令切换为中文显示。

7. 命令行错误信息

所有用户输入的命令若都通过语法检查，则会正确执行；否则，向用户报告错误信息。命令行常见错误信息如表 1.3.2 所示。

表 1.3.2　命令行常见错误信息

英文错误信息	错 误 原 因
Unrecognized command	没有查找到命令
	没有查找到关键字
wrong parameter	参数类型错误
	参数值越界
Incomplete command	输入命令不完整
Too many parameters	输入参数太多
Ambiguous command	输入命令不明确

8．历史命令

命令行端口提供类似Doskey的功能，将用户输入的历史命令自动保存，用户可以随时调用命令行端口保存的历史命令，并重复执行。在默认状态下，命令行端口可以为每个用户最多保存10条历史命令。可以使用上光标键或者“Ctrl+P”快捷键访问上一条历史命令，使用下光标键或者“Ctrl+N”快捷键访问下一条历史命令，使用display history-command显示历史命令。

9．编辑特性

命令行端口提供了基本的命令编辑功能，支持多行编辑，每条命令的最大长度均为256个字符，VRP命令行编辑功能如表1.3.3所示。

表1.3.3 VRP命令行编辑功能

功能键	功能
普通按键	若编辑缓冲区未满，则插入当前光标位置，并向右移动光标；否则响铃告警
退格键BackSpace	删除光标位置的前一个字符，光标前移，若已经到达命令首部，则响铃告警
左光标键←或“Ctrl+B”快捷键	光标向左移动一个字符位置，若已经到达命令首部，则响铃告警
右光标键→或“Ctrl+F”快捷键	光标向右移动一个字符位置，若已经到达命令尾部，则响铃告警
Tab键	输入不完整的关键字后按下Tab键，系统自动执行部分帮助： • 若与之匹配的关键字唯一，则系统用此关键字替代原输入并换行显示，光标距词尾一格； • 对于命令字的参数、不匹配或者匹配的关键字不唯一的情况，首先显示前缀，继续按Tab键循环翻词，此时光标距词尾不空格，按空格键输入下一个单词； • 若输入错误关键字，则按Tab键后，换行显示，输入的关键字不变

10．显示特性

为方便用户，提示信息和帮助信息可以用中英文两种语言显示。在一次显示信息超过一屏时，提供暂停功能，在暂停显示时用户可以有三种选择：按回车键，继续显示下一行信息；按空格键，继续显示下一屏信息；按“Ctrl+C”快捷键，停止显示和命令执行。

任务实施

01 进入和退出命令视图。

启动设备后（所选设备为路由器），双击该设备可成功登录设备，即进入用户视图，此时屏幕提示的提示符是<Huawei>。

quit 命令的功能是从任何一个视图退出到上一层视图。例如，端口视图是从系统视图进入的，所以系统视图是端口视图的上一层视图。

```
<Huawei>                                              //用户视图
<Huawei>system-view                                   //进入系统视图
Enter system view, return user view with Ctrl+Z.
[Huawei]int GigabitEthernet 0/0/0                     //进入端口视图
[Huawei-GigabitEthernet1/0/0]quit
[Huawei]                                              //已退出到系统视图
```

```
[Huawei]quit
<Huawei>                                          //已退出到用户视图
```

有些命令视图的层级很深，从当前视图退出到用户视图，需要多次执行 quit 命令。使用 return 命令（或“Ctrl+Z”快捷键），可以直接从当前视图退出到用户视图。

```
[Huawei-GigabitEthernet1/0/0]return
<Huawei>                                          //已退出到用户视图
```

02 设置设备名称。

设备名称会出现在命令提示符中，用户可以根据需要在系统视图下使用 sysname 命令更改设备名称。

```
[Huawei]sysname R1                                //将设备名称改为R1
[R1]
```

03 设置系统时钟。

为了保证网络与其他设备协调工作，需要准确设置系统时钟。使用 clock datetime 命令可设置当前时间和日期，clock timezone 命令用于设置所在时区。

```
<R1>clock datetime 12:00:00 2021-02-02 //设置系统时间和日期为2021年2月2日12时
<R1>clock timezone BJ add 08:00:00      //所在时区为东八区，区时为北京时间
```

04 设置标题信息。

```
[R1]header login information "Hello"
[R1]header shell information "Welcome to Huawei"
```

05 查看网络设备基本信息。

在用户视图下只能使用参观级和监控级命令，如使用 display version 命令显示系统软件版本及硬件等信息。

```
<R1>display version
Huawei Versatile Routing Platform Software
VRP (R) software, Version 5.130 (AR2200 V200R003C00)
Copyright (C) 2011-2012 HUAWEI TECH CO., LTD
Huawei AR2220 Router uptime is 0 week, 0 day, 0 hour, 6 minutes
BKP 0 version information:
1. PCB      Version  : AR01BAK2A VER.NC
2. If Supporting PoE : No
3. Board    Type     : AR2220
4. MPU Slot Quantity : 1
5. LPU Slot Quantity : 6
MPU 0(Master) : uptime is 0 week, 0 day, 0 hour, 6 minutes
MPU version information :
1. PCB      Version  : AR01SRU2A VER.A
2. MAB      Version  : 0
3. Board    Type     : AR2220
4. BootROM  Version  : 0
从上面的内容中可看到VRP操作系统的版本、设备的具体型号和启动时间等信息
```

06 配置设备端口信息。

在端口视图下可以使用 ip address 命令配置该端口的 IP 地址、子网掩码等。例如，配置 R1 路由器的 GE 0/0/0 端口 IP 地址为 192.168.1.1，子网掩码为 24 位。

```
[R1]int GigabitEthernet 0/0/0
[R1-GigabitEthernet0/0/0]ip address 192.168.1.1 24
```

任务验收

01 退出网络设备的用户视图后，再重新进入用户视图，查看标题信息。

02 使用 dislay current-configuration 命令查看当前配置，检验主机名、时间设置和标题信息等是否正确。

03 使用 display interface GigabitEthernet0/0/0 命令查看端口信息。

04 使用 display ip interface brief 命令查看端口 IP 地址信息。

任务小结

（1）通过学习，对华为仿真平台 eNSP 和 VRP 有了初步认识，能够通过仿真软件模拟网络设备的配置。

（2）使用仿真软件配置完成后，可以使用 return 命令直接退回用户视图，也可以用“Ctrl+Z”快捷键完成。

（3）学会了各视图之间的切换、命令行端口特性和 VRP 仿真平台的使用。

反思与评价

1．自我反思（不少于 100 字）

____

____

____

____

2．任务评价

自我评价表

序 号	自评内容	佐证内容	达 标	未达标
1	VRP 的命令视图	能掌握各种命令视图和实现视图间的切换		
2	VRP 平台的应用	能熟悉 VRP 平台的应用		
3	VRP 的基本操作	能实现 VRP 的基本操作		
4	命令行在线帮助	能熟练使用命令行在线帮助		
5	自主学习能力	能使用基本命令，完成实训		

项目2　运用交换机构建小型园区网络

知识目标

1．熟悉交换机的各种配置模式。

2．了解交换机的工作原理。

3．理解 VLAN 的作用和特点。

4．理解交换机中级链路的作用。

5．理解链路聚合的作用。

6．理解交换机生成树的作用和原理。

7．掌握 VRRP 的原理和作用。

8．掌握 DHCP 技术的原理和作用。

能力目标

1．能使用终端软件正确连接交换机。

2．能熟练配置交换机的各项网络参数及端口状态。

3．能学会交换机 VLAN 的划分方法。

4．能学会配置交换机间相同 VLAN 通信的方法。

5．能学会三层交换机实现不同 VLAN 间通信的方法。

6．能熟练配置交换机链路聚合技术。

7．能熟练配置生成树及快速生成树。

8．能熟练配置交换机的 VRRP 技术。

9．能熟练配置交换机的 DHCP 技术。

思政目标

1. 培养读者诚恳、务实和认真的职业态度。

2. 培养读者良好的信息素养和学习能力，能够运用正确的方法和技巧掌握新知识、新技能。

3. 培养读者清晰的逻辑思维能力和沟通能力，能够协助他人完成实训任务。

4. 培养读者系统分析与解决问题的能力，能够正确处理生产环境中遇到的问题。

思维导图

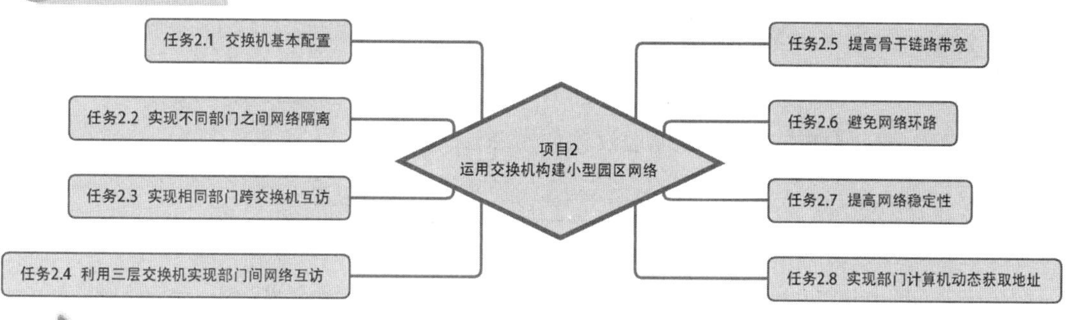

项目描述

交换技术在现代的高速网络中起到举足轻重的作用，企业网络依赖交换机分隔网段并实现高速连接。交换机是适应性极强的网络设备，在简单场景中，可以替代集线器作为多台主机的中心连接点；在复杂应用中，交换机可以连接一台或多台其他交换机，从而建立、管理和维护冗余链路及 VLAN 连通性。对于网络学习者而言，熟悉交换机的配置、熟练进行交换机的管理是必备技能。交换机有多种级别的分类，一般可分为二层和三层交换机。二层交换机，属数据链路层设备，可以识别数据包中的 MAC 地址信息，根据 MAC 地址进行转发，并将这些 MAC 地址与对应的端口记录在自己内部的一个地址表中。三层交换机的最重要的功能是加快大型局域网内部的数据的快速转发，并且增加了路由转发功能。

任务 2.1　交换机基本配置

扫一扫
看微课

任务描述

某公司因业务发展需求，购买了一批华为交换机来扩展现有的网络，按照公司网络管理要求，网络管理员需要通过交换机的 Console 端口进行连接，并完成交换机的配置、管理任务，以及优化网络环境。

本任务包括几种视图模式的进入与退出、配置 Console 端口密码、交换机命名、配置交换机恢复出厂状态、利用“？”查看帮助命令、日期时钟配置内容等。

任务要求

（1）实现交换机基本配置，其网络拓扑图如图 2.1.1 所示。

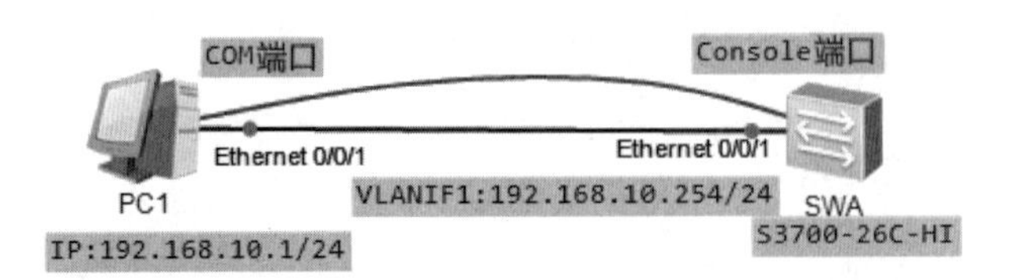

图 2.1.1　实现交换机基本配置的网络拓扑图

（2）PC1 和交换机的端口 IP 地址设置如表 2.1.1 表示。

表 2.1.1　PC1 和交换机的端口 IP 地址设置

设　备　名	端　　口	IP 地址/子网掩码	网　　关
SWA	Ethernet 0/0/1	192.168.10.254/24	无
PC1	Ethernet 0/0/1	192.168.10.1/24	192.168.10.254

（3）实现用 CLI 方式管理交换机设备，对交换机进行基本的配置。

知识准备

1．交换机管理方式

通常情况下，交换机可以不经过任何配置，在加电后直接在局域网中使用，但是这种方式浪费了可管理型交换机提供的智能网络管理功能，并且局域网内传输效率的优化，以及安全性、网络稳定性与可靠性等也都不能实现，因此，我们需要对交换机进行一定的配置和管理。

用户对网络设备的操作管理称为网络管理，简称网管。按照用户的配置管理方式，常见的网管方式分为 CLI 方式和 Web 方式。其中，通过 CLI 方式管理设备指的是用户通过 Console 端口、Telnet 或 STelnet 方式登录设备，使用设备提供的命令行对设备进行配置和管理。

通过 Console 端口进行本地登录是登录设备最基本的方式，也被称为带外管理，是其他登录方式的基础。默认情况下，用户可以直接通过 Console 端口进行本地登录。该方式仅限于本地登录，通常在以下 3 种场景下应用。

（1）当对设备进行第一次配置时，可通过 Console 端口登录设备进行配置。

（2）当用户无法远程登录设备时，可通过 Console 端口进行本地登录。

（3）当设备无法启动时，可通过 Console 端口进入 BootLoader 进行诊断或系统升级。

2. Console端口登录管理

通过连接计算机窗口COM端口与交换机的Console端口来配置和管理交换机的方式。网管交换机上都有一个Console端口，不同类型的交换机的Console端口所处的位置不同，但交换机的面板上都有“Console”字样标识。Console端口的类型绝大多数采用RJ-45端口，需要通过专门的Console线连接到配置计算机的串口上，将计算机配置成超级终端。

端口波特率设置为“9600”，数据位为“8”，奇偶校验为“无”，停止位为“1”，流控为“无”。

3. 交换机命令视图模式

系统将命令行界面分成了若干种命令行视图，使用某个命令行时，需要先进入该命令行所在的视图。最常用的命令行视图有用户视图、系统视图和端口视图，三者之间既有联系，又有一定的区别。具体操作如下。

- 输入system-view进入系统视图模式，查看该模式的提示符。
- 输入interface Ethernet 0/0/1进入端口视图模式，查看该模式的提示符。
- 输入quit返回上一级。
- 输入return或按“Ctrl+Z”快捷键返回用户视图模式。

具体的操作代码如下：

```
<Huawei>                                        //用户视图模式
<Huawei>system-view                             //进入系统视图模式
[Huawei]quit                                    //返回上一级
<Huawei>system-view
[Huawei]int Ethernet 0/0/1                      //进入端口视图模式
[Huawei-Ethernet0/0/1]return                    //直接返回用户视图模式
<Huawei>
```

4. 交换机端口类型

交换机之间通过以太网端口对接时需要协商一些端口参数，如速率、双工模式等。交换机的全双工指交换机在发送数据的同时也能够接收数据，两者同时进行。就如平时打电话一样，说话的同时也能够听到对方的声音。而半双工指在同一时刻只能发送或接收数据，就像一条比较窄的路，只能先通过一边的车，然后通过另一边的车，若两边一起通过的话就会撞车。如果交换机两端端口协商模式不一致，会导致报文交互异常。端口速率指交换机端口每秒传输的数据量，在交换机上可根据需要调整以太网端口速率。默认情况下，当以太网端口工作在非自协商模式时，它的速率为端口支持的最大速率。

5. 交换机端口双工模式

配置端口的双工模式可在自协商或者非自协商模式下进行。

在自协商模式下，端口的双工模式是和对端端口协商得到的，但协商得到的双工模式可能与实际要求不符。可通过配置双工模式的取值范围来控制协商的结果。例如，互连的两个设备对应的端口都支持全/半双工，经自协商后工作在半双工模式，与实际要求的全双工模式不符，这时就可以执行auto duplex full命令使端口的自协商双工模式变为全双工模式。默认情况下，以太网端口自协商双工模式范围为端口所支持的双工模式。

在非自协商模式下，可以根据实际需求手动配置端口的双工模式。

```
[Huawei]interface GigabitEthernet 0/0/1
[Huawei-GigabitEthernet0/0/1]undo negotiation auto
[Huawei-GigabitEthernet0/0/1]duplex full
```

6. 交换机端口速率

在自协商模式下，以太网端口速率是和对端端口协商得到的。如果协商的速率与实际要求不符，可通过配置速率的取值范围来控制协商的结果。例如，互连的两个设备对应的端口经自协商后的速率为10Mbit/s，与实际要求的100Mbit/s不符，可通过执行 auto speed100 命令配置使端口自协商速率为100Mbit/s。默认情况下，以太网端口自协商速率范围为端口支持的所有速率。

在非自协商模式下，需手动配置端口速率，避免发生无法正常通信的情况。

默认情况下，以太网端口速率为端口支持的最大速率。

根据网络需要调整端口速率。由于网络用户较少，配置 GE 端口速率为100Mbit/s，配置 Ethernet 端口速率为10Mbit/s。

```
[Huawei]interface Ethernet 0/0/1
[Huawei-Ethermet0/0/1]undo negotiation auto
[Huawei-Ethernet0/0/1]speed 10
[Huawei-Ethernet0/0/1]quit
[Huawei]interface GigabitEthernet 0/0/1
[Huawei-GigabitEthernet] undo negotiation auto
[Huawei-Ethermet0/0/1]speed 100
```

任务实施

1. 交换机的管理方式

01 参照图 2.1.1 搭建网络拓扑，连线全部使用直通线，开启所有设备电源。

02 双击 PC1，单击“串口”选项卡，可以看到“设置”面板，如图 2.1.2 所示。

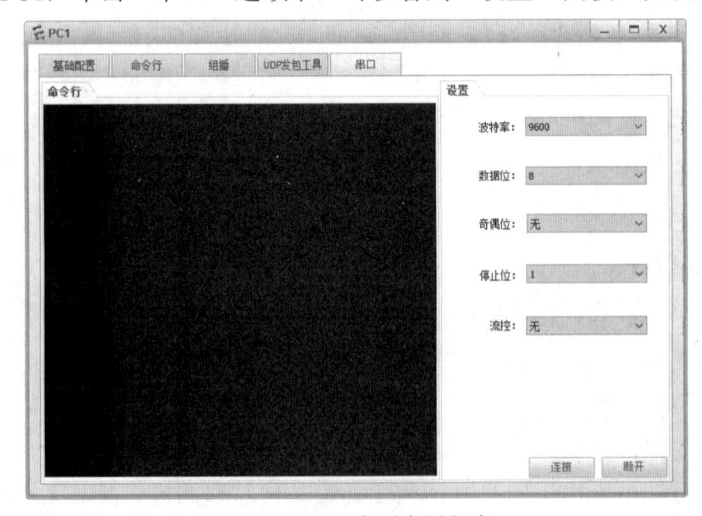

图 2.1.2 PC 桌面应用程序

03 超级终端参数默认已经设置好，单击“连接”按钮，如图 2.1.3 所示。

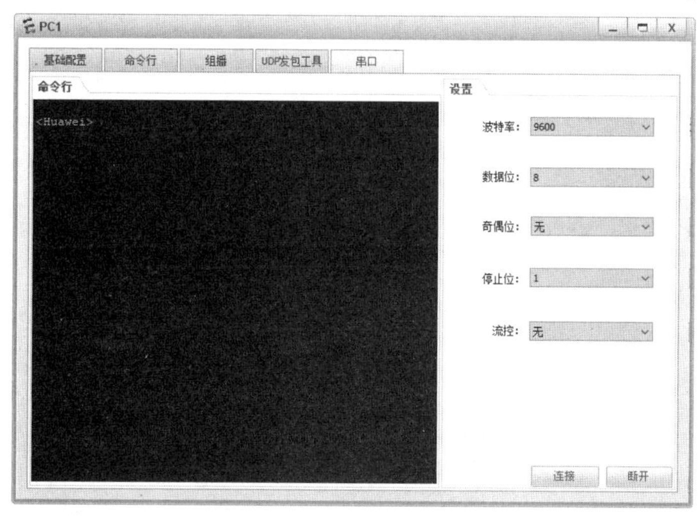

图 2.1.3 超级终端参数设置

04 此时，用户已经成功进入交换机的配置界面，可以对交换机进行必要的配置。使用 display version 命令可以查看交换机的软/硬件版本信息，使用 save 命令可以保存配置信息，如图 2.1.4 所示。

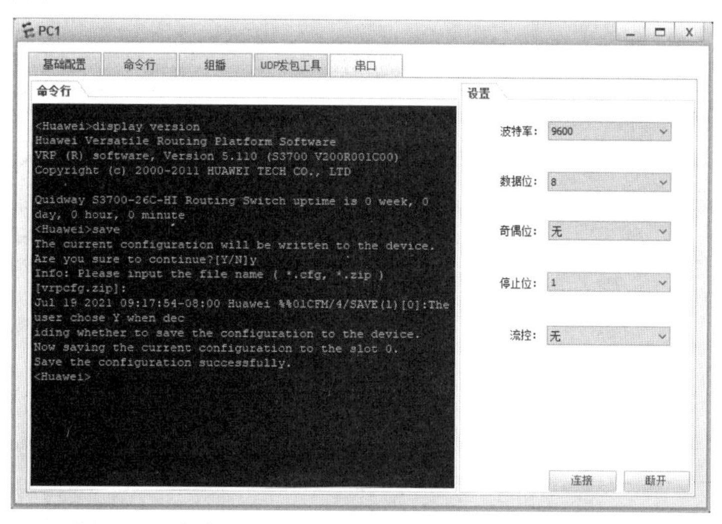

图 2.1.4 查询交换机的软/硬件版本信息和保存配置信息

2. 交换机的基础配置

01 恢复交换机出厂设置。

```
<SWA>reset saved-configuration                          //恢复交换机出厂设置
The configuration will be erased to reconfigure. Continue? [Y/N]:y
<SWA>reboot                                             //重启交换机
Warning: All the configuration will be saved to the configuration file for the next
startup:, Continue?[Y/N]:n
System will reboot! Continue?[Y/N]:y
<Huawei>
```

02 为交换机设备修改名称。

```
[Huawei]sysname SWA                                     //修改主机名
[SWA]
```

03 设置交换机系统时间和所在时区。

```
<SWA>clock datetime 12:00:00 2021-07-27                 //设置系统时间
<SWA>clock timezone BJ add 08:00:00                     //设置时区
<SWA>display clock                                      //查看系统时间
2021-07-27 07:50:07+08:00
Thursday
Time Zone(BJ) : UTC+08:00
```

04 设置语言模式。

```
<SWA>language-mode Chinese                              //设置语言模式为“中文”
Change language mode, confirm? [Y/N] y
提示：改变语言模式成功
```

05 配置交换机远程管理 IP 地址。

```
[SWA]int Vlanif 1                                       //进入 VLAN1
[SWA-Vlanif1]ip add 192.168.10.254 255.255.255.0        //设置 VLAN1 的 IP 地址
[SWA-Vlanif1]
```

06 取消干扰信息，设置永不超时。

```
<SWA>undo terminal monitor                              //取消干扰信息
Info: Current terminal monitor is off.
<SWA>system-view
[SWA]user-interface console 0                           //进入 Console0 端口
[SWA-ui-console0]idle-timeout 0                         //设置永不超时
[SWA-ui-console0]quit
[SWA]
```

07 配置交换机的 Console 端口密码。

（1）以登录用户界面的认证方式为密码认证，密码为 123456 为例，配置如下。

```
[SWA]user-interface console 0
[SWA-ui-console0]authentication-mode password                  //使用密码认证方式
[SWA-ui-console0]set authentication password simple 123456    //密码为 123456
[SWA-ui-console0]return
<SWA>quit
测试：
Password:                                                      //输入密码，此处不显示
<SWA>
```

（2）以登录用户界面的认证方式为 AAA 认证，用户名为 admin，密码为 123456 为例，配置如下。

```
<SWA>system-view
[SWA]user-interface console 0
[SWA-ui-console0]authentication-mode aaa
[SWA-ui-console0]quit
[SWA]aaa
[SWA-aaa]local-user admin password simple 123456
[SWA-aaa]local-user admin service-type terminal
[SWA-aaa]return
<SWA>quit
测试：
Username:admin                                               //输入用户名 admin
Password:                                                    //输入密码，此处不显示
<SWA>
```

08 撤销交换机配置时弹出的信息。

```
[SWA]undo info-center enable                          //撤销交换机配置时弹出的信息
Info: Information center is disabled.
[SWA]
```

09 配置端口带宽限制。

对交换机的端口可以进行带宽限制，一般有10Mbit/s、100Mbit/s和Auto自适应3种。设置的方法很简单，使用speed命令即可实现。先使用undo negotiation auto命令关掉自协商功能，再手动指定端口速率。

```
[SWA]int Ethernet 0/0/6                               //进入端口配置模式
[SWA-Ethernet0/0/6]speed ?
 10   10M port speed mode
 100  100M port speed mode
[SWA-Ethernet0/0/6]undo negotiation auto              //关掉自协商功能
[SWA-Ethernet0/0/6]speed 10                           //设置端口速率为10Mbit/s
[SWA-Ethernet0/0/6]quit
[SWA]
```

10 配置端口双工模式。

```
[SWA]int Ethernet 0/0/7
[SWA-Ethernet0/0/7]duplex ?
 full  Full-Duplex mode
 half  Half-Duplex mode
[SWA-Ethernet0/0/7]undo negotiation auto
[SWA-Ethernet0/0/7]duplex full
[SWA-Ethernet0/0/7]
```

11 管理MAC地址表。

交换机是工作在数据链路层的设备，当交换机的端口接入网络设备（如计算机）时，交换机会自动生成MAC地址表，查看交换机的MAC地址表的命令为display mac-address；也可以配置静态MAC地址绑定。

（1）刚启动时，查看交换机的MAC地址表。

```
[SWA]display mac-address                          //地址表是空的
[SWA]
```

（2）通过PC1 ping SWA（确保网络是连通的）后查看交换机的MAC地址表。

```
[SWA]display mac-address
MAC address table of slot 0:
-------------------------------------------------------------------------
MAC Address       VLAN/       PEVLAN CEVLAN Port       Type   LSP/LSR-ID
VSI/SI                                                          MAC-Tunnel
-------------------------------------------------------------------------
5489-9865-74db 1              -      -         Eth0/0/1   dynamic   0/-
-------------------------------------------------------------------------
Total matching items on slot 0 displayed = 1
```

（3）使用mac-address static命令在交换机中添加静态条目，并显示MAC地址表信息。

```
[SWA]mac-address static 5489-9865-74db Ethernet 0/0/1 vlan 1
[SWA]display mac-address
MAC address table of slot 0:
-------------------------------------------------------------------------
```

```
MAC Address    VLAN/      PEVLAN CEVLAN Port     Type        LSP/LSR-ID
               VSI/SI                                        MAC-Tunnel
-------------------------------------------------------------------------------
5489-9865-74db 1          -      -      Eth0/0/1 static      -
-------------------------------------------------------------------------------
Total matching items on slot 0 displayed = 1
```

12 保存设备的当前配置。

```
<SWA>save
The current configuration will be written to the device.
Are you sure to continue?[Y/N]y
Info: Please input the file name ( *.cfg, *.zip ) [vrpcfg.zip]:
May 28 2020 11:40:36-08:00 Huawei %%01CFM/4/SAVE(l)[50]:The user chose Y when deciding whether to save the configuration to the device.
Now saving the current configuration to the slot 0.
Save the configuration successfully.
```

任务验收

01 网管交换机都可以通过 Console 端口和 PC 的 COM 端口进行连接，并进行相应的配置。

02 测试 Console 端口密码配置是否正确。

03 使用 display mac-address 命令查看交换机的 MAC 地址表是否存在静态条目。

04 使用 display current-configuration 命令查看设备的当前配置。

```
[SWA]display current-configuration              //查看设备的当前配置
#
sysname SWA
......省略部分内容
#
local-user admin password simple 123456
 local-user admin service-type terminal
#
interface Vlanif1
 ip address 192.168.10.254 255.255.255.0
#
interface MEth0/0/1
#
interface Ethernet0/0/1
#
interface Ethernet0/0/2
#
interface Ethernet0/0/3
undo negotiation auto
#
interface Ethernet0/0/4
undo negotiation auto
#
......省略部分内容
mac-address static 5489-9865-74db Ethernet0/0/1 vlan 1
```

```
#
user-interface con 0
 authentication-mode aaa
 idle-timeout 0 0
user-interface vty 0 4
#
return
```

05 连通性测试。

（1）在 PC1 上单击鼠标右键，在弹出的快捷菜单中选择“设置”命令，打开设置对话框。在“基础配置”选项卡中的“IPv4 配置”选区中，单击“静态”单选按钮，然后设置“IP 地址”为“192.168.10.1”，设置“子网掩码”为“255.255.255.0”，最后单击对话框右下角的“应用”按钮，结果如图 2.1.5 所示。

（2）单击“命令行”选项卡，在“PC>”处输入“ping 192.168.10.254”，按回车键进行测试，结果如图 2.1.6 所示。

图 2.1.5　PC1 配置界面

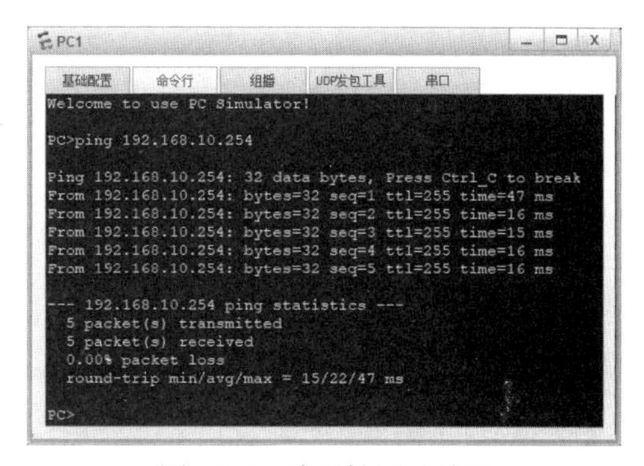

图 2.1.6　连通性测试结果

任务小结

（1）交换机的命名在系统视图下使用 sysname 命令完成。

（2）交换机的用户视图密码分为简单和加密两种方式，加密的方式更加安全。

（3）二层交换机的远程管理地址通过配置 VLAN 的 IP 地址进行设置。

反思与评价

1. 自我反思（不少于 100 字）

____

____

____

____

____

____

2. 任务评价

自我评价表

序　号	自 评 内 容	佐 证 内 容	达　标	未 达 标
1	交换机的管理方式	能正确描述 2 种管理方式		
2	Console 端口波特率	能正确设置 Console 端口波特率		
3	交换机命令视图模式	能正确进行命令视图的切换		
4	交换机基本命令应用	能使用命令实现基本配置		
5	交换机端口双工模式和速率	能正确配置端口双工模式和速率		
6	良好的学习能力	能熟练使用基本命令		

任务 2.2　实现不同部门之间网络隔离

扫一扫
看微课

任务描述

某公司的局域网搭建完成，网络管理员小赵按照公司的要求，按照不同的工作部门隔离出多个办公区网络。财务部和销售部都在同一层办公，设备都连接在同一台交换机上，工作中，由于病毒等原因会造成部门之间的设备交互感染，部门网络的安全也得不到保障。因此，公司要求小赵，按照部门划分不同部门子网。在二层交换机上无法实现划分子网功能，但交换机上的 VLAN 技术可以通过二层技术实现三层子网的功能，实现不同部门之间网络隔离。

任务要求

（1）实现不同部门之间网络隔离，其网络拓扑图如图 2.2.1 所示。

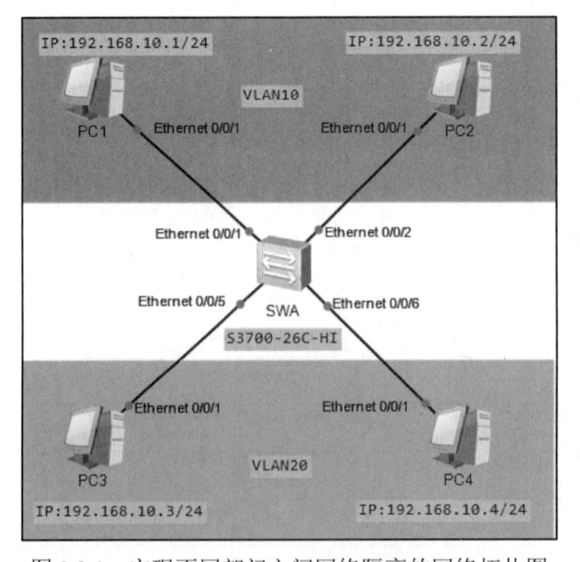

图 2.2.1　实现不同部门之间网络隔离的网络拓扑图

（2）交换机的 VLAN 划分情况如表 2.2.1 表示。

表 2.2.1 交换机的 VLAN 划分情况

VLAN 编号	VLAN 名称	端 口 范 围	连接的计算机
10	Finance	Ethernet 0/0/1～Ethernet 0/0/4	PC1、PC2
20	Sales	Ethernet 0/0/5～Ethernet 0/0/8	PC3、PC4

（3）PC1～PC4 的端口 IP 地址设置如表 2.2.2 表示。

表 2.2.2 PC1～PC4 的端口 IP 地址设置

设 备 名	端 口	IP 地址/子网掩码	网 关
PC1	Ethernet 0/0/1	192.168.10.1/24	无
PC2	Ethernet 0/0/1	192.168.10.2/24	无
PC3	Ethernet 0/0/1	192.168.10.3/24	无
PC4	Ethernet 0/0/1	192.168.10.4/24	无

（4）通过交换机 VLAN 划分，实现不同部门之间网络隔离。验证接入相同 VLAN 的计算机能相互通信，不同 VLAN 的计算机不能通信。

知识准备

1. VLAN 技术简介

虚拟局域网（Virtual Local Area Network，VLAN）是在一个物理网络上划分出来的逻辑网络，是将一个物理的局域网在逻辑上划分成多个广播域的技术，可按照功能、部门及应用等因素划分逻辑工作组，形成不同的虚拟网络，与用户的物理位置没有关系，VLAN 逻辑分组如图 2.2.2 所示。

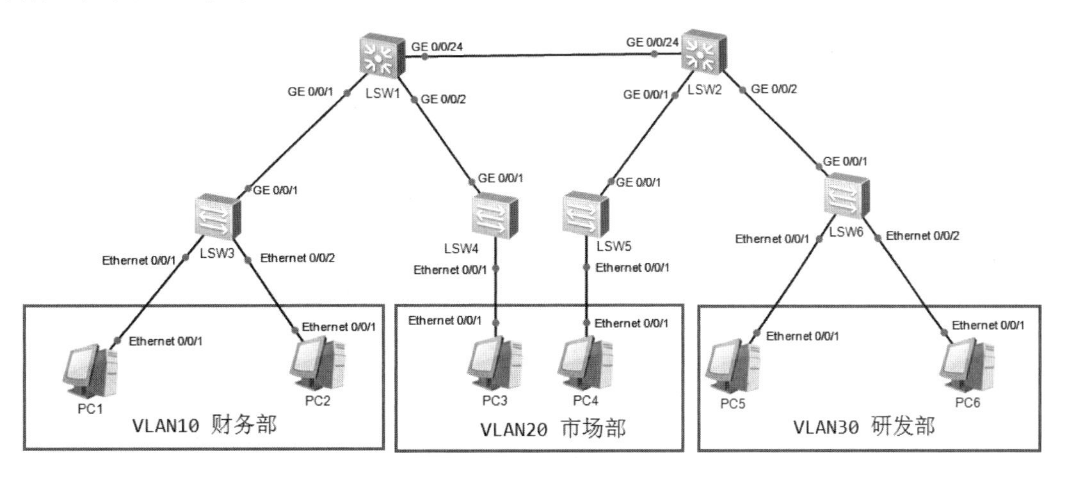

图 2.2.2 VLAN 逻辑分组

使用 VLAN 技术的目的是，将原本在一个广播域的网络划分成几个逻辑广播域，每个逻辑广播域内的用户形成一个组，组内的成员可以通信，组间的成员不允许通信。一个 VLAN 是一个广播域，二层的单播帧、广播帧和多播帧在同一 VLAN 内转发、扩散，不会直接进入其他 VLAN 中，广播报文就被限制在各 VLAN 内，同时提高了网络安全性，提高了交换机运行效率。VLAN 划分的方法有很多，如基于端口、基于 MAC 地址、基于协议、基于 IP 子网、基于策略等，目前主流应用的是基于端口划分，因为此方法简单易用。

VLAN 建立在局域网交换机的基础上，既保持了局域网的低延迟、高吞吐量特点，又解决了由于单个广播域内广播包过多，网络性能降低的问题。VLAN 技术是局域网组网时经常使用的主要技术之一。

2．VLAN 帧格式

在以太网帧中添加的 VLAN 标签的长度为 32bit，直接添加在以太网帧头中，IEEE802.1Q 文档对 VLAN 标签做出了说明，如图 2.2.3 所示。

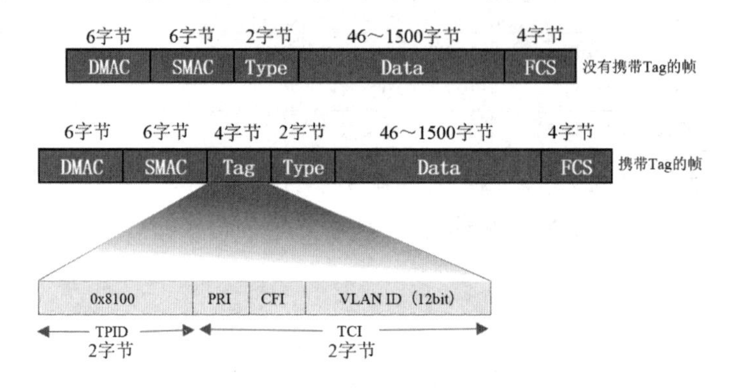

图 2.2.3　VLAN 帧格式

（1）TPID：Tag Protocol Identifier，2 字节，固定取值，0x8100，是 IEEE 定义的新类型，表明这是一个携带 802.1Q 标签的帧。如果不支持 802.1Q 的设备收到这样的帧，会将其丢弃。

（2）TCI：Tag Control Information，2 字节，是帧的控制信息，详细说明如下。

① PRI：3bit，表示帧的优先级，取值范围为 0～7，值越大优先级越高。当交换机阻塞时，优先发送优先级高的数据帧。

② CFI：Canonical Format Indicator，1bit。CFI 表示 MAC 地址是否为经典格式。CFI 为 0 表示经典格式，CFI 为 1 表示非经典格式。用于区分以太网帧、FDDI（Fiber Distributed Digital Interface）帧和令牌环网帧。在以太网中，CFI 的值为 0。

③ VLAN Identifier：VLAN ID，12bit，可配置的 VLAN ID 取值范围为 0～4095，但是 0 和 4095 在协议中规定为保留的 VLAN ID，不能给用户使用。

在现有的交换网络环境中，以太网的帧有两种格式：一种是没有加上 VLAN 标签的标准以太网帧（Untagged Frame）；另一种是有 VLAN 标签的以太网帧（Tagged Frame）。

3．VLAN 划分方式

（1）基于端口划分：根据交换机的端口编号来划分 VLAN。通过为交换机的每个端口配置不同的 PVID，将不同端口划分到 VLAN 中。初始情况下，X7 系列交换机的端口处于 VLAN1 中。此方法配置简单，但是当主机移动位置时，需要重新配置 VLAN。

（2）基于 MAC 地址划分：根据主机网卡的 MAC 地址划分 VLAN。此划分方法需要网络管理员提前配置网络中的主机 MAC 地址和 VLAN ID 的映射关系。如果交换机收到不带标签的数据帧，则会查找之前配置的 MAC 地址和 VLAN 映射表，根据数据帧中携带的 MAC 地址来添加相应的 VLAN 标签。在使用此方法配置 VLAN 时，即使主机移动位置也不需要重新配置 VLAN。

（3）基于 IP 子网划分：交换机在收到不带标签的数据帧时，根据报文携带的 IP 地址给数据帧添加 VLAN 标签。

（4）基于协议划分：根据数据帧的协议类型（或协议族类型）、封装格式来分配 VLAN ID。网络管理员需要首先配置协议类型和 VLAN ID 之间的映射关系。

（5）基于策略划分：使用几个条件的组合来分配 VLAN 标签。这些条件包括 IP 子网、端口和 IP 地址等。只有当所有条件都匹配时，交换机才为数据帧添加 VLAN 标签。另外，每条策略都是需要手动配置的。

4. VLAN 的优点

（1）限制广播。一个交换机组成网络，在默认状态下，所有交换机端口都在一个广播域内。采用 VLAN 技术可以限制广播，减少干扰，将数据帧限制在同一个 VLAN 内，不会影响其他 VLAN，在一定程度上节省了带宽，每个 VLAN 都是一个独立的广播域。

（2）提高网络安全性。不同 VLAN 的用户未经许可是不能相互访问的，一个 VLAN 内的广播帧，不会发送到另一个 VLAN 中，限制用户访问，不被其他 VLAN 窃听，从而保证了安全。

（3）网络管理简单，虚拟工作组。逻辑上将交换机划分成若干 VLAN，可以动态组建网络环境，一个用户无论在哪儿都可以不做任何修改就可以接入网络，依据不同的 VLAN 划分方式，可以在一台交换机上提供多个网络应用服务，提高了设备的利用率。

5. 关键技术命令格式

交换机 VLAN 的创建在全局配置模式下进行，因此要先进入全局配置模式。创建 VLAN 的命令很简单。

（1）创建 VLAN。

```
[Huawei]vlan [vlan id]
```

例如：

```
[Huawei]vlan 10
```

（2）删除 VLAN。

```
[Huawei]undo vlan [vlan id]
```

例如：

```
[Huawei]undo vlan 10
```

（3）要同时创建 3 个 VLAN，分别为 VLAN10、VLAN20 和 VLAN30，可使用一条 vlan bath 命令创建 VLAN10、VLAN20 和 VLAN30。具体的实施过程如下。

```
[Huawei]vlan batch 10 20 30
```

（4）创建好 VLAN 后，需要将端口分配到 VLAN 中。具体的实施过程如下。

```
[Huawei]interface Ethernet 0/0/1
[Huawei-Ethernet0/0/1]port link-type access
```

```
[Huawei-Ethernet0/0/1]port default vlan 10
```

（5）交换机也可以通过端口组的功能，把一些端口添加到一个组里面，然后可以对这个组进行配置，这样就能很方便地批量配置端口信息。具体的实施过程如下。

```
[Huawei]port-group 1
[Huawei-port-group-1]group-member e0/0/1 to e0/0/4
[Huawei-port-group-1]port link-type access
[Huawei-Ethernet0/0/1]port link-type access
[Huawei-Ethernet0/0/2]port link-type access
[Huawei-Ethernet0/0/3]port link-type access
[Huawei-Ethernet0/0/4]port link-type access
[Huawei-port-group-1]port default vlan 10
[Huawei-Ethernet0/0/1]port default vlan 10
[Huawei-Ethernet0/0/2]port default vlan 10
[Huawei-Ethernet0/0/3]port default vlan 10
[Huawei-Ethernet0/0/4]port default vlan 10
[Huawei-port-group-1]
```

任务实施

01 参照图 2.2.1 搭建网络拓扑，连线全部使用直通线，开启所有设备电源，为每台计算机设置好相应的 IP 地址和子网掩码。

02 创建 VLAN。

除默认的VLAN1外，其余VLAN需要通过命令来手动创建。创建VLAN有两种方式，一种是使用vlan命令一次创建单个VLAN，另一种方式是使用vlan batch命令一次创建多个VLAN。

```
<Huawei>system-view                              //进入系统视图
[Huawei]sysname SWA                              //修改主机名
[SWA]vlan 10                                     //创建 VLAN10
[SWA-vlan10]description Finance                  //命名 VLAN10 为 Finance（财务部）
[SWA-vlan10]vlan 20
[SWA-vlan20]description Sales                    //命名 VLAN20 为 Sales（销售部）
[SWA-vlan20]quit                                 //回到系统视图
```

03 查看 VLAN 的相关信息。

```
[SWA]display vlan                                //查看 VLAN
The total number of vlans is : 3
--------------------------------------------------------------------------------
U: Up;         D: Down;         TG: Tagged;         UT: Untagged;
MP: Vlan-mapping;               ST: Vlan-stacking;
#: ProtocolTransparent-vlan;    *: Management-vlan;
--------------------------------------------------------------------------------
VID  Type    Ports
--------------------------------------------------------------------------------
1    common  UT:Eth0/0/1(D)     Eth0/0/2(D)      Eth0/0/3(D)      Eth0/0/4(D)
                Eth0/0/5(D)     Eth0/0/6(D)      Eth0/0/7(D)      Eth0/0/8(D)
                Eth0/0/9(D)     Eth0/0/10(D)     Eth0/0/11(D)     Eth0/0/12(D)
                Eth0/0/13(D)    Eth0/0/14(D)     Eth0/0/15(D)     Eth0/0/16(D)
                Eth0/0/17(D)    Eth0/0/18(D)     Eth0/0/19(D)     Eth0/0/20(D)
                Eth0/0/21(D)    Eth0/0/22(D)     GE0/0/1(D)       GE0/0/2(D)
10   common
20   common
```

```
VID  Status  Property      MAC-LRN Statistics Description
--------------------------------------------------------------------
1    enable  default       enable  disable    VLAN 0001
10   enable  default       enable  disable    Finance
20   enable  default       enable  disable    Sales
```

可以观察到，SWA 已经成功创建了相应的 VLAN，但目前没有任何端口加入所创建的 VLAN10 和 VLAN20 中，默认情况下，交换机上所有端口都属于 VLAN1。

04 配置 Access 端口及分配 VLAN 端口。

```
[SWA]interface Ethernet 0/0/1                          //进入 Ethernet 0/0/1 端口
[SWA-Ethernet0/0/1]port link-type access               //将端口设置为 Access 端口
[SWA-Ethernet0/0/1]port default vlan 10                //将端口划分到 VLAN10 中
[SWA-Ethernet0/0/1]quit
[SWA]interface Ethernet 0/0/2                          //进入 Ethernet 0/0/2 端口
[SWA-Ethernet0/0/2]port link-type access               //将端口设置为 Access 端口
[SWA-Ethernet0/0/2]port default vlan 10                //将端口划分到 VLAN10 中
[SWA-Ethernet0/0/2]quit
[SWA]interface Ethernet 0/0/3                          //进入 Ethernet 0/0/3 端口
[SWA-Ethernet0/0/3]port link-type access               //将端口设置为 Access 端口
[SWA-Ethernet0/0/3]port default vlan 10                //将端口划分到 VLAN10 中
[SWA-Ethernet0/0/3]quit
[SWA]interface Ethernet 0/0/4
[SWA-Ethernet0/0/4]port link-type access
[SWA-Ethernet0/0/4]port default vlan 10
[SWA-Ethernet0/0/4]quit
[SWA]port-group 1
//将多个端口添加到端口组
[SWA-port-group-1]group-member Ethernet 0/0/5 to Ethernet 0/0/8
[SWA-port-group-1]port link-type access               //将多个端口设置为 Access 端口
[SWA-Ethernet0/0/5]port link-type access
[SWA-Ethernet0/0/6]port link-type access
[SWA-Ethernet0/0/7]port link-type access
[SWA-Ethernet0/0/8]port link-type access
[SWA-port-group-1]port default vlan 20                //将多个端口划分到 VLAN20 中
[SWA-Ethernet0/0/5]port default vlan 20
[SWA-Ethernet0/0/6]port default vlan 20
[SWA-Ethernet0/0/7]port default vlan 20
[SWA-Ethernet0/0/8]port default vlan 20
[SWA-port-group-1]quit
```

05 查看 VLAN 的相关信息。

```
[SWA]display vlan
The total number of vlans is : 3
--------------------------------------------------------------------------------
U: Up;         D: Down;         TG: Tagged;         UT: Untagged;
MP: Vlan-mapping;               ST: Vlan-stacking;
#: ProtocolTransparent-vlan;    *: Management-vlan;
--------------------------------------------------------------------------------
VID  Type    Ports
--------------------------------------------------------------------------------
1    common  UT:Eth0/0/9(D)     Eth0/0/10(D)     Eth0/0/11(D)     Eth0/0/12(D)
                Eth0/0/13(D)    Eth0/0/14(D)     Eth0/0/15(D)     Eth0/0/16(D)
                Eth0/0/17(D)    Eth0/0/18(D)     Eth0/0/19(D)     Eth0/0/20(D)
                Eth0/0/21(D)    Eth0/0/22(D)     GE0/0/1(D)       GE0/0/2(D)
10   common  UT:Eth0/0/1(U)     Eth0/0/2(U)      Eth0/0/3(D)      Eth0/0/4(D)
```

```
20    common  UT:Eth0/0/5(U)     Eth0/0/6(U)     Eth0/0/7(D)     Eth0/0/8(D)
VID  Status  Property      MAC-LRN Statistics Description
------------------------------------------------------------------------------
1    enable  default        enable  disable    VLAN 0001
10   enable  default      enable  disable    Finance
20   enable  default      enable  disable    Sales
```

通过以上操作，在交换机进行了 VLAN 的创建和端口的分配，从而实现了交换机端口的隔离。

任务验收

使用 ping 命令验证结果。

01 确认 PC 已经正确连接到对应 VLAN 上的端口，如果 PC1、PC2 接入 VLAN10，那么只能接到交换机的 Ethernet 0/0/1～Ethernet 0/0/4 范围内的端口上。

02 使用相同 VLAN 的计算机进行 ping 测试和使用不同 VLAN 的计算机进行 ping 测试。下面分别用 PC1 和 PC2、PC1 和 PC3 进行 ping 测试，结果如图 2.2.4 所示。

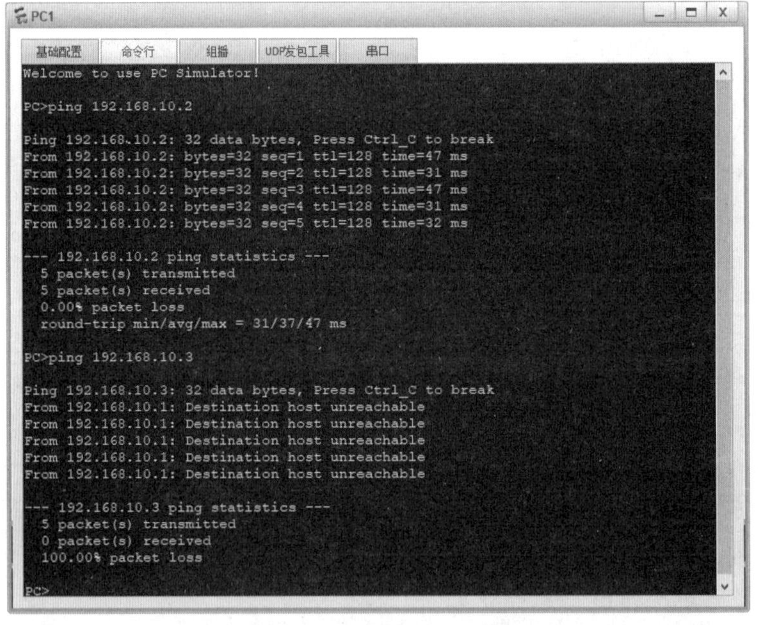

图 2.2.4　连通性测试结果

任务小结

在一个交换机中，划分了 VLAN 后，所有计算机设置了同一个网段的 IP 地址，只有相同 VLAN 的计算机间可以相互通信，不同 VLAN 的计算机间不能通信。通过 VLAN 的划分，就可以实现广播域的控制。

反思与评价

1. 自我反思（不少于 100 字）

____

____

____

____

2. 任务评价

自我评价表

序　号	自 评 内 容	佐 证 内 容	达　标	未 达 标
1	VLAN 的作用	能正确描述 VLAN 的作用		
2	冲突域和广播域的区别	能正确理解二者的区别		
3	VLAN 帧格式	能理解 VLAN 帧格式的组成		
3	VLAN 的划分方法	能正确使用两种方法划分 VLAN		
4	严谨的逻辑思维能力	熟练使用命令，按步骤配置 VLAN		

任务 2.3　实现相同部门跨交换机互访

同一个交换机上同一 VLAN 内的 PC 可以通信，不同 VLAN 内的 PC 被隔离，无法通信。但由于网络规模的增大或地域范围的限制，同一 VLAN 的用户可能跨接在不同交换机上，需要配置跨交换机链路实现交换机间的相同 VLAN 通信。

任务描述

某公司有财务部、销售部等部门，不同楼层内都有财务部和销售部的员工计算机，为了公司的管理更加安全与便捷，管理员通过划分 VLAN 使得财务部和销售部之间不可以自由访问，但部门内的计算机分布在不同楼层的交换机上，又要互相访问，这就要使用 802.1Q 进行跨交换机的相同部门的访问，也就是在两个交换机之间开启 Trunk 进行通信。

任务要求

（1）实现相同部门跨交换机互访，其网络拓扑图如图 2.3.1 所示。

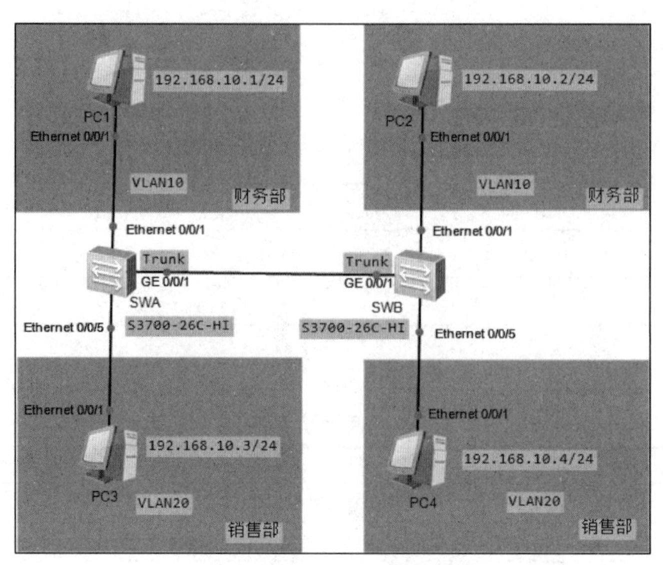

图 2.3.1　实现相同部门跨交换机互访的网络拓扑图

（2）在 SWA 和 SWB 上分别划分两个 VLAN（VLAN10 和 VLAN20），VLAN 划分情况如表 2.3.1 所示。

表 2.3.1　交换机的 VLAN 划分情况

VLAN 编号	VLAN 名称	端 口 范 围	连接的计算机
10	Finance（财务部）	Ethernet 0/0/1～Ethernet 0/0/4	PC1、PC2
20	Sales（销售部）	Ethernet 0/0/5～Ethernet 0/0/8	PC3、PC4
Trunk		GE 0/0/1	

（3）PC1～PC4 的端口 IP 地址设置如表 2.3.2 表示。

表 2.3.2　PC1～PC4 的端口 IP 地址设置

设 备 名	端　口	IP 地址/子网掩码	网　关
PC1	Ethernet 0/0/1	192.168.10.1/24	无
PC2	Ethernet 0/0/5	192.168.10.2/24	无
PC3	Ethernet 0/0/1	192.168.10.3/24	无
PC4	Ethernet 0/0/5	192.168.10.4/24	无

（4）通过配置交换机间相同 VLAN 的计算机相互通信，实现相同部门计算机互访，实现 PC1 与 PC3 相互通信、PC2 与 PC4 相互通信，其他组合不能通信。

知识准备

在以太网中，通过划分 VLAN 来隔离广播域和增强网络通信的安全性。以太网通常由多台交换机组成，为了使 VLAN 的数据帧跨越多台交换机传递，交换机之间互连的链路需要配置为干道链路（Trunk Link）。和接入链路不同，干道链路用于在不同的设备之间（如交换机和路由器之间、交换机和交换机之间）承载多个不同 VLAN 数据，它不属于任何一个具体的 VLAN，可以承载所有 VLAN 数据，也可以配置为只能传输指定 VLAN 的数据。

1. 链路类型

VLAN 技术的出现，使得交换机网络中存在了带 Tag 的 VLAN 以太网帧和不带 Tag 的 VLAN 以太网帧，因此可以对链路进行相应的区分，分为接入链路和干道链路，如图 2.3.2 所示。

1）接入链路（Access Link）

用于连接计算机和交换机的链路称为接入链路，接入链路上通过的帧为不带 Tag 的 VLAN 以太网帧。

2）干道链路（Trunk Link）

用于连接交换机和交换机的链路称为干道链路，干道链路上通过的帧一般为带 Tag 的 VLAN 以太网帧，也可以通过不带 Tag 的 VLAN 以太网帧。

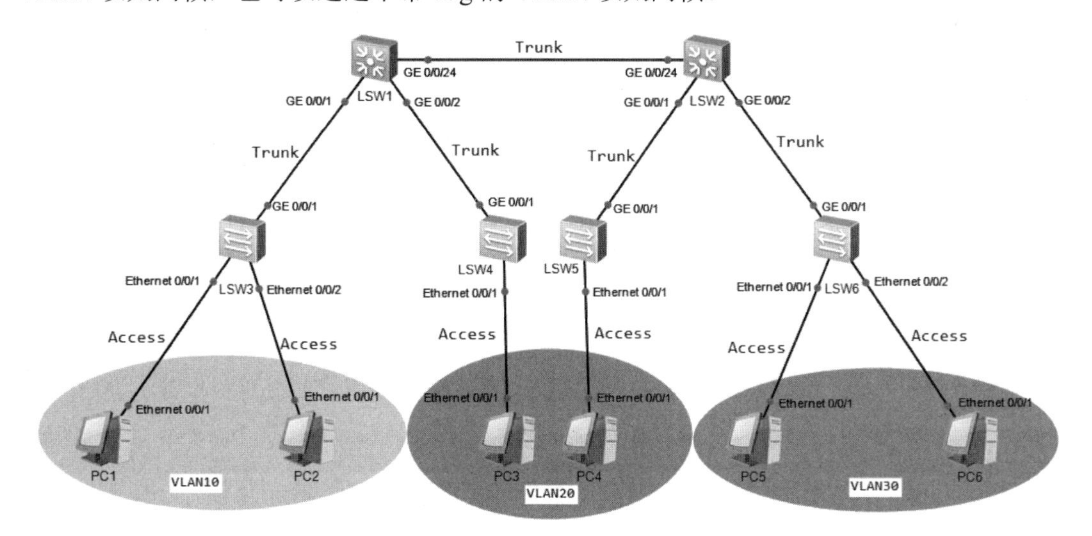

图 2.3.2　接入链路和干道链路

2. 端口类型

PVID，即 Port VLAN ID，代表端口的默认 VLAN，默认情况下，交换机每个端口的 PVID 都是 1，交换机从对端设备收到的帧有可能是 Untagged 数据帧，但所有以太网帧在交换机中都是以 Tagged 的形式被处理和转发的，因此交换机必须给端口收到的 Untagged 数据帧添加上 Tag。为了实现此目的，必须为交换机配置端口的默认 VLAN。当该端口收到 Untagged 数据帧时，交换机将给它加上该默认 VLAN 的 VLAN Tag。

基于链路对 VLAN 标签的不同处理方式，对以太网交换机的端口做了区分，端口类型大致分为三类。

1）接入端口（Access 端口）

Access 端口是交换机上用来连接用户主机的端口，它只能连接接入链路，并且只能允许唯一的 VLAN ID 通过本端口。

Access 端口收发数据帧的规则如下。

（1）如果 Access 端口收到对端设备发送的数据帧是 Untagged（不带 VLAN 标签），交换机将强制加上该端口的 PVID；如果该端口收到对端设备发送的数据帧是 Tagged（带 VLAN 标签），则交换机会检查该 Tag 内的 VLAN ID，当 VLAN ID 与该端口的 PVID 相同时，接收该报文；否则，丢弃该报文。

（2）Access 端口发送数据帧时，总是会先剥离数据帧的 Tag 再发送，Access 端口发往对端设备的以太网帧永远是不带 Tag 的数据帧。

如图 2.3.3 所示，交换机 LSW1 的 Ethernet 0/0/1、Ethernet 0/0/2 和 Ethernet 0/0/3 分别连接 3 台主机 PC1、PC2 和 PC3，并且都配置为 Access 端口。主机 PC1 把数据帧（未加 Tag）发送给交换机 LSW1 的 Ethernet 0/0/1 端口，再由交换机发往其他目的地。在收到数据帧之后，交换机 LSW1 会根据端口的 PVID 给数据帧加上 VLAN Tag 10，然后决定通过 Ethernet 0/0/3 端口转发数据帧。Ethernet 0/0/3 端口的 PVID 也是 10，与 VLAN Tag 中的 VLAN ID 相同。然后交换机会剥离 Tag，把数据帧发送到主机 PC3。连接主机 PC2 的端口的 PVID 是 20，与 VLAN10 不属于同一个 VLAN，因此，该端口不会接收到 VLAN10 的数据帧。

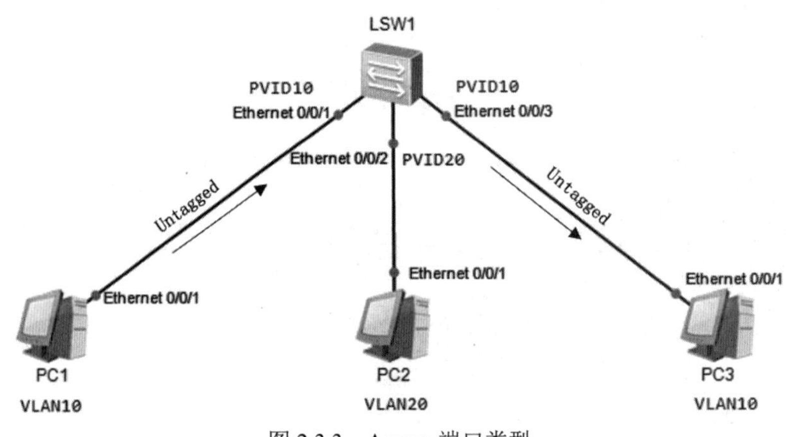

图 2.3.3　Access 端口类型

2）干道端口（Trunk 端口）

Trunk 端口是交换机上用来和其他交换机连接的端口，它只能连接干道链路。Trunk 端口允许多个 VLAN 的帧（带 Tag 标签）通过。

Trunk 端口收发数据帧的规则如下。

（1）当 Trunk 端口接收到对端设备发送的不带 Tag 的数据帧时，交换机会给数据帧添加该端口的 PVID，如果 PVID 在允许通过的 VLAN ID 列表中，则接收该报文，否则丢弃该报文；当 Trunk 端口接收到对端设备发送的带 Tag 的数据帧时，交换机会检查 VLAN ID 是否在允许通过的 VLAN ID 列表中，如果 VLAN ID 在允许通过的 VLAN ID 列表中，则接收该报文，否则丢弃该报文。

（2）Trunk 端口发送数据帧时，当 VLAN ID 与端口的 PVID 相同，并且是该端口允许通过的 VLAN ID 时，交换机会剥离 Tag，发送该报文；当 VLAN ID 与端口的 PVID 不同，并且是该端口允许通过的 VLAN ID 时，交换机会保持原有 Tag，发送该报文。

如图 2.3.4 所示，交换机 LSW1 和交换机 LSW2 连接主机的端口为 Access 端口，交换机 LSW1 和交换机 LSW2 互连的端口为 Trunk 端口，PVID 为 1，此 Trunk 链路允许所有 VLAN 的流量通过。当交换机 LSW1 转发 VLAN1 的数据帧时，会剥离 Tag，然后发送到 Trunk 链路上；而在转发 VLAN20 的数据帧时，不会剥离 Tag，而直接转发到 Trunk 链路上。

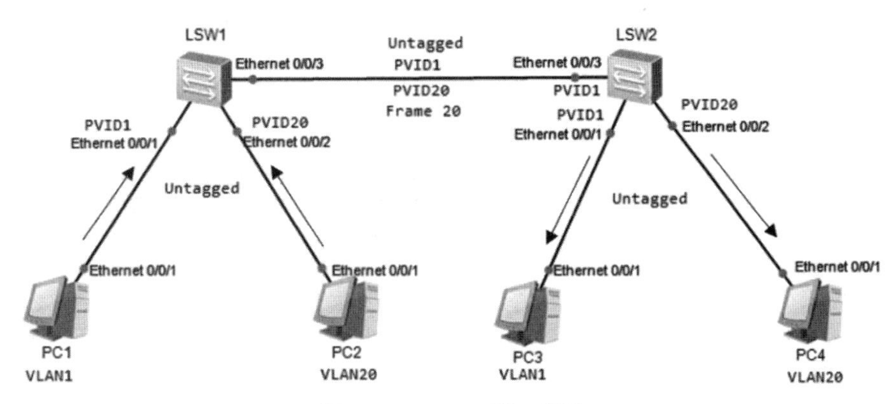

图 2.3.4　Trunk 端口类型

3）混合端口（Hybrid 端口）

Access 端口发往其他设备的报文，都是 Untagged 数据帧，而 Trunk 端口仅在一种特定情况下才能发出 Untagged 数据帧，其他情况发出的都是 Tagged 数据帧。

Hybrid 端口是交换机上既可以连接用户主机，又可以连接其他交换机的端口。Hybrid 端口既可以连接接入链路又可以连接干道链路。Hybrid 端口允许多个 VLAN 的帧通过，并可以在端口方向将某些 VLAN 帧的 Tag 剥离，华为设备默认的端口类型是 Hybrid。

如图 2.3.5 所示，要求主机 PC1 和 PC2 都能访问服务器，但它们之间不能互相访问。此时交换机连接主机和服务器的端口，以及交换机互连的端口都被配置成 Hybrid 类型。交换机连接 PC1 的端口的 PVID 是 10，连接 PC2 的端口的 PVID 是 20，连接服务器的端口的 PVID 是 30。

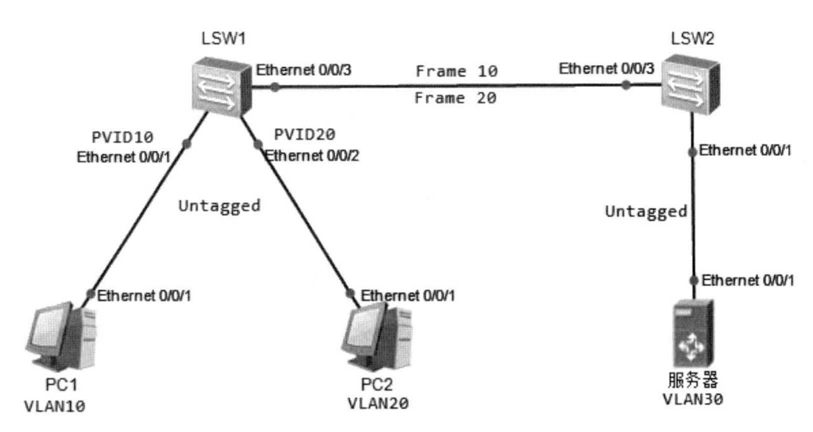

图 2.3.5　Hybrid 端口类型

不同类型的端口接收报文时的处理方式如表 2.3.3 所示。

表 2.3.3　不同类型的端口接收报文时的处理方式

端口类型	处理方式	
	携带 VLAN Tag	不携带 VLAN Tag
Access 端口	丢弃该报文	为该报文打上 VLAN Tag（本端口的 PVID）
Trunk 端口	判断本端口是否允许携带该 VLAN Tag 的报文通过。如果允许，则报文携带原有 VLAN Tag 进行转发，否则丢弃该报文	同上
Hybrid 端口	同上	同上

不同类型的端口报文发送时的处理方式如表 2.3.4 所示。

表 2.3.4　不同类型的端口发送报文时的处理方式

端口类型	处理方式
Access 端口	剥离报文携带的 VLAN Tag，进行转发
Trunk 端口	首先判断 VLAN ID 是否在允许列表中，其次判断报文携带的 VLAN Tag 是否和端口的 PVID 相同。如果相同，则剥离报文携带的 VLAN Tag 进行转发；否则，报文将携带原有的 VLAN Tag 进行转发
Hybrid 端口	首先判断 VLAN ID 是否在允许列表中，其次判断报文携带的 VLAN Tag 在本端口需要做怎样的处理。如果采用 Untagged 方式转发，则处理方式同 Access 端口；如果采用 Tagged 方式转发，则处理方式同 Trunk 端口

任务实施

01 参照图 2.3.1 搭建网络拓扑，连线全部使用直通线，开启所有设备电源，为每台计算机设置好相应的 IP 地址和子网掩码。

02 设置交换机的名称，创建 VLAN，配置 Access，分配端口。

对两个交换机进行相同的 VLAN 划分，下面是 SWA 的配置过程，同理可实现 SWB 的配置。

```
<Huawei>system-view
[Huawei]sysname SWA
[SWA]vlan 10
[SWA-vlan10]description Finance
[SWA-vlan10]vlan 20
[SWA-vlan20]description Sales
[SWA-vlan20]quit
[SWA]port-group 1
[SWA-port-group-1]group-member e0/0/1 to e0/0/4
[SWA-port-group-1]port link-type access
[SWA-Ethernet0/0/1]port link-type access
[SWA-Ethernet0/0/2]port link-type access
[SWA-Ethernet0/0/3]port link-type access
[SWA-Ethernet0/0/4]port link-type access
[SWA-port-group-1]port default vlan 10
[SWA-Ethernet0/0/1]port default vlan 10
[SWA-Ethernet0/0/2]port default vlan 10
[SWA-Ethernet0/0/3]port default vlan 10
[SWA-Ethernet0/0/4]port default vlan 10
[SWA-port-group-1]quit
```

```
[SWA]port-group 2
[SWA-port-group-2]group-member e0/0/5 to e0/0/8
[SWA-port-group-2]port link-type access
[SWA-Ethernet0/0/5]port link-type access
[SWA-Ethernet0/0/6]port link-type access
[SWA-Ethernet0/0/7]port link-type access
[SWA-Ethernet0/0/8]port link-type access
[SWA-port-group-2]port default vlan 20
[SWA-Ethernet0/0/5]port default vlan 20
[SWA-Ethernet0/0/6]port default vlan 20
[SWA-Ethernet0/0/7]port default vlan 20
[SWA-Ethernet0/0/8]port default vlan 20
[SWA-port-group-2]
```

03 查看交换机 SWA 的 VLAN 配置。

```
[SWA]display vlan
The total number of vlans is : 3
-----------------------------------------------------------------------
VID  Type    Ports
-----------------------------------------------------------------------
1    common  UT:Eth0/0/9(D)     Eth0/0/10(D)     Eth0/0/11(D)  Eth0/0/12(D)
                Eth0/0/13(D)   Eth0/0/14(D)   Eth0/0/15(D)  Eth0/0/16(D)
                Eth0/0/17(D)   Eth0/0/18(D)   Eth0/0/19(D)  Eth0/0/20(D)
                Eth0/0/21(D)   Eth0/0/22(D)   GE0/0/1(U)    GE0/0/2(D)
10   common  UT:Eth0/0/1(U)    Eth0/0/2(D)    Eth0/0/3(D)    Eth0/0/4(D)
20   common  UT:Eth0/0/5(U)    Eth0/0/6(D)    Eth0/0/7(D)    Eth0/0/8(D)
VID  Status  Property     MAC-LRN Statistics Description
-----------------------------------------------------------------------
1    enable  default      enable  disable   VLAN 0001
10   enable  default      enable  disable   Finance
20   enable  default      enable  disable   Sales
```

04 查看交换机 SWB 的 VLAN 配置。

```
[SWB]display vlan
The total number of vlans is : 3
-----------------------------------------------------------------------
VID  Type    Ports
-----------------------------------------------------------------------
1    common  UT:Eth0/0/9(D)   Eth0/0/10(D)    Eth0/0/11(D)      Eth0/0/12(D)
              Eth0/0/13(D)    Eth0/0/14(D)    Eth0/0/15(D)      Eth0/0/16(D)
              Eth0/0/17(D)    Eth0/0/18(D)    Eth0/0/19(D)      Eth0/0/20(D)
              Eth0/0/21(D)    Eth0/0/22(D)    GE0/0/1(U)        GE0/0/2(D)
10   common  UT:Eth0/0/1(U)   Eth0/0/2(D)     Eth0/0/3(D)       Eth0/0/4(D)
20   common  UT:Eth0/0/5(U)   Eth0/0/6(D)     Eth0/0/7(D)       Eth0/0/8(D)
VID  Status  Property     MAC-LRN Statistics Description
-----------------------------------------------------------------------
1    enable  default      enable  disable   VLAN 0001
10   enable  default      enable  disable   Finance
20   enable  default      enable  disable   Sales
```

当两台交换机都按上面的命令配置完成后，再测试一下可以发现，现在 4 台计算机都不能相互通信了。找一下原因，发现交换机是通过 GE 0/0/1 端口相连的，而 GE 0/0/1 端口并不在 VLAN10 和 VLAN20 中。可以试一下把与交换机互连的 GE 0/0/1 端口改为 Ethernet 0/0/2 端口（VLAN10 的端口）相连，再测试时可以发现 PC1 和 PC2 可以相互访问了，而 PC3 和 PC4 仍然不能访问。同样，与属于 VLAN20 的端口进行相连，PC3 和 PC4

可以相互访问。

05 设置 GE 0/0/1 端口为 Trunk 模式。

要解决上述难题，仍然采用 GE 0/0/1 端口相连两台交换机，可以将 GE 0/0/1 端口设置为 Trunk 模式，再在 Trunk 链路上设置允许单个、多个或者是交换机上划分的所有 VLAN 通过它进行通信。

```
[SWA]interface GigabitEthernet 0/0/1
[SWA-GigabitEthernet0/0/1]port link-type trunk        //将端口设置为 Trunk 模式
[SWA-GigabitEthernet0/0/1]port trunk allow-pass vlan ?
  INTEGER<1-4094>  VLAN ID                            //允许通过的 VLAN 的 ID
  all             All                                 //允许所有 VLAN 通过
[SWA-GigabitEthernet0/0/1]port trunk allow-pass vlan 10 20  //允许 VLAN10 和 VLAN20 通过
[SWA-GigabitEthernet0/0/1]
```

小贴士

配置华为交换机时要明确被允许通过的 VLAN，实现对 VLAN 流量转发的控制。

06 使用 display vlan 命令查看端口模式，若 GE 0/0/1 端口的链路类型为 TG，则说明已经是 Trunk 链路状态了。

```
[SWA]display vlan
The total number of vlans is : 3
--------------------------------------------------------------------------------
U: Up;        D: Down;        TG: Tagged;        UT: Untagged;
MP: Vlan-mapping;              ST: Vlan-stacking;
#: ProtocolTransparent-vlan;    *: Management-vlan;
--------------------------------------------------------------------------------
VID  Type    Ports
--------------------------------------------------------------------------------
10   common UT:Eth0/0/1(U)     Eth0/0/2(D)     Eth0/0/3(D)    Eth0/0/4(D)
            TG:GE0/0/1(U)
20   common UT:Eth0/0/5(U)     Eth0/0/6(D)     Eth0/0/7(D)    Eth0/0/8(D)
            TG:GE0/0/1(U)
```

同理，可以设置 SWB 的 GE 0/0/1 端口为 Trunk 模式，并设置允许 VLAN10 和 VLAN20 通过。至此，本任务配置完成。这时两个交换机中的相同 VLAN 中的计算机可以通信了。

07 检查 GE 0/0/1 端口上 Trunk 的配置情况。

使用 display port vlan GigabitEthernet 0/0/1 命令查看端口模式，GE 0/0/1 端口的链路类型为 Trunk，允许 VLAN10 和 VLAN20 通过。

（1）在交换机 SWA 上查看。

```
[SWA]display port vlan GigabitEthernet 0/0/1
Port                    Link Type    PVID  Trunk VLAN List
--------------------------------------------------------------------------------
GigabitEthernet0/0/1    trunk        1     1 10 20
```

（2）在交换机 SWB 上查看。

```
[SWB]display port vlan GigabitEthernet 0/0/1
Port                    Link Type    PVID  Trunk VLAN List
--------------------------------------------------------------------------------
GigabitEthernet0/0/1    trunk        1     1 10 20
```

任务验收

测试网络的连通性。在 PC1 上 ping PC2 的 IP 地址 192.168.10.2，网络是连通的，表明交换机之前的 Trunk 链路已经成功建立；在 PC1 上 ping PC3 的 IP 地址 192.168.10.3，网络是不连通的，表明不同 VLAN 间无法通信，如图 2.3.6 所示。

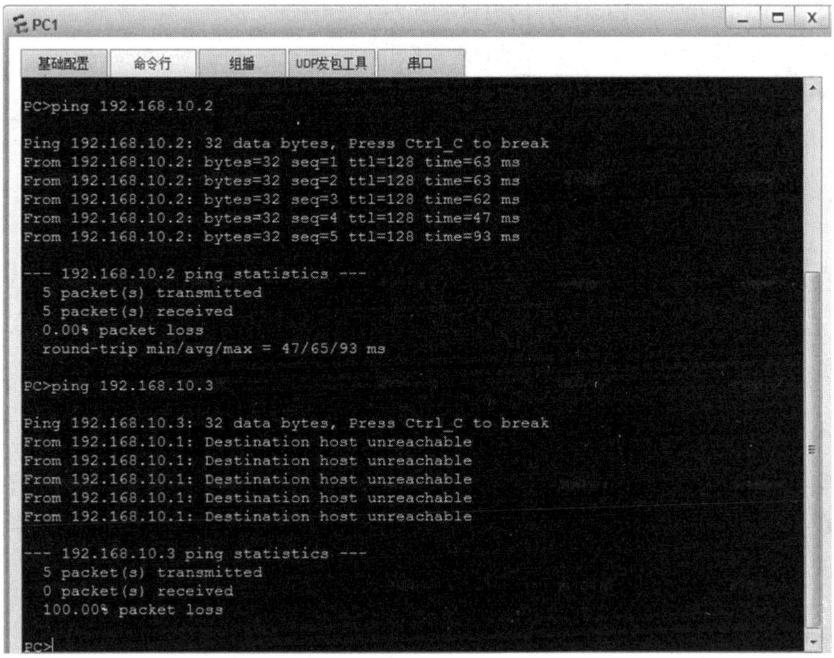

```
PC1
基础配置  命令行  组播  UDP发包工具  串口

PC>ping 192.168.10.2

Ping 192.168.10.2: 32 data bytes, Press Ctrl_C to break
From 192.168.10.2: bytes=32 seq=1 ttl=128 time=63 ms
From 192.168.10.2: bytes=32 seq=2 ttl=128 time=63 ms
From 192.168.10.2: bytes=32 seq=3 ttl=128 time=62 ms
From 192.168.10.2: bytes=32 seq=4 ttl=128 time=47 ms
From 192.168.10.2: bytes=32 seq=5 ttl=128 time=93 ms

--- 192.168.10.2 ping statistics ---
  5 packet(s) transmitted
  5 packet(s) received
  0.00% packet loss
  round-trip min/avg/max = 47/65/93 ms

PC>ping 192.168.10.3

Ping 192.168.10.3: 32 data bytes, Press Ctrl_C to break
From 192.168.10.1: Destination host unreachable
From 192.168.10.1: Destination host unreachable
From 192.168.10.1: Destination host unreachable
From 192.168.10.1: Destination host unreachable
From 192.168.10.1: Destination host unreachable

--- 192.168.10.3 ping statistics ---
  5 packet(s) transmitted
  0 packet(s) received
  100.00% packet loss

PC>
```

图 2.3.6　连通性测试结果

任务小结

在一个网络上存在两个或两个以上的交换机互连时，且交换机都进行了相同的 VLAN 配置，设置与交换机相连的端口为 Trunk 模式，并允许相应的 VLAN 通过，可以实现交换机之间相同 VLAN 上的计算机相互通信。

反思与评价

1．自我反思（不少于 100 字）

____

____

____

____

2. 任务评价

自我评价表

序　号	自 评 内 容	佐 证 内 容	达　标	未 达 标
1	Trunk 链路的作用	能正确描述 Trunk 链路的作用		
2	Access 端口和 Trunk 端口的区别	能正确理解 Access 端口和 Trunk 端口的区别		
3	实现相同部门计算机互访	能正确实现相同部门跨交换机互访		
4	严谨的职业素养	在 Trunk 链路上数据帧安全通过		

任务 2.4　利用三层交换机实现部门间网络互访

三层交换机，即内置了路由功能的交换机，在转发数据帧的同时，还可以在不同网段之间路由数据包。在交换式局域网中，三层交换机可以配置多个虚拟 VLAN 端口（VLANIF）作为 VLAN 内 PC 设备的网关，同时转发数据包，实现不同 VLAN 之间的通信。

任务描述

某公司按照部门业务不同，规划出多个不同 VLAN，实现部门之间的网络隔离。

安全隔离后的部门网络虽然在安全和干扰问题上得到暂时解决，但也造成了两个网络之间不能互联互通，造成公司内部公共资源不能共享，因此，公司希望网络管理员小赵实现所有部门之间网络的安全通信。

通过在交换机上配置 VLAN 中继服务，能实现同一部门 VLAN 内设备跨交换机通信。如果要实现不同的 VLAN 之间互相通信，就需要利用三层交换机路由技术，三层交换机路由技术能够实现所有部门之间子网互联互通。

任务要求

（1）利用三层交换机实现部门间网络互访，其网络拓扑图如图 2.4.1 所示。

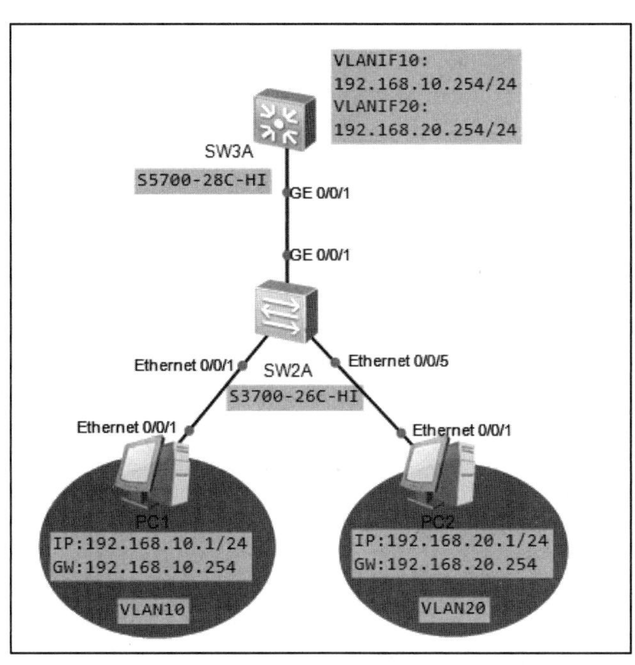

图 2.4.1 利用三层交换机实现部门间网络互访的网络拓扑图

（2）在 SW2A 和 SW3A 上划分两个 VLAN（VLAN10、VLAN20），并将 GE 0/0/1 端口设置为 Trunk 模式，VLAN 划分情况如表 2.4.1 所示。

表 2.4.1 交换机的 VLAN 划分情况

设 备 名	VLAN 编号	端 口 范 围	IP 地址/端口模式
SW3A	10	无	192.168.10.254/24
	20	无	192.168.20.254/24
		GE 0/0/1	Trunk
SW2A	10	Ethernet 0/0/1～Ethernet 0/0/4	Access
	20	Ethernet 0/0/5～Ethernet 0/0/8	Access
		GE 0/0/1	Trunk

（3）PC1～PC2 的端口 IP 地址设置如表 2.4.2 表示。

表 2.4.2 PC1～PC2 的端口 IP 地址设置

设 备 名	端 口	IP 地址/子网掩码	网 关	所属 VLAN
PC1	Ethernet 0/0/1	192.168.10.1/24	192.168.10.254	10
PC2	Ethernet 0/0/5	192.168.20.1/24	192.168.20.254	20

（4）通过三层交换机实现不同 VLAN 的计算机之间可以相互通信。

知识准备

三层交换技术就是二层交换技术＋三层转发技术。传统的交换技术是在 OSI 参考模型中的第二层——数据链路层进行操作的，而三层交换技术是在网络模型中的第三层实现了数据包的高速转发。应用三层交换技术即可实现网络路由的功能，又可以根据不同的网络状况做到最优的网络性能。

三层交换机与路由器的区别如下。

三层交换机也具有“路由”功能，它与传统路由器的路由功能总体上是一致的。虽然如此，三层交换机与路由器还是存在着相当大的本质区别的。

VLAN 将一个物理的 LAN 在逻辑上划分成多个广播域。VLAN 内的主机间可以直接通信，而 VLAN 间不能直接互通。

在现实网络中，经常会遇到需要跨 VLAN 相互访问的情况，工程师通常会选择一些方法来实现不同 VLAN 间主机的相互访问，如单臂路由。但是单臂路由技术由于存在一些局限性，如带宽、转发效率等，应用较少。

三层交换机在原有二层交换机的基础之上增加了路由功能，同时由于数据没有像单臂路由那样经过物理线路进行路由，很好地解决了带宽瓶颈的问题，为网络设计提供了一个灵活的解决方案。

VLANIF 端口是基于网络层的端口，可以配置 IP 地址。借助 VLANIF 端口，三层交换机就能实现路由转发功能。

任务实施

01 参照图 2.4.1 搭建网络拓扑，连线全部使用直通线，开启所有设备电源，为每台计算机设置好相应的 IP 地址和子网掩码。

02 划分二层交换机的 VLAN，并分配端口。

```
<Huawei>system-view
[Huawei]sysname SW2A
[SW2A]vlan batch 10 20                              //创建 VLAN10 和 VLAN20
[SW2A]port-group 1
[SW2A-port-group-1]group-member Ethernet 0/0/1 to Ethernet 0/0/4
[SW2A-port-group-1]port link-type access
[SW2A-Ethernet0/0/1]port link-type access
[SW2A-Ethernet0/0/2]port link-type access
[SW2A-Ethernet0/0/3]port link-type access
[SW2A-Ethernet0/0/4]port link-type access
[SW2A-port-group-1]port default vlan 10
[SW2A-Ethernet0/0/1]port default vlan 10
[SW2A-Ethernet0/0/2]port default vlan 10
[SW2A-Ethernet0/0/3]port default vlan 10
[SW2A-Ethernet0/0/4]port default vlan 10
[SW2A-port-group-1]quit
[SW2A]port-group 2
[SW2A-port-group-2]group-member Ethernet 0/0/5 to Ethernet 0/0/8
[SW2A-port-group-2]port link-type access
[SW2A-Ethernet0/0/5]port link-type access
[SW2A-Ethernet0/0/6]port link-type access
[SW2A-Ethernet0/0/7]port link-type access
[SW2A-Ethernet0/0/8]port link-type access
[SW2A-port-group-2]port default vlan 20
[SW2A-Ethernet0/0/5]port default vlan 20
```

```
[SW2A-Ethernet0/0/6]port default vlan 20
[SW2A-Ethernet0/0/7]port default vlan 20
[SW2A-Ethernet0/0/8]port default vlan 20
[SW2A-port-group-2]quit
```

03 划分三层交换机上的 VLAN，配置每个 VLAN 的端口 IP 地址。

```
<Huawei>system-view
[Huawei]sysname SW3A
[SW3A]vlan batch 10 20
[SW3A]interface Vlanif 10                              //进入 VLAN10
[SW3A-Vlanif10]ip add 192.168.10.254 24                //配置 IP 地址
[SW3A-Vlanif10]quit
[SW3A]interface Vlanif 20                              //进入 VLAN20
[SW3A-Vlanif20]ip add 192.168.20.254 24                //配置 IP 地址
[SW3A-Vlanif20]
[SW3A-Vlanif20]quit
```

04 配置交换机的 Trunk 链路。

（1）在 SW2A 上的配置。

```
[SW2A]interface GigabitEthernet 0/0/1                  //进入 GE 0/0/1 端口
[SW2A-GigabitEthernet0/0/1]port link-type trunk        //设置为 Trunk 端口
//允许 VLAN10 和 VLAN20 通过
[SW2A-GigabitEthernet0/0/1]port trunk allow-pass vlan 10 20
```

（2）在 SW3A 上的配置。

```
[SW3A]interface GigabitEthernet 0/0/1
[SW3A-GigabitEthernet0/0/1]port link-type trunk
[SW3A-GigabitEthernet0/0/1]port trunk allow-pass vlan 10 20
```

05 设置计算机的网关，实现不同 VLAN 间和不同网络间的通信。

计算机之间在要实现跨网络互联时，必须通过网关进行路由转发，所以要实现交换机 VLAN 间的路由，还要为每台计算机配置网关。

设置计算机的网关时应该选择该计算机的上连设备 IP 地址，也可以称为下一跳地址。对于本任务的拓扑图，PC1 上连设备为 SW2A 的 VLAN10，而 VLAN10 的端口 IP 地址为 192.168.10.254，那么 VLAN10 的端口 IP 地址为 PC1 的下一跳地址。因此，PC1 的网关就应设为 192.168.10.254。同理，PC2 的网关为 VLAN20 的 IP 地址 192.168.20.254。

配置网关在计算机桌面的 IP 设置中完成。设置 PC1 的网关，如图 2.4.2 所示。

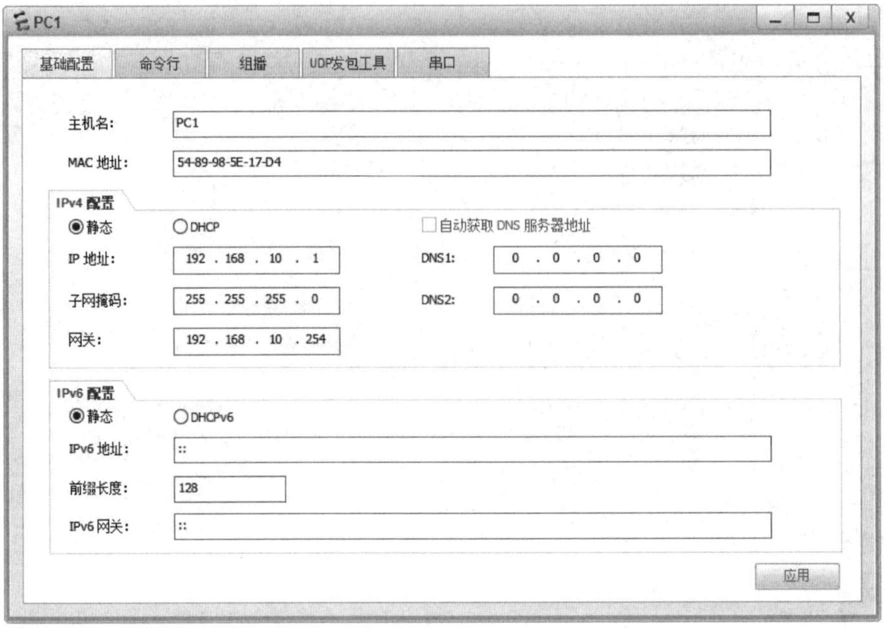
PC1
基础配置
命令行
组播
UDP发包工具
串口
主机名：
PC1
MAC 地址：
54-89-98-5E-17-D4
IPv4 配置
静态
DHCP
自动获取 DNS 服务器地址
IP 地址：
192 . 168 . 10 . 1
DNS1:
0 . 0 . 0 . 0
子网掩码：
255 . 255 . 255 . 0
DNS2:
0 . 0 . 0 . 0
网关：
192 . 168 . 10 . 254
IPv6 配置
静态
DHCPv6
IPv6 地址：
::
前缀长度：
128
IPv6 网关：
::
应用

图 2.4.2　设置 PC1 的网关

小贴士

计算机配置完 IP 地址等信息后，必须单击“应用”按钮，否则不会生效。

使用同样的方法，为 PC2 的网关做相应的设置。至此，本任务的所有配置都已经完成。下面进行验证及测试。

任务验收

测试网络的连通性。在 PC1 上 ping PC2 的 IP 地址 192.168.20.1，发现网络是连通的，如图 2.4.3 所示。

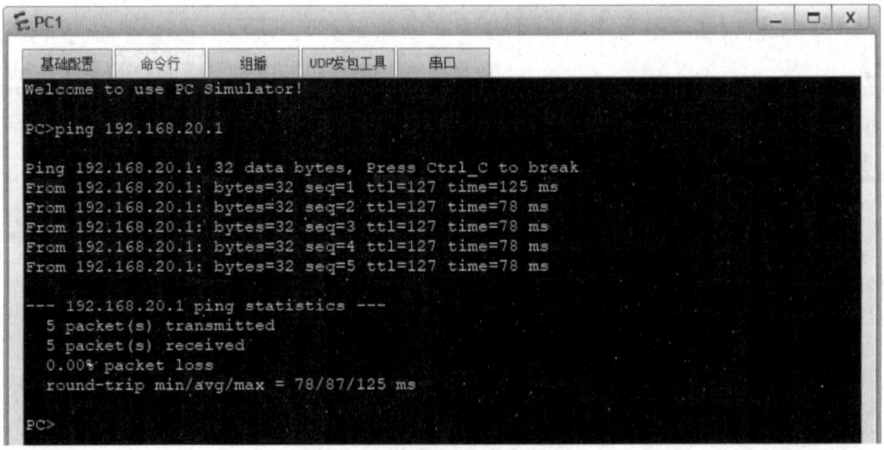
PC1
基础配置
命令行
组播
UDP发包工具
串口
Welcome to use PC Simulator!
PC>ping 192.168.20.1
Ping 192.168.20.1: 32 data bytes, Press Ctrl_C to break
From 192.168.20.1: bytes=32 seq=1 ttl=127 time=125 ms
From 192.168.20.1: bytes=32 seq=2 ttl=127 time=78 ms
From 192.168.20.1: bytes=32 seq=3 ttl=127 time=78 ms
From 192.168.20.1: bytes=32 seq=4 ttl=127 time=78 ms
From 192.168.20.1: bytes=32 seq=5 ttl=127 time=78 ms
--- 192.168.20.1 ping statistics ---
5 packet(s) transmitted
5 packet(s) received
0.00% packet loss
round-trip min/avg/max = 78/87/125 ms
PC>

图 2.4.3　连通性测试结果

任务小结

当三层交换机上划分了多个 VLAN，且每个 VLAN 使用不同网段的 IP 地址时，要实现交换机下连的所有计算机进行相互通信，必须设置每个 VLAN 的端口 IP（VLANIF）地址，并且所有计算机都要设置网关，网关为上连 VLAN 的端口 IP（VLANIF）地址。

反思与评价

1. 自我反思（不少于 100 字）

____

____

____

____

2. 任务评价

自我评价表

序　号	自 评 内 容	佐 证 内 容	达　标	未 达 标
1	二层交换与三层交换的不同	能理解二层交换与三层交换的不同		
2	虚拟端口的工作原理和作用	能描述虚拟端口的工作原理和作用		
3	网关的作用和配置方法	能描述网关的作用和配置方法		
4	实现部门间网络互访	能正确实现部门间网络互访		
5	沟通能力	能够协助他人完成实训任务		

任务 2.5　提高骨干链路带宽

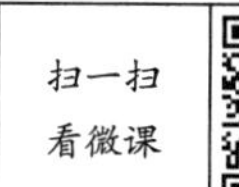

任务描述

某公司的网络中心为了接入网络稳定性，在汇聚层交换机的连接链路上使用了多条冗余链路，同时，为了增加带宽，多条冗余链路之间实现端口聚合，提高骨干链路带宽，这样可以实现链路之间的冗余和备份效果，避免因骨干链路上的单点故障而导致网络中断。

任务要求

（1）提高骨干链路带宽，其网络拓扑图如图 2.5.1 所示。

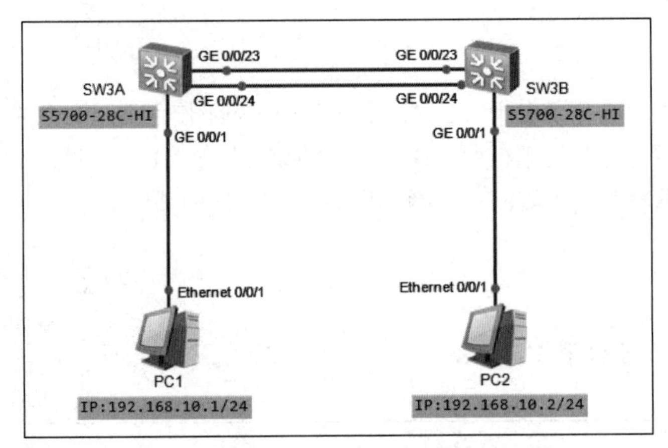

图 2.5.1 提高骨干链路带宽的网络拓扑图

（2）PC1～PC2 的端口 IP 地址设置如表 2.5.1 表示。

表 2.5.1 PC1～PC2 的端口 IP 地址设置

设 备 名	端 口	IP 地址/子网掩码
PC1	GE 0/0/1	192.168.10.1/24
PC2	GE 0/0/1	192.168.10.2/24

（3）设置两台交换机的GE 0/0/23、GE 0/0/24 两个端口为端口汇聚，实现链路聚合功能，提高骨干链路带宽。

知识准备

以太网链路聚合 Eth-Trunk，简称链路聚合，它通过将多条以太网物理链路捆绑在一起成为一条逻辑链路，从而实现提高链路带宽的目的。同时，这些捆绑在一起的链路通过相互间的动态备份，可以有效地提高链路的可靠性。

随着网络规模不断扩大，用户对骨干链路带宽和可靠性提出越来越高的要求。在传统技术中，常用更换高速率的端口板或更换支持高速率端口板的设备的方式来提高带宽，但这种方案需要付出高额的费用，而且不够灵活。

采用链路聚合技术可以在不进行硬件升级的条件下，通过将多个物理端口捆绑为一个逻辑端口，达到提高链路带宽的目的。在实现提高带宽目的的同时，链路聚合采用备份链路的机制，可以有效地提高设备之间链路的可靠性。

链路聚合技术主要有以下 3 个优势。

（1）提高带宽：链路聚合端口的最大带宽可以达到各成员端口带宽之和。

（2）提高可靠性：当某条活动链路出现故障时，流量可以切换到其他可用的成员活动链路上，从而提高链路聚合端口的可靠性。

（3）负载分担：在一个链路聚合组内，可以实现在各成员活动链路上的负载分担。

常见链路聚合操作命令详解如下。

（1）将成员端口批量加入聚合组。

在 Eth-Trunk1 中批量加入 5 个成员端口 GE 0/0/1～GE 0/0/5。

```
<Huawei>system-view
[Huawei]interface eth-trunk 1
[Huawei-Eth-Trunk1]trunkport Gigabit Ethernet0/0/1 to 0/0/5
```

（2）将指定成员端口从聚合组中删除。

删除成员端口有如下两种方式，请根据需要选择其一即可。在 Eth-Trunk1 端口视图下执行 undo trunkport 命令。

```
< Huawei>system-view
[Huawei]interface eth-trunk 1
[Huawei-Eth-Trunk1]undo trunkport Ethernet 0/0/1
```

在成员端口视图下执行 undo eth-trunk 命令。

```
<Huawei>system-view
[Huawei]interface Ethernet 0/0/1
[Huawei-Ethernet0/0/1]undo eth-trunk
```

（3）删除聚合组。

在系统视图下执行 undo interface eth-trunktrunk-id 命令。

```
<Huawei>system-view
[Huawei]undo interface eth-trunk 10
```

小贴士

删除聚合组的前提条件是已将所有成员端口从聚合组中删除。

任务实施

01 参照图 2.5.1 搭建网络拓扑，连线全部使用直通线，开启所有设备电源，为每台计算机设置好相应的 IP 地址和子网掩码。

02 完成交换机 SW3A 的配置。

```
<Huawei>system-view
[Huawei]sysname SW3A
[SW3A]interface Eth-Trunk 1                     //创建 ID 为 1 的 Eth-Trunk 端口
[SW3A-Eth-Trunk1]quit                           //退出 Eth-Trunk1 端口视图
[SW3A]interface GigabitEthernet 0/0/23          //进入 GE 0/0/23 端口视图
[SW3A-GigabitEthernet0/0/23]eth-trunk 1         //加入 Eth-Trunk1 聚合端口
[SW3A-GigabitEthernet0/0/23]quit                //退出 GE 0/0/23 端口视图
[SW3A]interface GigabitEthernet 0/0/24          //进入 GE 0/0/24 端口视图
[SW3A-GigabitEthernet0/0/24]eth-trunk 1         //加入 Eth-trunk1 聚合端口
[SW3A-GigabitEthernet0/0/24]quit                //退出 GE 0/0/24 端口视图
[SW3A]interface Eth-Trunk 1
[SW3A-Eth-Trunk1]port link-type trunk           //设置端口链路类型为 Trunk
[SW3A-Eth-Trunk1]quit                           //退出 Eth-Trunk1 端口视图
```

03 完成交换机 SW3B 的配置。

```
[SW3B]interface Eth-Trunk 1                     //创建 ID 为 1 的 Eth-Trunk 端口
//将 GE 0/0/23 和 GE 0/0/24 端口加入 Eth-Trunk1
[SW3B-Eth-Trunk1]trunkport GigabitEthernet 0/0/23 to 0/0/24
[SW3B-Eth-Trunk1]port link-type trunk           //设置聚合端口链路类型为 Trunk
[SW3B-Eth-Trunk1]quit                           //退出 Eth-Trunk1 端口视图
//这里交换机 SW3B 使用的是将成员端口批量加入聚合组的方法
```

04 在交换机 SW3A 上查看链路聚合组 1 的信息。

```
[SW3A]display eth-trunk 1
Eth-Trunk1's state information is:
WorkingMode: NORMAL        Hash arithmetic: According to SIP-XOR-DIP
Least Active-linknumber: 1  Max Bandwidth-affected-linknumber: 8
Operate status: up         Number Of Up Port In Trunk: 2
------------------------------------------------------------------------
PortName                   Status     Weight
GigabitEthernet0/0/23        Up         1
GigabitEthernet0/0/24        Up         1
```

05 在交换机 SW3B 上查看链路聚合组 1 的信息。

```
[SW3B]display eth-trunk 1
Eth-Trunk1's state information is:
WorkingMode: NORMAL        Hash arithmetic: According to SIP-XOR-DIP
Least Active-linknumber: 1  Max Bandwidth-affected-linknumber: 8
Operate status: up         Number Of Up Port In Trunk: 2
-------------------------------------------------------------------------
PortName                   Status     Weight
GigabitEthernet0/0/23       Up        1
GigabitEthernet0/0/24       Up        1
```

查看到的信息表明 Eth-Trunk 工作正常，成员端口都已正确加入。

任务验收

01 测试 PC 连通性。在 PC1 上测试其与 PC2 的连通性，如图 2.5.2 所示。

02 改变拓扑重新测试。把聚合端口的连线去掉一根（将其所在端口关闭即可），重新测试连通性。我们会发现，去掉一根连线，PC 连通性没有受到影响（会有短暂的丢包），如图 2.5.3 所示。

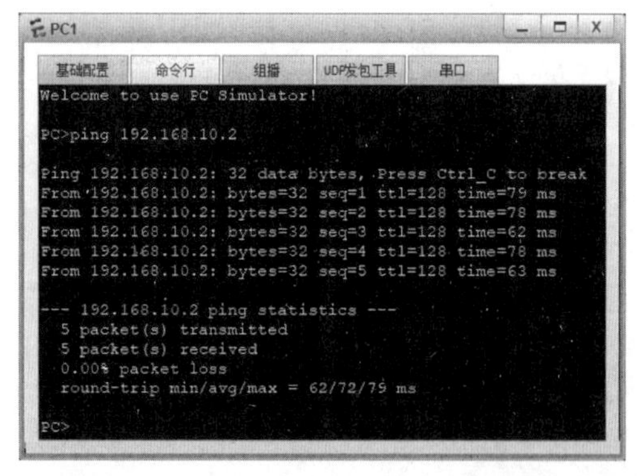

图 2.5.2　测试 PC1 与 PC2 的连通性

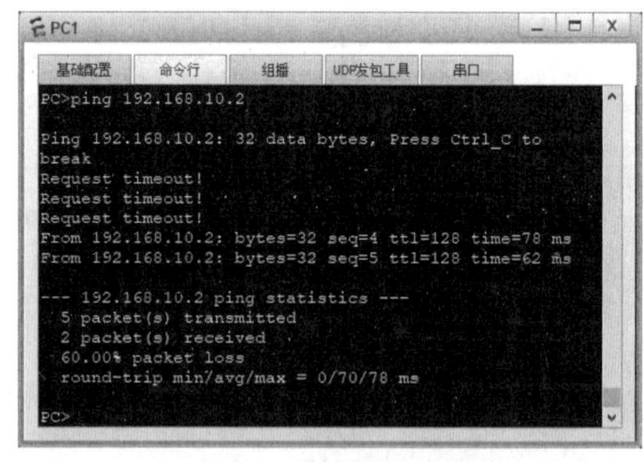

图 2.5.3　连通性测试结果

任务小结

（1）在设置交换机的端口汇聚时可以将每个端口依次加入，也可以将成员批量加入聚合组。

（2）选择的端口必须是连续的。

（3）因端口汇聚组一般和 VLAN 联合使用，所以应设置成 Trunk 模式。

反思与评价

1. 自我反思（不少于 100 字）

____

____

____

____

2. 任务评价

学生自评表

序　号	自 评 内 容	佐 证 内 容	达　标	未 达 标
1	链路聚合的作用	能正确描述链路聚合的作用		
2	交换网络的冗余链路	能规划、设计交换网络的冗余链路		
3	实现链路聚合的配置	能正确实现链路聚合的配置		
4	良好的信息素养和学习能力	能对网络工程进行可靠性设计		

任务 2.6　避免网络环路

扫一扫
看微课

在交换式网络中使用生成树协议可以将有环路的物理拓扑变成无环路的逻辑拓扑，为网络提供了安全机制，使冗余拓扑中不会产生交换环路问题。

任务描述

某公司最近由于业务迅速发展和对网络可靠性的要求，使用了两台高性能交换机作为核心交换机，接入层交换机与核心层交换机互连，形成冗余结构，来满足网络的可靠性，达到最佳的工作效率。

生成树协议（STP）可以在交换机网络中消除第二层环路，但收敛需要较长时间，这里可采用快速生成树协议（RSTP）。

任务要求

（1）避免网络环路，其网络拓扑图如图 2.6.1 所示。

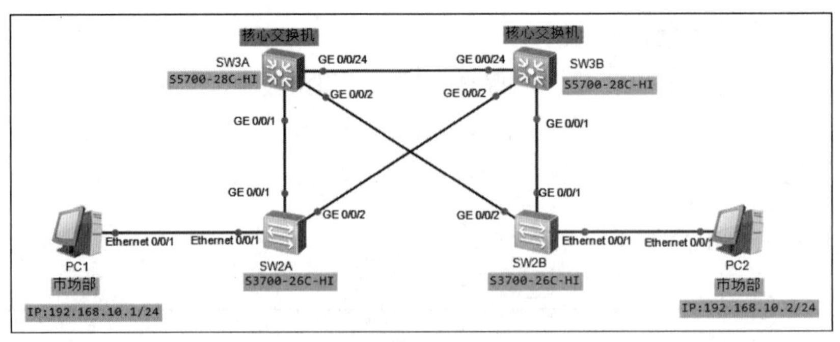

图 2.6.1 避免网络环路的网络拓扑图

（2）在 SW3A、SW3B、SW2A 和 SW2B 上划分 VLAN，VLAN 划分情况如表 2.6.1 所示。

表 2.6.1 交换机的 VLAN 划分情况

设 备 名	端 口 范 围	VLAN 编号/模式
SW3A	无	10
	GE 0/0/1	Trunk
	GE 0/0/2	
	GE 0/0/24	
SW3B	无	10
	GE 0/0/1	Trunk
	GE 0/0/2	
	GE 0/0/24	
SW2A	Ethernet 0/0/1	10
	GE 0/0/1	Trunk
	GE 0/0/2	
SW2B	Ethernet 0/0/1	10
	GE 0/0/1	Trunk
	GE 0/0/2	

（3）PC1～PC2 的端口 IP 地址设置如表 2.6.2 表示。

表 2.6.2 PC1～PC2 的端口 IP 地址设置

设 备 名	端 口	IP 地址/子网掩码	所属 VLAN
PC1	Ethernet 0/0/1	192.168.10.1/24	10
PC2	Ethernet 0/0/1	192.168.10.2/24	10

（4）配置交换机的快速生成树功能，加快网络拓扑收敛。要求核心交换机有较高优先级，SW3A 为主根交换机，SW3B 为备用根交换机，从 SW3A 到 SW2A 的链路和从 SW3A 到 SW2B 的链路为主链路。

知识准备

1. STP 的由来

为了解决冗余链路引起的问题，IEEE 通过了 IEEE 802.1d 协议，即生成树协议（Spanning

Tree Protocol，STP）。IEEE 802.1d 协议通过在交换机上运行一套复杂的算法，使冗余端口处于“阻塞状态”，使得网络中的计算机在通信时只有一条链路生效，而当这条链路出现故障时，IEEE 802.1d 协议将会重新计算出网络的最优链路，将处于“阻塞状态”的端口重新打开，从而确保网络连接稳定可靠。

生成树协议目前常见的版本有 STP（生成树协议 IEEE 802.1d）、RSTP（快速生成树协议 IEEE 802.1w）、MSTP（多生成树协议 IEEE 802.1s）。

生成树算法是利用 SPA 算法，在存在交换环路的网络中生成一个没有环路的树形网络。运用该算法将交换网络冗余的备份链路逻辑上断开，当主要链路出现故障时，能够自动切换到备份链路，保证数据的正常转发。

2. STP 的术语

1）桥（Bridge）

因为性能方面的限制等因素，早期的交换机一般只有两个转发端口，所以那时的交换机常常被称为“网桥”，或简称为“桥”。在 IEEE 的术语中，“桥”这个术语一直沿用至今，但并不只是指只有两个转发端口的交换机，而是泛指具有任意多个端口的交换机。

2）桥的 MAC 地址（Bridge MAC Address）

一个桥有多个转发端口，每个端口有一个 MAC 地址。通常，交换机会把端口编号最小的那个端口的 MAC 地址作为整个桥的 MAC 地址。

3）BID（Bridge Identifier，桥 ID）

一个桥（交换机）的 BID 由两部分组成，前 2 字节是这个桥的桥优先级，后 6 字节是这个桥的 MAC 地址。桥优先级的值可以手动设置，其默认值为 0x8000（相当于十进制的 32768）。BID 的组成如图 2.6.2 所示。

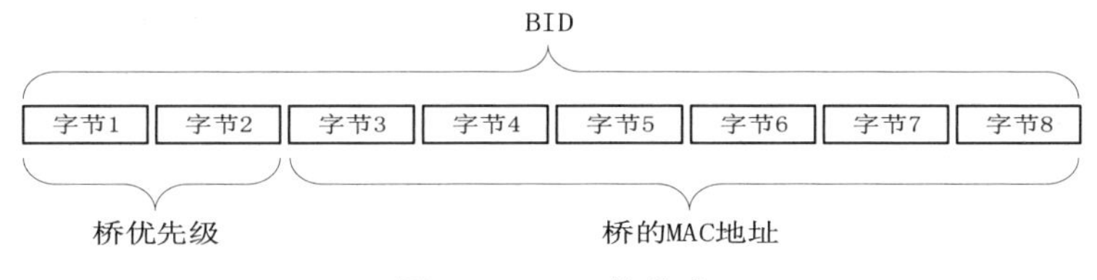

图 2.6.2　BID 的组成

4）PID（Port Identifier，端口 ID）

一个桥（交换机）的 PID 的定义方法有很多种，常见的有两种，如图 2.6.3 所示。

第一种：PID 有 2 字节，前 1 字节是该端口的端口优先级，后 1 字节是端口编号。

第二种：PID 有 16bit，前 4bit 是该端口的端口优先级，后 12bit 是该端口的端口编号。

端口优先级的值可以手动设定，也可以由设备自动生成。由设备自动生成 PID 时，不同设备厂商采用的 PID 的定义方法可能不同。

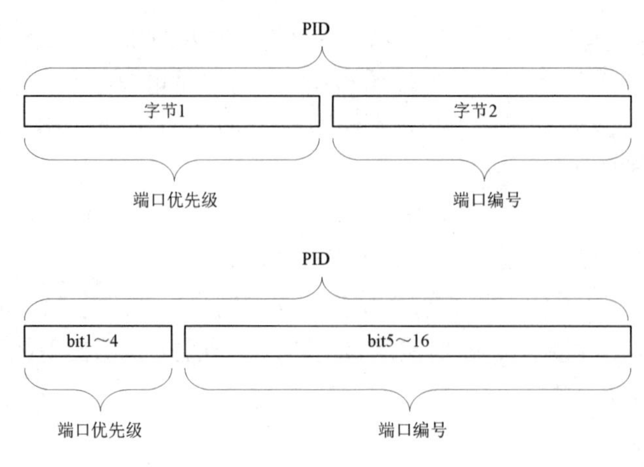

图 2.6.3　PID 的定义

3．STP 树的生成过程

STP 树的生成过程主要分为以下 4 步。

① 选举根桥（Root Bridge，RB），作为整个网络的根。

② 确定根端口（Root Port，RP），确定非根交换机与根交换机链接最优的端口。

③ 确定指定端口（Designated Port，DP），确定每条链路与根桥连接最优的端口。

④ 阻塞备用端口（Alternate Port，AP），形成一个无环网络。

1）选举根桥

根桥是 STP 树的根节点。要生成一棵 STP 树，首先要确定出一个根桥。根桥是整个交换网络的逻辑中心，但不一定是它的物理中心。当网络的拓扑发生变化时，根桥也可能会发生变化。

运行 STP 的交换机（简称 STP 交换机）会相互交换 STP 协议帧，这些协议帧的载荷数据被称为 BPDU（Bridge Protocol Data Unit，网桥协议数据单元）。BPDU 中包含了与 STP 相关的所有信息，其中包含了 BID。

交换机间选举根桥主要步骤如下。

（1）STP 交换机初始启动之后，都会认为自己是根桥，并在发送给其他交换机的 BPDU 中宣告自己是根桥。

（2）当交换机从网络中收到其他设备发送过来的 BPDU 时，会比较 BPDU 中的根桥 BID 和自己的 BID，较小的 BID 将作为根桥 BID。

（3）交换机间通过不断地交互 BPDU，同时对 BID 进行比较，直至最终选举出一台 BID 最小的交换机作为根桥。

2）确定根端口

根桥确定后，其他没有成为根桥的交换机都被称为非根交换机。一台非根交换机可能通过多个端口与根交换机通信，为了保证从非根交换机到根交换机的工作路径是最优且唯一的，就必须从非根交换机的端口中确定出一个被称为“根端口”的端口，由根端口作为非根交换机与根交换机之间进行报文交互。

因此，一台非根交换机上最多只能有一个根端口，根端口的确定过程如下。

（1）比较根路径开销，较小的为根端口。

（2）比较上行设备的 BID，BID 较小的端口为根端口。

（3）比较发送方的 PID，较小的端口为根端口。

STP 把根路径开销（Root Path Cost，RPC）作为确定根端口的一个重要依据。一个运行 STP 的网络中，某个交换机的端口到根桥的累计路径开销（从该端口到根桥所经过的所有链路的路径开销总和）称为该端口的 RPC。链路的路径开销与端口速率有关，端口速率越大，路径开销就越小。端口速率与路径开销的对应关系如表 2.6.3 所示。

表 2.6.3 端口速率与路径开销的对应关系

端 口 速 率	路径开销 IEEE802.1t 标准）
10Mbit/s	2000000
100Mbit/s	200000
1Gbit/s	20000
10Gbit/s	2000

3）确定指定端口

指定端口也是通过比较 RPC 来确定的，RPC 较小的端口将成为指定端口。如果 RPC 相同，则需要比较 BID、PID 等。根桥上不存在任何根端口，只存在指定端口。

4）阻塞备用端口

（1）确定根端口和指定端口后，所有剩余端口称为备用端口。STP 会对备用端口进行逻辑阻塞。

（2）备用端口被逻辑阻塞后，STP 树的生成过程就完成了。

4. STP 的端口状态

STP 将端口状态分为 5 种：禁用状态、阻塞状态、侦听状态、学习状态和转发状态。这些状态的迁移用于防止网络 STP 收敛过程中可能存在的临时环路。表 2.6.4 给出了这 5 种端口状态的简要说明。

表 2.6.4 5 种端口状态的简要说明

端 口 状 态	说　　明
禁用（Disabled）	禁用状态的端口无法接收和发送任何帧，端口处于关闭（Down）状态
阻塞（Blocking）	阻塞状态的端口只能接收 STP 协议帧，不能发送 STP 协议帧，也不能转发用户数据帧
侦听（Listening）	侦听状态的端口可以接收并发送 STP 协议帧，但不能进行 MAC 地址学习，也不能转发用户数据帧
学习（Learning）	学习状态的端口可以接收并发送 STP 协议帧，也可以进行 MAC 地址学习，但不能转发用户数据帧
转发（Forwarding）	转发状态的端口可以接收并发送 STP 协议帧，也可以进行 MAC 地址学习，同时能够转发用户数据帧

（1）STP 交换机的端口在初始启动时，会从禁用状态进入阻塞状态。在阻塞状态下，端口只能接收和分析 BPDU，但不能发送 BPDU。

（2）如果端口被选为根端口或指定端口，则会进入侦听状态，此时端口接收并发送 BPDU，这种状态会持续一个转发延迟的时间长度，默认为 15s。

（3）如果没有因“意外情况”而回到阻塞状态，则该端口会进入学习状态，并在此状态持续一个转发延迟的时间长度。处于学习状态的端口可以接收和发送 BPDU，同时开始构建 MAC 地址表，为转发用户数据帧做好准备。处于学习状态的端口仍然不能转发用户数据帧，因为此时网络中可能还存在因 STP 树的计算过程不同步而产生的临时环路。

（4）端口由学习状态进入转发状态，开始用户数据帧的转发工作。

（5）在整个状态的迁移过程中，端口一旦被关闭或发生了链路故障，就会进入禁用状态；在端口状态的迁移过程中，如果端口的角色被判定为非根端口或非指定端口，则该端口状态会立即退回到阻塞状态，端口状态的迁移过程如图 2.6.4 所示。

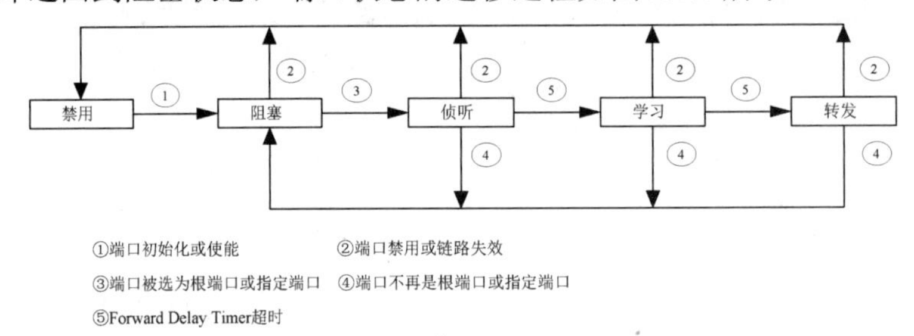

图 2.6.4　端口状态的迁移过程

5. RSTP 的由来

STP 虽然能够解决环路问题，但是收敛速度慢，当网络拓扑发生变化时，STP 重新收敛需要较长的时间。当前生产环境对网络的依赖度越来越高，等待时间较长会严重影响业务效率。快速生成树协议（Rapid Spanning Tree Protocol，RSTP）的提出弥补了 STP 的缺陷。

RSTP 的标准为 IEEE 802.1w，它改进了 STP，缩短了网络的收敛时间。RSTP 的收敛时间可以缩短到 1s 之内，在拓扑发生变化时能快速恢复网络的连通性。RSTP 的算法和 STP 的算法基本一致。

6. RSTP 的特点

RSTP 在 STP 的基础上增加了 2 种端口角色：替代（Alternate）端口和备份（Backup）端口。因此，在 RSTP 中共有 4 种端口角色：根端口、指定端口、替代端口、备份端口。

（1）替代端口：可以简单地理解为根端口的备份，它是非根交换机接收到其他设备发送的 BPDU 从而被阻塞的端口。如果设备的根端口发生故障，那么替代端口可以成为新的根端口，它加快了网络的收敛过程。

（2）备份端口：是指交换机由于接收到自己发送的 BPDU 从而被阻塞的端口。如果一台交换机的多个端口接入同一个网段，并且在这些端口中有一个被选举为该网段的指定端口，那么这些端口中的其他端口将被选举为备份端口，备份端口将作为该网段到达根桥的冗余端口。在通常情况下，备份端口处于丢弃状态。

7. RSTP的端口状态

在 RSTP 中简化了端口状态，将 STP 的禁用状态、阻塞状态及侦听状态简化为丢弃（Discarding）状态，学习（Learning）状态和转发（Forwarding）状态则保留了下来。

如果端口既不转发用户流量，也不学习 MAC 地址，那么端口就处于丢弃状态。如果端口不转发用户流量，但学习 MAC 地址，那么端口就处于学习状态。如果端口既转发用户流量，也学习 MAC 地址，那么端口就处于转发状态。

8. RSTP的BPDU报文

RSTP 的 BPDU 与 STP 的 BPDU 大体相同，只是其中的个别字段做了修改，以便适应新的工作机制和特性。对于 RSTP 的 BPDU 来说，“协议版本 ID”字段的值为 0x02，“BPDU 类型”字段的值也为 0x02。最重要的变化体现在“标志”字段中，该字段一共 8 位，STP 只使用了其中的最低位和最高位，而 RSTP 在 STP 的基础上，使用了剩余的 6 位，并且分别对这些位进行了定义。

9. 边缘端口

边缘端口主要是为了节省端口从初始启动到转发状态的时间间隔。边缘端口默认不参与生成树计算，不用经历转发延迟；边缘端口的关闭或激活并不会触发 RSTP 拓扑变更。在实际项目中，通常会把用于连接终端设备的端口配置为边缘端口。

任务实施

01 参照图 2.6.1 搭建网络拓扑，连线全部使用直通线，开启所有设备电源，为每台计算机设置好相应的 IP 地址和子网掩码。

02 交换机的基本配置。

（1）交换机 SW3A 的基本配置。

```
<Huawei>system-view
[Huawei]sysname SW3A
[SW3A]vlan 10
[SW3A-vlan10]description Market
[SW3A-vlan10]quit
[SW3A]port-group group-member G0/0/1 to G0/0/2 G0/0/24
[SW3A-port-group]port link-type trunk
[SW3A-GigabitEthernet0/0/1]port link-type trunk
[SW3A-GigabitEthernet0/0/2]port link-type trunk
[SW3A-GigabitEthernet0/0/24]port link-type trunk
[SW3A-port-group]port trunk allow-pass vlan 10
[SW3A-GigabitEthernet0/0/1]port trunk allow-pass vlan 10
[SW3A-GigabitEthernet0/0/2]port trunk allow-pass vlan 10
[SW3A-GigabitEthernet0/0/24]port trunk allow-pass vlan 10
[SW3A-port-group]quit
```

（2）交换机 SW3B 的基本配置。

```
[Huawei]system-view
[Huawei]sysname SW3B
[SW3B]vlan 10
```

```
[SW3B-vlan10]description Market
[SW3B-vlan10]quit
[SW3B]port-group group-member G0/0/1 to G0/0/2 G0/0/24
[SW3B-port-group]port link-type trunk
[SW3B-GigabitEthernet0/0/1]port link-type trunk
[SW3B-GigabitEthernet0/0/2]port link-type trunk
[SW3B-GigabitEthernet0/0/24]port link-type trunk
[SW3B-port-group]port trunk allow-pass vlan 10
[SW3B-GigabitEthernet0/0/1]port trunk allow-pass vlan 10
[SW3B-GigabitEthernet0/0/2]port trunk allow-pass vlan 10
[SW3B-GigabitEthernet0/0/24]port trunk allow-pass vlan 10
[SW3B-port-group]quit
```

（3）交换机 SW2A 的基本配置。

```
<Huawei>system-view
[Huawei]sysname SW2A
[SW2A]vlan 10
[SW2A-vlan10]description Market
[SW2A-vlan10]quit
[SW2A]interface Ethernet 0/0/1
[SW2A-Ethernet0/0/1]port link-type access
[SW2A-Ethernet0/0/1]port default vlan 10
[SW2A-Ethernet0/0/1]quit
[SW2A]interface GigabitEthernet 0/0/1
[SW2A-GigabitEthernet0/0/1]port link-type trunk
[SW2A-GigabitEthernet0/0/1]port trunk allow-pass vlan 10
[SW2A-GigabitEthernet0/0/1]quit
[SW2A]interface GigabitEthernet 0/0/2
[SW2A-GigabitEthernet0/0/2]port link-type trunk
[SW2A-GigabitEthernet0/0/2]port trunk allow-pass vlan 10
[SW2A-GigabitEthernet0/0/2]quit
```

（4）交换机 SW2B 的基本配置。

```
[Huawei]system-view
[Huawei]sysname SW2B
[SW2B]vlan 10
[SW2B-vlan10]description Market
[SW2B-vlan10]quit
[SW2B]interface Ethernet 0/0/1
[SW2B-Ethernet0/0/1]port link-type access
[SW2B-Ethernet0/0/1]port default vlan 10
[SW2B-Ethernet0/0/1]quit
[SW2B]interface GigabitEthernet 0/0/1
[SW2B-GigabitEthernet0/0/1]port link-type trunk
[SW2B-GigabitEthernet0/0/1]port trunk allow-pass vlan 10
[SW2B-GigabitEthernet0/0/1]quit
[SW2B]interface GigabitEthernet 0/0/2
[SW2B-GigabitEthernet0/0/2]port link-type trunk
[SW2B-GigabitEthernet0/0/2]port trunk allow-pass vlan 10
[SW2B-GigabitEthernet0/0/2]quit
```

03 开启交换机的 RSTP。

（1）交换机 SW3A 的 RSTP 配置。

```
[SW3A]stp enable                                    //开启 STP 协议
[SW3A]stp mode rstp                                 //设置模块为 RSTP
```

（2）交换机 SW3B 的 RSTP 配置。

```
[SW3B]stp enable
[SW3B]stp mode rstp
```

（3）交换机 SW2A 的 RSTP 配置。

```
[SW2A]stp enable
[SW2A]stp mode rstp
```

（4）交换机 SW2B 的 RSTP 配置。

```
[SW2B]stp enable
[SW2B]stp mode rstp
```

04 配置交换机 SW3A 和 SW3B 上 RSTP 的优先级。

将 SW3A 配置为主根交换机，SW3B 为备用根交换机。

方法 1：修改交换机的优先级，指定根网桥。

（1）在 SW3A 上的配置。将 SW3A 的优先级改为 0。

```
[SW3A]stp priority 0
```

（2）在 SW3B 上的配置。将 SW3B 的优先级改为 4096。

```
[SW3B]stp priority 4096
```

小贴士

优先级的取值是 0～65535，默认值是 32768，该值要求设置为 4096 的倍数，如 4096、8192 等。

方法 2：通过命令直接指定根网桥。

（1）在 SW3A 上的配置。删除在 SW3A 上配置的优先级，使用 stp root primary 命令配置主根交换机。

```
[SW3A]undo stp priority
[SW3A]stp root primary
```

（2）在 SW3B 上的配置。删除在 SW3B 上配置的优先级，使用 stp root secondary 命令配置备用根交换机。

```
[SW3B]undo stp priority
[SW3B]stp root secondary
```

在设备上使用了 stp root primary 命令后，设备的桥优先级的值会被自动设为 0，并且不能通过修改优先级的方式更改该设备的桥优先级的值。

05 配置交换机 SW2A 和 SW2B 的边缘端口。

（1）在 SW2A 上的配置。

```
[SW2A]interface Ethernet0/0/1
[SW2A-Ethernet0/0/1]stp edged-port enable                //配置边缘端口
```

（2）在 SW2B 上的配置。

```
[SW2B]interface Ethernet0/0/1
[SW2B-Ethernet0/0/1]stp edged-port enable
```

任务验收

01 使用 display vlan 命令验证各交换机上的 VLAN 配置信息。

02 使用 display stp 命令查看交换机 SW3A 和 SW3B 上的 STP 状态。

（1）在 SW3A 上查看 STP 模式是否正确。

```
[SW3A]display stp
-------[CIST Global Info][Mode STP]-------
CIST Bridge          :0    .4c1f-cc60-485e
Config Times         :Hello 2s MaxAge 20s FwDly 15s MaxHop 20
Active Times         :Hello 2s MaxAge 20s FwDly 15s MaxHop 20
CIST Root/ERPC       :0    .4c1f-cc60-485e / 0
CIST RegRoot/IRPC    :0    .4c1f-cc60-485e / 0
CIST RootPortId      :0.0
BPDU-Protection      :Disabled
……                                          //此处省略部分内容
```

这里可以看到“CIST Bridge”的值为 0，表示根网桥。

（2）在 SW3B 上查看 STP 模式是否正确。

```
[SW3B]display stp
-------[CIST Global Info][Mode STP]-------
CIST Bridge          :4096 .4c1f-ccb2-4bba
Config Times         :Hello 2s MaxAge 20s FwDly 15s MaxHop 20
Active Times         :Hello 2s MaxAge 20s FwDly 15s MaxHop 20
CIST Root/ERPC       :0    .4c1f-cc60-485e / 20000
CIST RegRoot/IRPC    :4096 .4c1f-ccb2-4bba / 0
CIST RootPortId      :128.24
BPDU-Protection      :Disabled
……                                       //此处省略部分内容
```

这里可以看到“CIST Bridge”的值为 4096，表示备用根网桥。

03 使用 display stp brief 命令查看交换机 SW2A 和 SW2B 上的 STP 状态。

（1）在 SW2A 上查看备用端口是否处于丢弃状态。

```
[SW2A]display stp brief
 MSTID  Port                     Role  STP State     Protection
   0    Ethernet0/0/1            DESI  FORWARDING    NONE
   0    GigabitEthernet0/0/1     ROOT  FORWARDING    NONE
   0    GigabitEthernet0/0/2     ALTE  DISCARDING    NONE
```

（2）在 SW2B 上查看备用端口是否处于丢弃状态。

```
[SW2B]display stp brief
 MSTID  Port                     Role  STP State     Protection
   0    Ethernet0/0/1            DESI  FORWARDING     NONE
   0    GigabitEthernet0/0/1     ALTE  DISCARDING     NONE
   0    GigabitEthernet0/0/2     ROOT  FORWARDING     NONE
```

04 使用 ping 命令测试部门计算机的连通性。在 PC1 上测试 PC2，结果如图 2.6.5 所示。

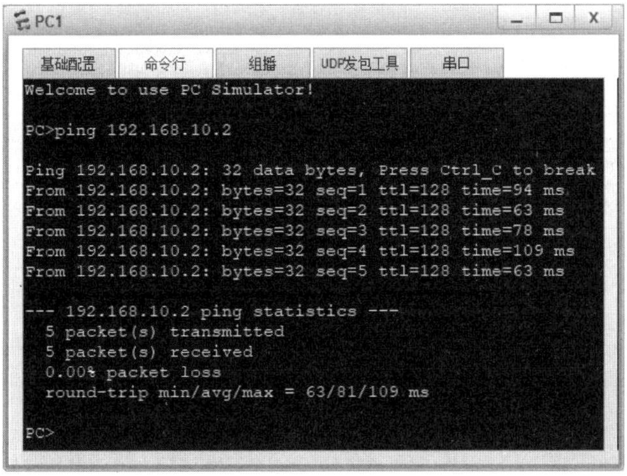

```
PC1
基础配置 命令行 组播 UDP发包工具 串口
Welcome to use PC Simulator!

PC>ping 192.168.10.2

Ping 192.168.10.2: 32 data bytes, Press Ctrl_C to break
From 192.168.10.2: bytes=32 seq=1 ttl=128 time=94 ms
From 192.168.10.2: bytes=32 seq=2 ttl=128 time=63 ms
From 192.168.10.2: bytes=32 seq=3 ttl=128 time=78 ms
From 192.168.10.2: bytes=32 seq=4 ttl=128 time=109 ms
From 192.168.10.2: bytes=32 seq=5 ttl=128 time=63 ms

--- 192.168.10.2 ping statistics ---
  5 packet(s) transmitted
  5 packet(s) received
  0.00% packet loss
  round-trip min/avg/max = 63/81/109 ms

PC>
```

图 2.6.5　连通性测试结果

05 将 SW2A 的 GE 0/0/1 端口关闭，同时使用 display stp brief 命令观察 SW2A 其他端口角色及状态变化。

```
[SW2A]interface GigabitEthernet 0/0/1
[SW2A-GigabitEthernet0/0/1]shutdown
[SW2A]display stp brief
 MSTID  Port                        Role  STP State     Protection
   0    Ethernet0/0/1               DESI  FORWARDING      NONE
   0    GigabitEthernet0/0/2        ROOT  FORWARDING      NONE
```

可以发现，当拓扑发生变化时，RSTP 根端口快速切换机制使端口状态从丢弃状态进入转发状态，缩短了网络的收敛时间，减少了对网络通信的影响。

任务小结

（1）RSTP 缩短了网络的收敛时间，收敛时间可以缩短到 1s 之内。

（2）RSTP 中简化了端口状态，只有丢弃、学习和转发 3 种状态。

（3）RSTP 的算法和 STP 的算法基本一致。

反思与评价

1．自我反思（不少于 100 字）

____

____

____

____

2．任务评价

自我评价表

序　号	自评内容	佐证内容	达　标	未达标
1	STP 与 RSTP 的基本原理和工作过程	能正确描述 STP 与 RSTP 的基本原理和工作过程		
2	RSTP 的配置	能正确实现 RSTP 的配置		
3	边缘端口的作用和配置	能正确描述和配置边缘端口		
4	良好的信息素养和学习能力	能对网络工程进行可靠性设计		

任务 2.7　提高网络稳定性

扫一扫
看微课

任务描述

某公司在北京的总部网络承担了连接全国各地分公司网络的任务。总部网络中心采用多台万兆交换机，内部网络按照业务规划有 2 个部门 VLAN。为了增强总部核心网络的稳定性，要求在三层网络设备上配置 VRRP 备份组，实现网关冗余，为用户提供透明的切换，提高网络稳定性。

任务要求

（1）提高网络稳定性，其网络拓扑图如图 2.7.1 所示。

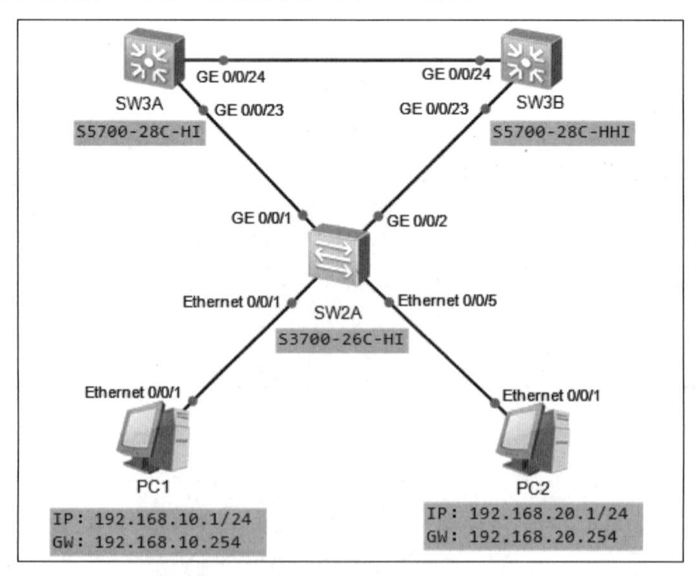

图 2.7.1　提高网络稳定性的网络拓扑图

（2）在 SW3A、SW3B 和 SW2A 上划分 VLAN10 和 VLAN20，VLAN 划分情况如表 2.7.1 所示。

表 2.7.1 交换机的 VLAN 划分情况

设备名	VLAN 编号	端口范围	IP 地址/端口模式
SW3A	10		192.168.10.100/24
	20		192.168.20.100/24
		GE 0/0/23	Trunk
		GE 0/0/24	Trunk
SW3B	10		192.168.10.200/24
	20		192.168.20.200/24
		GE 0/0/23	Trunk
		GE 0/0/24	Trunk
SW2A	10	Ethernet 0/0/1～Ethernet 0/0/4	
	20	Ethernet 0/0/5～Ethernet 0/0/8	
		GE 0/0/1	Trunk
		GE 0/0/2	Trunk

（3）PC1～PC2 的端口 IP 地址设置如表 2.7.2 表示。

表 2.7.2 PC1～PC2 的端口 IP 地址设置

设备名	端口	IP 地址/子网掩码	网关	所属 VLAN
PC1	Ethernet0/0/1	192.168.10.1/24	192.168.10.254	10
PC2	Ethernet0/0/5	192.168.20.1/24	192.168.20.254	20

（4）在交换机 SW3A、SW3B 上配置 VRRP 服务，使连接在二层交换机上的不同 VLAN 的计算机实现透明的切换，提高网络稳定性。

知识准备

1. VRRP 简介

虚拟路由冗余协议（Virtual Router Redundancy Protocol，VRRP）是由 IETF 提出的解决局域网中配置静态网关出现单点失效现象的问题的路由协议，1998 年已推出正式的 RFC2338 协议标准。VRRP 广泛应用于边缘网络，它的设计目标是支持特定情况下 IP 数据流量失败转移不会引起混乱，允许主机使用单路由器，以及及时在实际第一跳路由器使用失败的情形下仍能够维护路由器间的连通性。

VRRP 是一种选择协议，它可以把一个虚拟路由器的责任动态分配到局域网上的 VRRP 路由器中的一台路由器。控制虚拟路由器 IP 地址的 VRRP 路由器称为主路由器（Master 路由器），它负责转发数据包到这些虚拟 IP 地址。一旦主路由器不可用，这种选择过程就提供动态的故障转移机制，允许虚拟路由器的 IP 地址可以作为终端主机的默认第一跳路由器是一种 LAN 接入设备备份协议。一个局域网络内的所有主机都设置默认网关，这样主机发出的目的地址不在本网段的报文将被通过默认网关发往三层交换机，从而实现了主机和外部网络的通信。

VRRP 是一种路由容错协议，也可以叫作备份路由协议。一个局域网络内的所有主机都设置默认路由，当网内主机发出的目的地址不在本网段时，报文将被通过默认路由发往外部路由器，从而实现了主机与外部网络的通信。当默认路由器 down 掉（端口关闭）之后，内部主机将无法与外部通信，如果路由器设置了 VRRP，那么此时，虚拟路由将启用备份（Backup）路由器，从而实现全网通信。

2．相关术语

（1）虚拟路由器：由一个 Master 路由器和多个 Backup 路由器组成。主机将虚拟路由器当成默认网关。

（2）VRID：虚拟路由器的标识。具有相同 VRID 的一组路由器构成一个虚拟 Master 路由器。

（3）Master 路由器：虚拟路由器中承担报文转发任务的路由器。

（4）Backup 路由器：Master 路由器出现故障时，能够代替 Master 路由器工作的路由器。

（5）虚拟 IP 地址：虚拟路由器的 IP 地址。一个虚拟路由器可以拥有一个或多个 IP 地址。

（6）IP 地址拥有者：端口 IP 地址与虚拟 IP 地址相同的路由器称为 IP 地址拥有者。

（7）虚拟 MAC 地址：一个虚拟路由器拥有一个虚拟 MAC 地址。虚拟 MAC 地址的格式为 00-00-5E-O0-01-{VRID}。通常情况下，虚拟路由器回应 ARP 请求使用的是虚拟 MAC 地址，只有对虚拟路由器进行特殊配置时，才回应端口的真实 MAC 地址。

（8）优先级：VRRP 根据优先级确定虚拟路由器中每个路由器的地位。

（9）非抢占方式：若 Backup 路由器工作在非抢占方式下，则只要 Master 路由器没有出现故障，Backup 路由器即使随后被配置了更高的优先级也不会成为 Master 路由器。

（10）抢占方式：若 Backup 路由器工作在抢占方式下，当它收到 VRRP 报文后，会将自己的优先级与通告报文中的当前的 Master 路由器的优先级进行比较，若自己的优先级比当前的 Master 路由器的优先级高，则会主动抢占成为 Master 路由器；否则将保持 Backup 状态。

3．工作过程

VRRP 的工作过程如下。

（1）虚拟路由器中的路由器根据优先级选举出 Master 路由器。Master 路由器通过发送免费 ARP 报文，将自己的虚拟 MAC 地址通知给与它连接的设备或者主机，从而承担报文转发任务。

（2）Master 路由器周期性地发送 VRRP 报文，以公布其配置信息（优先级等）和工作状况。

（3）若 Master 路由器出现故障，则虚拟路由器中的 Backup 路由器将根据优先级重新选举新的 Master 路由器。

（4）虚拟路由器状态切换时，Master 路由器由一台设备切换为另外一台设备，新的 Master 路由器只是简单地发送一个携带虚拟路由器的 MAC 地址和虚拟 IP 地址信息的免费

ARP 报文，这样就可以更新与它连接的主机或设备中的 ARP 相关信息。网络中的主机无法感知 Master 路由器的改变。

（5）当 Backup 路由器的优先级高于 Master 路由器的优先级时，由 Backup 路由器的工作方式（抢占方式和非抢占方式）决定是否重新选举 Master 路由器。

由此可见，为了保证 Master 路由器和 Backup 路由器的协调工作，VRRP 需要实现以下功能。

（1）Master 路由器的选举。

（2）Master 路由器状态的通告。

（3）为了提高安全性，VRRP 还提供了认证功能。

任务实施

01 参照图 2.7.1 搭建网络拓扑，连线全部使用直通线，开启所有设备电源，为每台计算机设置好相应的 IP 地址和子网掩码。

02 交换机的基本配置。

（1）配置二层交换机的名称为 SW2A，在交换机上划分两个 VLAN：VLAN10 和 VLAN20，并按要求为两个 VLAN 分配端口。

```
<Huawei>system-view
[Huawei]sysname SW2A
[SW2A]vlan batch 10 20
[SW2A]port-group 1
[SW2A-port-group-1]group-member Ethernet 0/0/1 to Ethernet 0/0/4
[SW2A-port-group-1]port link-type access
[SW2A-Ethernet0/0/1]port link-type access
[SW2A-Ethernet0/0/2]port link-type access
[SW2A-Ethernet0/0/3]port link-type access
[SW2A-Ethernet0/0/4]port link-type access
[SW2A-port-group-1]port default vlan 10
[SW2A-Ethernet0/0/1]port default vlan 10
[SW2A-Ethernet0/0/2]port default vlan 10
[SW2A-Ethernet0/0/3]port default vlan 10
[SW2A-Ethernet0/0/4]port default vlan 10
[SW2A-port-group-1]quit
[SW2A]port-group 2
[SW2A-port-group-2]group-member Ethernet 0/0/5 to Ethernet 0/0/8
[SW2A-port-group-2]port link-type access
[SW2A-Ethernet0/0/5]port link-type access
[SW2A-Ethernet0/0/6]port link-type access
[SW2A-Ethernet0/0/7]port link-type access
[SW2A-Ethernet0/0/8]port link-type access
[SW2A-port-group-2]port default vlan 20
[SW2A-Ethernet0/0/5]port default vlan 20
[SW2A-Ethernet0/0/6]port default vlan 20
[SW2A-Ethernet0/0/7]port default vlan 20
[SW2A-Ethernet0/0/8]port default vlan 20
[SW2A-port-group-2]quit
```

（2）配置三层交换机的名称为 SW3A，在交换机上划分两个 VLAN：VLAN10 和 VLAN20。

```
<Huawei>system-view
[Huawei]sysname SW3A
[SW3A]vlan batch 10 20                                    //创建 VLAN10 和 VLAN20
```

（3）配置三层交换机的名称为 SW3B，在交换机上划分两个 VLAN：VLAN10 和 VLAN20。

```
<Huawei>system-view
[Huawei]sysname SW3B
[SW3B]vlan batch 10 20                                    //创建 VLAN10 和 VLAN20
```

03 配置交换机端口为 Trunk，并允许 VLAN10 和 VLAN20 通过。

（1）配置二层交换机 SW2A 的 GE 0/0/1 和 GE 0/0/2 端口。

```
[SW2A]interface GigabitEthernet 0/0/1
[SW2A-GigabitEthernet0/0/1]port link-type trunk
[SW2A-GigabitEthernet0/0/1]port trunk allow-pass vlan 10 20
[SW2A-GigabitEthernet0/0/1]quit
[SW2A]interface GigabitEthernet 0/0/2
[SW2A-GigabitEthernet0/0/2]port link-type trunk
[SW2A-GigabitEthernet0/0/2]port trunk allow-pass vlan 10 20
[SW2A-GigabitEthernet0/0/2]quit
```

（2）配置三层交换机 SW3A 的 GE 0/0/23 和 GE 0/0/24 端口。

```
[SW3A]interface GigabitEthernet 0/0/23
[SW3A-GigabitEthernet0/0/23]port link-type trunk
[SW3A-GigabitEthernet0/0/23]port trunk allow-pass vlan 10 20
[SW3A-GigabitEthernet0/0/23]quit
[SW3A]interface GigabitEthernet 0/0/24
[SW3A-GigabitEthernet0/0/24]port link-type trunk
[SW3A-GigabitEthernet0/0/24]port trunk allow-pass vlan 10 20
[SW3A-GigabitEthernet0/0/24]quit
```

（3）配置三层交换机 SW3B 的 GE 0/0/23 和 GE 0/0/24 端口。

```
[SW3B]interface GigabitEthernet 0/0/23
[SW3B-GigabitEthernet0/0/23]port link-type trunk
[SW3B-GigabitEthernet0/0/23]port trunk allow-pass vlan 10 20
[SW3B-GigabitEthernet0/0/23]quit
[SW3B]interface GigabitEthernet 0/0/24
[SW3B-GigabitEthernet0/0/24]port link-type trunk
[SW3B-GigabitEthernet0/0/24]port trunk allow-pass vlan 10 20
[SW3B-GigabitEthernet0/0/24]quit
```

04 配置交换机 VLAN 的 VLANIF 端口的 IP 地址。

（1）配置交换机 SW3A 上划分的每个 VLAN 的 VLANIF 端口的 IP 地址。

```
[SW3A]interface Vlanif 10
[SW3A-Vlanif10]ip add 192.168.10.100 24
[SW3A-Vlanif10]quit
[SW3A]interface Vlanif 20
[SW3A-Vlanif20]ip add 192.168.20.100 24
[SW3A-Vlanif20]quit
```

（2）配置交换机 SW3B 上划分的每个 VLAN 的 VLANIF 端口的 IP 地址。

```
[SW3B]interface Vlanif 10
[SW3B-Vlanif10]ip add 192.168.10.200 24
[SW3B-Vlanif10]quit
[SW3B]interface Vlanif 20
[SW3B-Vlanif20]ip add 192.168.20.200 24
[SW3B-Vlanif20]quit
```

05 配置交换机的 VRRP 服务。

（1）配置三层交换机 SW3A 的 VRRP 功能，配置交换机上每个 VLAN 的虚拟端口 IP 地址、优先级、抢占模式和延迟时间。

```
[SW3A]interface Vlanif 10
[SW3A-Vlanif10]vrrp vrid 1 virtual-ip 192.168.10.254 //配置虚拟端口 IP 地址
[SW3A-Vlanif10]vrrp vrid 1 priority 150              //配置优先级
[SW3A-Vlanif10]vrrp vrid 1 preempt-mode timer delay 5//配置抢占模式和延迟时间
//将 GE 0/0/23 端口配置为跟踪端口
[SW3A-Vlanif10]vrrp vrid 1 track interface GigabitEthernet0/0/23
[SW3A-Vlanif10]quit
[SW3A]interface Vlanif 20
[SW3A-Vlanif20]vrrp vrid 2 virtual-ip 192.168.20.254 //配置虚拟端口 IP 地址
[SW3A-Vlanif20]vrrp vrid 2 priority 110
[SW3A-Vlanif20]quit
```

（2）配置三层交换机 SW3B 的 VRRP 功能，配置交换机上每个 VLAN 的虚拟端口 IP 地址、优先级、抢占模式和延迟时间。

```
[SW3B]interface Vlanif 10
[SW3B-Vlanif10]vrrp vrid 1 virtual-ip 192.168.10.254
[SW3B-Vlanif10]vrrp vrid 1 priority 110
[SW3B-Vlanif10]quit
[SW3B]interface Vlanif 20
[SW3B-Vlanif20]vrrp vrid 2 virtual-ip 192.168.20.254
[SW3B-Vlanif20]vrrp vrid 2 priority 150
[SW3B-Vlanif20]vrrp vrid 2 preempt-mode timer delay 5
[SW3B-Vlanif20]vrrp vrid 2 track interface GigabitEthernet0/0/23
[SW3B-Vlanif20]quit
```

06 查看交换机的 VRRP 服务。

（1）在交换机 SW3A 上使用 display vrrp brief 命令，查看当前工作状况。

```
[SW3A]display vrrp brief
VRID  State       Interface                Type     Virtual IP
----------------------------------------------------------------
1     Master      Vlanif10                 Normal   192.168.10.254
2     Backup      Vlanif20                 Normal   192.168.20.254
----------------------------------------------------------------
Total:2     Master:1     Backup:1     Non-active:0
```

（2）在交换机 SW3A 上使用 display vrrp 1 命令，查看当前工作状况。

```
[SW3A]display vrrp 1
  Vlanif10 | Virtual Router 1
    State : Master
    Virtual IP : 192.168.10.254
```

```
    Master IP : 192.168.10.100
    PriorityRun : 150
    PriorityConfig : 150
    MasterPriority : 150
    Preempt : YES   Delay Time : 5 s
```

（3）在交换机 SW3B 上使用 display vrrp brief 命令，查看当前工作状况。

```
[SW3B]display vrrp brief
VRID  State        Interface              Type     Virtual IP
----------------------------------------------------------------
1     Backup       Vlanif10               Normal   192.168.10.254
2     Master       Vlanif20               Normal   192.168.20.254
----------------------------------------------------------------
Total:2     Master:1     Backup:1     Non-active:0
```

任务验收

01 在 PC1 上利用“命令行”选项卡，使用 ping 和 tracert 命令测试 PC2 的连通情况，如图 2.7.2 所示。

02 断开交换机 SW2A 的右边 GE 0/0/1 端口的上连线，验证 PC 的连通性，发现有短暂的丢包现象以后，又恢复了连通，如图 2.7.3 所示。可以得出结论，当前网络中的所有计算机之间是连通的。

```
PC1
基础配置  命令行  组播  UDP发包工具  串口
Welcome to use PC Simulator!

PC>ping 192.168.20.1

Ping 192.168.20.1: 32 data bytes, Press Ctrl_C to break
Request timeout!
From 192.168.20.1: bytes=32 seq=2 ttl=127 time=93 ms
From 192.168.20.1: bytes=32 seq=3 ttl=127 time=94 ms

--- 192.168.20.1 ping statistics ---
  3 packet(s) transmitted
  2 packet(s) received
  33.33% packet loss
  round-trip min/avg/max = 0/93/94 ms

PC>tracert 192.168.20.1

traceroute to 192.168.20.1, 8 hops max
(ICMP), press Ctrl+C to stop
 1  192.168.10.100   31 ms  47 ms  47 ms
 2  192.168.20.1   78 ms  109 ms  94 ms

PC>
```

图 2.7.2　使用 ping 和 tracert 命令测试 PC2

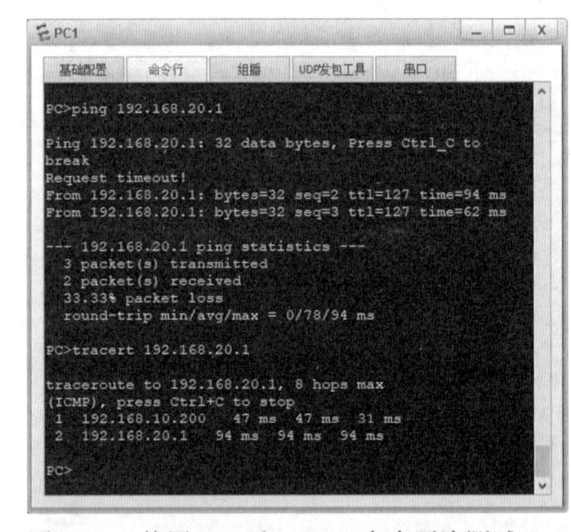

图 2.7.3　使用 ping 和 tracert 命令再次测试 PC2

03 查看交换机 SW3A 上的状态变化，发现由 Master 状态变为 Backup 状态。

```
[SW3A]display vrrp brief
VRID  State        Interface              Type     Virtual IP
----------------------------------------------------------------
1     Backup       Vlanif10               Normal   192.168.10.254
2     Backup       Vlanif20               Normal   192.168.20.254
----------------------------------------------------------------
Total:2     Master:0     Backup:2     Non-active:0
```

04 在交换机 SW3B 上，使用 display vrrp 1 和 display vrrp brief 命令查看当前工作状况，并注意查看 VRRP 的状态变化。

任务小结

交换机开启 VRRP 服务，可以使下连的计算机在链路出现故障影响正常通行的情况下，仍然保持连接，一旦 Master 路由器出现故障，VRRP 将激活 Backup 路由器取代 Master 路由器，为用户实现透明的切换，提高网络的可靠性，较好地解决了路由器切换的问题。

反思与评价

1. 自我反思（不少于 100 字）

____

____

____

____

2. 任务评价

自我评价表

序　号	自评内容	佐证内容	达　标	未达标
1	VRRP 的作用和工作过程	能理解 VRRP 的作用和工作过程		
2	VRRP 相关术语	能描述 VRRP 相关术语的含义		
3	tracert 命令的使用	能正确使用 tracert 命令		
4	配置 VRRP 的过程	能准确配置 VRRP，提高网络稳定性		
5	严谨的逻辑思维能力	能在验收时理解 VRRP 状态的变化		

任务 2.8　实现部门计算机动态获取地址

在企业网络中 DHCP 技术能够有规划地分配 IP 地址，避免因用户私设 IP 地址而引起地址冲突。三层交换机提供了 DHCP 服务的功能，能够为用户动态分配 IP 地址，推送 DNS 服务地址等网络参数，使用户零配置上网。

任务描述

某公司的网络采用固定地址方式，由于很多员工自己手动修改公司的地址，经常有地址冲突的现象发生。为了优化办公网的管理，公司决定不再使用手动分配 IP 地址。公司决定在办公网中，通过在核心层交换机上启动 DHCP 来实现公司网络的地址动态管理，让所有设备自动获取地址，减少网络管理工作量。

任务要求

（1）实现部门计算机动态获取地址，其网络拓扑图如图 2.8.1 所示。

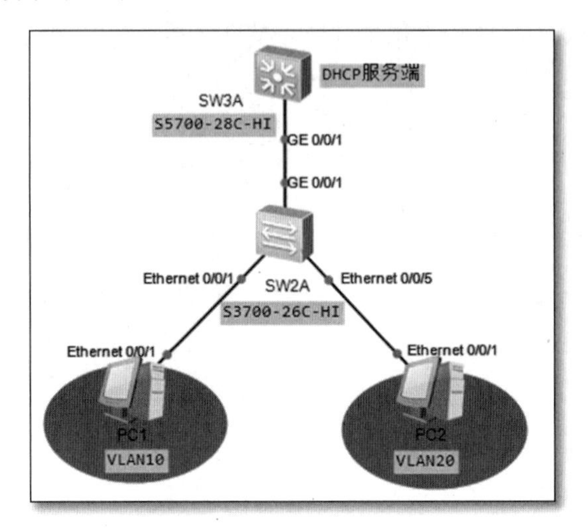

图 2.8.1　实现部门计算机动态获取地址的网络拓扑图

（2）在 SW2A 和 SW3A 上划分两个 VLAN（VLAN10、VLAN20），并将 GE 0/0/1 端口设置为 Trunk，VLAN 划分情况如表 2.8.1 所示。

表 2.8.1　交换机的 VLAN 划分情况

设备名	VLAN 编号	端口范围	IP 地址/端口模式
SW3A	10	无	192.168.10.254/24
	20	无	192.168.20.254/24
		GE 0/0/1	Trunk
SW2A	10	Ethernet 0/0/1～Ethernet 0/0/4	Access
	20	Ethernet 0/0/5～Ethernet 0/0/8	Access
		GE 0/0/1	Trunk

（3）PC1～PC2 的端口 IP 地址设置如表 2.8.2 所示。

表 2.8.2　PC1～PC2 的端口 IP 地址设置

设备名	端口	IP 地址/子网掩码	默认网关	所属 VLAN
PC1	Ethernet 0/0/1	DHCP 自动获取	DHCP 自动获取	10
PC2	Ethernet 0/0/5	DHCP 自动获取	DHCP 自动获取	20

（4）在交换机 SW3A 上划分两个 VLAN，同时开启 DHCP 服务，使连接在交换机上的不同 VLAN 的计算机获得相应的 IP 地址，最终实现全网互通。

知识准备

动态主机配置协议（Dynamic Host Configuration Protocol，DHCP）是 TCP/IP 协议簇中的一种，该协议提供了一种动态分配网络配置参数的机制，并且可以后向兼容 BOOTP 协议。

随着网络规模的扩大和网络复杂程度的提高，计算机位置变化（如便携机或无线网络）和计算机数量超过可分配的IP地址的情况将会经常出现。DHCP就是为满足这些需求而发展起来的。DHCP采用客户端/服务器（Client/Server）方式工作，DHCP客户端向DHCP服务器动态地请求配置信息，DHCP服务器根据策略返回相应的配置信息（如IP地址等）。

DHCP客户端首次登录网络时，主要通过以下4个阶段与DHCP服务器建立联系。

（1）发现阶段：DHCP客户端寻找DHCP服务器的阶段。DHCP客户端以广播方式发送DHCP_ Discover报文，只有DHCP服务器才会进行响应。

（2）提供阶段：DHCP服务器提供IP地址的阶段。DHCP服务器接收到DHCP客户端的DHCP_ Discover报文后，从IP地址池中挑选一个尚未分配的IP地址分配给DHCP客户端，向该DHCP客户端发送包含出租IP地址和其他设置的DHCP_Offer报文。

（3）选择阶段：DHCP客户端选择IP地址的阶段。如果有多台DHCP服务器向该DHCP客户端发来DHCP_Offer报文，DHCP客户端只接收第一个收到的DHCP_Offer报文，然后以广播方式向各DHCP服务器回应DHCP_Request报文。

（4）确认阶段：DHCP服务器确认所提供IP地址的阶段。当DHCP服务器收到DHCP客户端回答的DHCP_Request报文后，便向DHCP客户端发送包含它所提供的IP地址和其他设置的DHCP_ACK确认报文。

任务实施

01 参照图2.8.1搭建网络拓扑，连线全部使用直通线，开启所有设备电源。

02 交换机的基本配置。

（1）配置二层交换机的名称为SW2A，在交换机上划分两个VLAN：VLAN10和VLAN20，并按要求为两个VLAN分配端口。

```
<Huawei>system-view
[Huawei]sysname SW2A
[SW2A]vlan batch 10 20
[SW2A]port-group 1
[SW2A-port-group-1]group-member Ethernet 0/0/1 to Ethernet 0/0/4
[SW2A-port-group-1]port link-type access
[SW2A-Ethernet0/0/1]port link-type access
[SW2A-Ethernet0/0/2]port link-type access
[SW2A-Ethernet0/0/3]port link-type access
[SW2A-Ethernet0/0/4]port link-type access
[SW2A-port-group-1]port default vlan 10
[SW2A-Ethernet0/0/1]port default vlan 10
[SW2A-Ethernet0/0/2]port default vlan 10
[SW2A-Ethernet0/0/3]port default vlan 10
[SW2A-Ethernet0/0/4]port default vlan 10
[SW2A-port-group-1]quit
[SW2A]port-group 2
[SW2A-port-group-2]group-member Ethernet 0/0/5 to Ethernet 0/0/8
[SW2A-port-group-2]port link-type access
[SW2A-Ethernet0/0/5]port link-type access
[SW2A-Ethernet0/0/6]port link-type access
```

```
[SW2A-Ethernet0/0/7]port link-type access
[SW2A-Ethernet0/0/8]port link-type access
[SW2A-port-group-2]port default vlan 20
[SW2A-Ethernet0/0/5]port default vlan 20
[SW2A-Ethernet0/0/6]port default vlan 20
[SW2A-Ethernet0/0/7]port default vlan 20
[SW2A-Ethernet0/0/8]port default vlan 20
[SW2A-port-group-2]quit
```

（2）配置三层交换机的名称为 SW3A，在交换机上划分两个 VLAN：VLAN10 和 VLAN20。

```
<Huawei>system-view
[Huawei]sysname SW3A
[SW3A]vlan batch 10 20
```

03 配置交换机端口为 Trunk，并允许 VLAN10 和 VLAN20 通过。

（1）配置二层交换机 SW2A 的 GE 0/0/1 端口。

```
[SW2A]interface GigabitEthernet 0/0/1
[SW2A-GigabitEthernet0/0/1]port link-type trunk
[SW2A-GigabitEthernet0/0/1]port trunk allow-pass vlan 10 20
```

（2）配置三层交换机 SW3A 的 GE 0/0/1 端口。

```
[SW3A]interface GigabitEthernet 0/0/1
[SW3A-GigabitEthernet0/0/1]port link-type trunk
[SW3A-GigabitEthernet0/0/1]port trunk allow-pass vlan 10 20
```

04 开启交换机的 DHCP 功能。

```
[SW3A]dhcp enable
```

05 配置交换机的 DHCP 服务。

```
[SW3A]ip pool vlan10                                        //创建地址池，名字为 vlan10
[SW3A-ip-pool-vlan10]network 192.168.10.0 mask 255.255.255.0//配置可分配的网段范围
[SW3A-ip-pool-vlan10]gateway-list 192.168.10.254            //配置出口网关地址
[SW3A-ip-pool-vlan10]lease 5                                //租期为 5 天
[SW3A-ip-pool-vlan10]dns-list 114.114.114.114               //配置 DNS 服务器地址
[SW3A-ip-pool-vlan10]quit
[SW3A]ip pool vlan20
[SW3A-ip-pool-vlan20]network 192.168.20.0 mask 255.255.255.0
[SW3A-ip-pool-vlan20]gateway-list 192.168.20.254
[SW3A-ip-pool-vlan20]lease 5
[SW3A-ip-pool-vlan20]dns-list 8.8.8.8
[SW3A-ip-pool-vlan20]quit
```

06 配置 VLAN 的 VLANIF 端口的 IP 地址和开启 VLAN 的 VLANIF 端口的 DHCP 功能。

```
[SW3A]interface Vlanif 10
[SW3A-Vlanif10]ip add 192.168.10.254 24
[SW3A-Vlanif10]dhcp select global                  //配置设备指定端口采取全局地址
[SW3A-Vlanif10]quit
[SW3A]interface Vlanif 20
[SW3A-Vlanif20]ip add 192.168.20.254 24
[SW3A-Vlanif20]dhcp select global
[SW3A-Vlanif20]quit
```

07 设置计算机使用 DHCP 方式获取 IP 地址。

（1）在 PC1 上单击鼠标右键，在弹出的快捷菜单中选择“设置”命令，打开设置对话框，在“基础配置”选项卡中的“IPv4 配置”选区中，单击“DHCP”单选按钮，然后单击对话框右下角的“应用”按钮，如图 2.8.2 所示。

图 2.8.2　PC1 配置界面

（2）单击“命令行”选项卡，输入“ipconfig”命令查看 PC1 的 IP 地址，如图 2.8.3 所示。

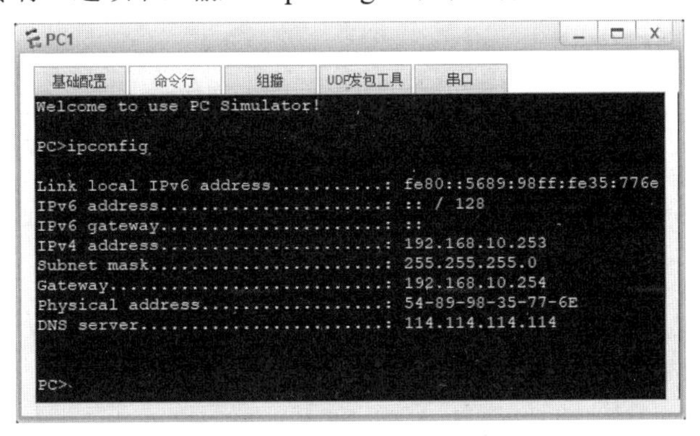

图 2.8.3　查看 PC1 的 IP 地址

（3）使用同样的方法，为另一台计算机设置使用 DHCP 方式获取 IP 地址，并查看计算机所获取到的 IP 信息，最后得到如表 2.8.3 所示的内容。

表 2.8.3　计算机获得的 IP 信息

计　算　机	IP 地址	子 网 掩 码	网　　关	DNS 地址
PC1	192.168.10.253	255.255.255.0	192.168.10.254	114.114.114.114
PC2	192.168.20.253	255.255.255.0	192.168.20.254	8.8.8.8

从表 2.8.3 中可以清楚地看到，两台计算机都获取到了 IP 地址、子网掩码、网关及 DNS 地址，而且连接到 VLAN10 的计算机获取到的 IP 地址属于 192.168.10.0/24 网段的 IP 地址，连接到 VLAN20 的计算机获取到 192.168.20.0/24 网段的 IP 地址，实现了任务的要求。

08 设置保留的 IP 地址。

在做 DHCP 服务时，通常要保留部分 IP 地址，用于以固定分配方式给服务器或其他网络设备使用。例如，本任务中，交换机两个 VLAN 的 VLANIF 端口 IP 地址属于固定分配。这些作为保留的 IP 地址就不能以 DHCP 方式分配给其他计算机了。

假如在本任务中，要对 192.168.10.0/24 网段保留前 53 个 IP 地址留作备用，对 192.168.20.0/24 网段保留前 100 个 IP 地址留作备用。具体实现命令如下。

```
[SW3A]ip pool vlan10
[SW3A-ip-pool-vlan10]excluded-ip-address 192.168.10.201 192.168.10.253
[SW3A-ip-pool-vlan10]quit
[SW3A]ip pool vlan20
[SW3A-ip-pool-vlan20]excluded-ip-address 192.168.20.154 192.168.20.253
[SW3A-ip-pool-vlan20]quit
```

添加完以上命令，再次检测计算机获取到的 IP 地址。检测的方法可参考第 6 步，计算机将重新获得 IP 地址参数，于是可以得到如表 2.8.4 所示的内容。

表 2.8.4 计算机获得的 IP 地址信息

计 算 机	IP 地址	子 网 掩 码	网 关	DNS 地址
PC1	192.168.10.200	255.255.255.0	192.168.10.254	114.114.114.114
PC2	192.168.20.153	255.255.255.0	192.168.20.254	8.8.8.8

从表 2.8.4 中可以看到，所有计算机都重新获取到了新的 IP 地址，而且它们都是保留地址以外的 IP 地址，实现了保留 IP 地址的目的。

任务验收

在两台计算机中，查看 IP 地址的获取情况，使用 ping 命令去测试其他计算机的连通情况。可以得出结论，当前网络中的计算机之间是连通的。

任务小结

本任务中使用三层交换机作为 DHCP 服务器，可以使下连的计算机通过交换机获取 IP 地址、子网掩码、网关和 DNS 地址。当一个网络中计算机数量庞大时，使用 DHCP 服务，可以很方便地为每台计算机配置好相应的 IP 地址参数，减轻了网络管理员分配 IP 地址的工作。

反思与评价

1. 自我反思（不少于 100 字）

____

____

____

2. 任务评价

自我评价表

序 号	自 评 内 容	佐 证 内 容	达 标	未 达 标
1	DHCP 的作用	能描述 DHCP 的作用		
2	部门计算机动态获取 IP 地址	能正确实现部门计算机动态获取 IP 地址		
3	保留 IP 地址信息	部门计算机获取正确的保留 IP 地址		
4	严谨的职业素养	使用 DHCP 分配 IP 地址时不浪费		

项目3　运用路由器构建中型园区网络

知识目标

1. 了解模拟器中路由器的设置。
2. 理解路由器的工作原理。
3. 熟悉路由器的基本配置。
4. 理解路由器实现 DHCP 技术的两种方法。
5. 了解路由表的产生方式。
6. 了解静态路由的作用和工作原理。
7. 理解默认路由及浮动路由的作用。
8. 理解静态路由和动态路由的区别。

能力目标

1. 能实现模拟器中路由器的设置。
2. 能熟练使用路由器的基本配置命令。
3. 能实现路由器的单臂路由配置。
4. 能实现路由器 DHCP 的两种配置方法。
5. 能实现路由器和三层交换机的静态路由配置。
6. 能实现路由器和三层交换机的默认路由配置。
7. 能实现路由器和三层交换机的浮动路由配置。
8. 能实现路由器和三层交换机的动态路由 RIPv2 协议配置。
9. 能实现路由器和三层交换机的动态路由 OSPF 协议配置。

思政目标

1. 培养读者良好的职业素养和道德品质，培养读者谦虚、务实和不好高骛远的态度。

2．培养读者团队合作精神和良好的沟通能力，培养读者的协同创新能力。

3．培养读者清晰有序的逻辑思维能力和学习能力，能够运用正确的方法和技巧掌握新知识、新技能。

4．培养读者系统分析与解决问题的能力，能够正确处理生产环境中遇到的网络问题。

思维导图

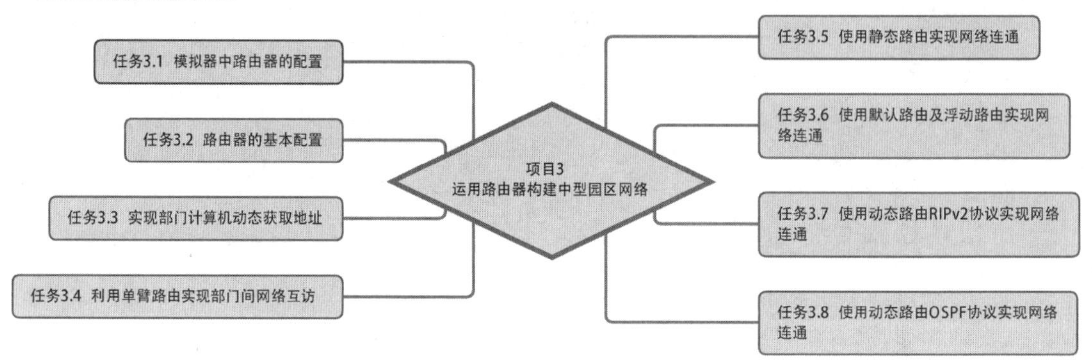

项目描述

路由器的英文名为 Router，路由器是连接互联网中各局域网和广域网的不可缺少的网络设备，它会根据整个网络的通信情况自动进行路由选择，以最佳的路径，按先后顺序发送信息给其他网络设备，从而实现信息的路由转发。网络规模的不断扩大，为“路由”的发展提供了良好的基础和广阔的平台。随着互联网对数据传输效率的要求越来越高，“路由”在网络通信过程中的作用也越来越重要。

路由器提供了异构网互联的机制，可实现将一个网络的数据包发送到另一个网络。而路由就是指导 IP 数据包发送的路径信息。路由协议就是在路由指导 IP 数据包发送过程中事先约定好的规定和标准。路由协议通过在路由器之间共享路由信息来支持可路由协议。路由信息在相邻路由器之间传递，确保所有路由器知道到其他路由器的路径。总之，路由协议创建了路由表，描述了网络拓扑结构；路由协议与路由器协同工作，执行路由选择和数据包转发功能。在实际应用中，路由器通常连接着许多不同的网络，若要实现多个不同网络间的通信，则要在路由器上配置路由协议。

任务 3.1　模拟器中路由器的配置

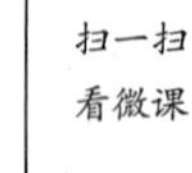

任务描述

某公司因为业务的扩大，购买了华为路由器，网络管理员对此并不太熟悉，因此在 eNSP 模拟器中先练习如何使用路由器。华为 eNSP 模拟器有多款路由器供用户选择，还为路由器提供了大量的可选模块，提供了很好的配置环境。

默认情况下，在华为 eNSP 模拟器中添加的路由器没有广域网模块，不能进行 DCE 串口线的连接，需要为路由器添加相关的功能性模块。

任务要求

实际应用中，路由器一般都提供了许多模块化功能，通过对模块的添加、更换，以支持不断提高的网络带宽要求和服务质量。路由器添加模块就像是计算机添加了一张网卡一样，可以增加网络的端口。一台路由器，模块越多，功能越多，价格也相对越高。

（1）在华为 eNSP 模拟器中设置路由器，其网络拓扑图如图 3.1.1 所示。

（2）按照表 3.1.1 添加相应的网络设备并更改对应的标签名称。

（3）按照表 3.1.2 使用正确的线缆连接网络设备的相应端口。

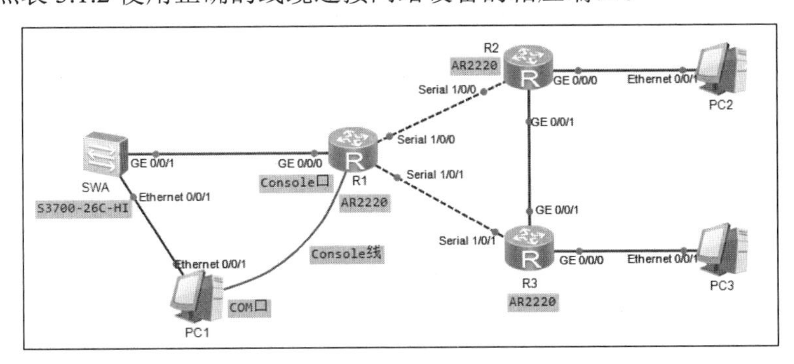

图 3.1.1　路由器设置任务网络拓扑图

表 3.1.1　网络设备与标签名称

设 备 类 型	数量/台	标 签 名 称
AR2220 路由器	3	R1、R2、R3
S3700-26C-HI 交换机	1	SWA
PC	3	PC1、PC2、PC3

表 3.1.2　网络设备的相应端口

本端设备名称及端口	对端设备名称及端口	线 缆 类 型
R1：GE 0/0/0	SWA：GE 0/0/1	双绞线
R1：Serial 1/0/0	R2：Serial 1/0/0	DCE 串口线
R1：Serial 1/0/1	R3：Serial 1/0/1	DCE 串口线
R1：Console	PC1：RS 232	配置线
R2：GE 0/0/1	R3：GE 0/0/1	双绞线
PC1	SWA：Ethernet 0/0/1	双绞线
PC2	R2：GE 0/0/0	双绞线
PC3	R3：GE 0/0/0	双绞线

任务实施

01 添加网络设备。

根据如图 3.1.1 所示的拓扑图，在华为 eNSP 模拟器的工作区中添加 3 台 AR2220 路由器、1 台 S3700-26C-HI 交换机和 3 台计算机，并调整相应位置和更改设备的标签名称。

02 为路由器添加模块。

真实操作中，为路由器添加模块需要在断电的情况下进行，否则会损坏设备。默认情况下，华为 eNSP 模拟器软件中路由器的电源是关闭的，如图 3.1.2 所示。注意，只有在设备电源关闭的情况下才能进行增加或删除接口卡的操作。

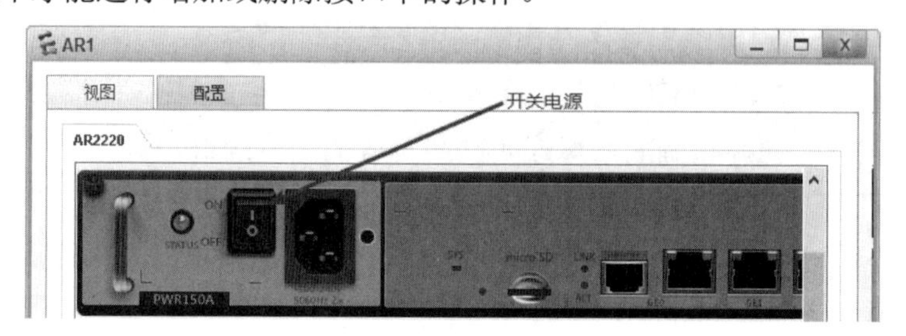

图 3.1.2　路由器电源

添加模块的操作很简单，可以在模块区域中寻找需要的模块，选中该模块，按住鼠标左键，移动至模块的添加区域，之后放开鼠标左键即可。添加模块时要注意模块的形状及大小，选择正确的插槽。

（1）在“视图”选项卡中，可以查看设备面板及可供使用的接口卡。如果想为设备增加接口卡，则在“eNSP 支持的接口卡”区域选择合适的接口卡，直接拖曳至上方的设备面板上的相应槽位即可；如果想删除某个接口卡，则直接将设备面板上的接口卡拖回“eNSP 支持的接口卡”区域即可。如图 3.1.3 所示，为路由器 R1、R2 和 R3 各添加一个 2SA 串口模块。

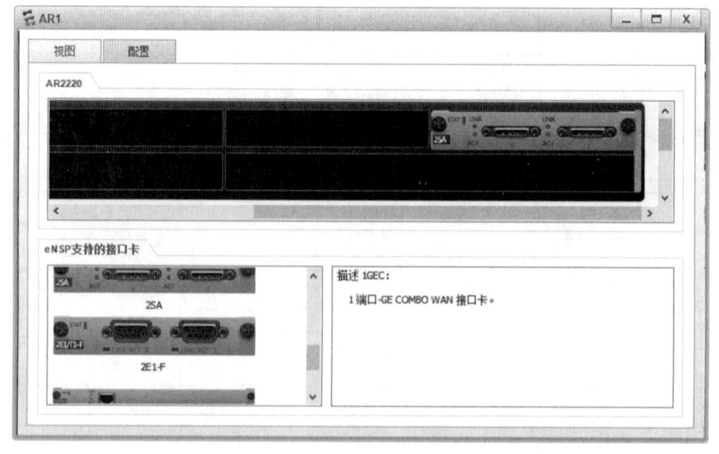

图 3.1.3　设备配置界面

（2）在“配置”选项卡中，可以设置设备的串口号，串口号范围为 2000～65535，默认情况下从起始数字 2000 开始使用。可自行更改串口号并单击“应用”按钮生效，如

图 3.1.4 所示。

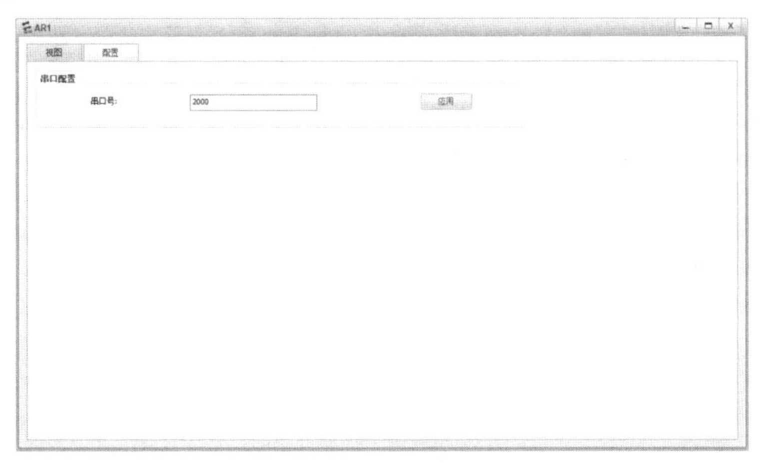

图 3.1.4　配置设置

03 查看路由器的端口。

路由器添加了新的模块，就会有新的网络端口，要能正确地实现网络配置，就要先清楚路由器中所有端口类型。可使用命令进行查看，具体如下。

```
[Huawei]display current-configuration
[V200R003C00]
#
 board add 0/1 2SA
#
......                                    //此处省略部分内容
#
interface Serial1/0/0                     //广域网端口
 link-protocol ppp
#
interface Serial1/0/1                     //广域网端口
 link-protocol ppp
#
interface GigabitEthernet0/0/0            //千兆以太网端口
interface GigabitEthernet0/0/1            //千兆以太网端口
interface NULL0
......                                    //此处省略部分内容
return
```

04 连接路由器。

路由器与计算机通常都是通过路由器的局域网端口与计算机的网卡端口进行互连的，如图 3.1.5 所示。由于路由器本身就是一台没有显示器的计算机主机，在计算机与路由器直接互连时，应采用交叉线进行互连，而不能使用直通线。

路由器与交换机互连通常都是通过路由器的局域网端口与交换机端口进行的，如图 3.1.6 所示。在使用双绞线互连时，可以使用交叉线，也可以使用直通线，一般情况下，采用直通线互连的方法。

在使用华为 eNSP 模拟器软件时，只有一种双绞线，不用区分直通线还是交叉线。

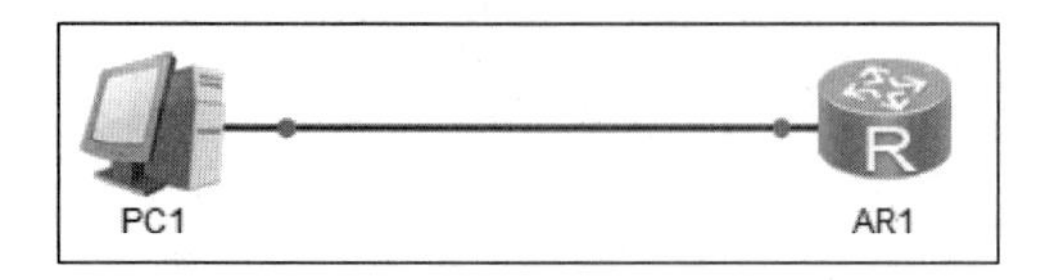

图 3.1.5　路由器与计算机互连

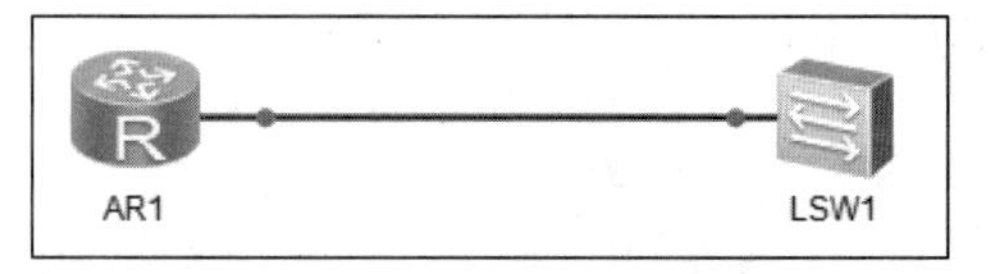

图 3.1.6　路由器与交换机互连

从前面所有拓扑图中会发现一个共同点，就是所有连接的端口的状态标记都是红色的，这是因为当前路由器还没有进行配置，所有端口全是 Shutdown（关闭）状态。

通过前面的学习，请读者使用正确的线缆完成本任务的所有网络设备的连接，最终效果应与图 3.1.1 一致。

任务验收

在拓扑结构图上检查链路连接的端口是否正确。

任务小结

（1）掌握路由器模块添加的方法。

（2）掌握路由器各种端口使用的线缆类型。

（3）掌握路由器端口的命名规则。

反思与评价

1. 自我反思（不少于 100 字）

____

____

____

____

2. 任务评价

自我评价表

序　号	自评内容	佐证内容	达　标	未达标
1	添加路由器模块	能对路由器的模块进行添加		
2	路由器使用的线缆类型	能分清路由器使用的各种线缆		
3	路由器端口的命名规则	能分清路由器端口的命名规则		
4	良好的学习能力	能熟练使用模拟器		

任务 3.2　路由器的基本配置

任务描述

某公司因业务发展需求，购买了一批华为路由器扩展现有的网络，按照公司网络管理要求，网络管理员通过路由器的 Console 端口连接路由器后，需要完成路由器的配置、管理任务，以及优化网络环境。

本任务包括实现 CLI 管理路由器设备、几种视图模式的进入与退出、配置 Console 端口密码、路由器命名、端口 IP 地址、日期时钟配置内容等。

任务要求

（1）实现路由器的基本配置，其网络拓扑图如图 3.2.1 所示。

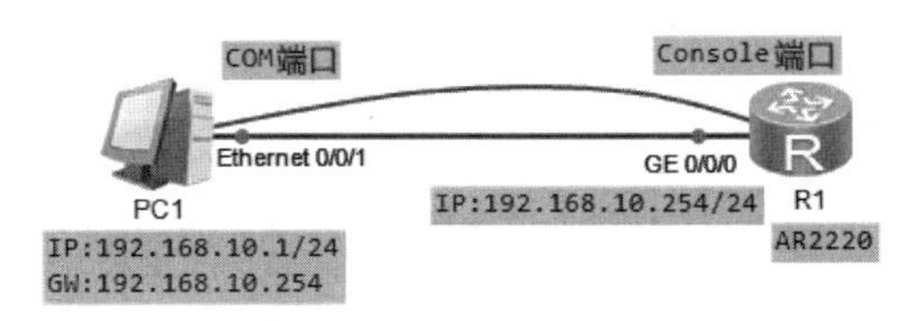

图 3.2.1　实现路由器的基本配置的网络拓扑图

（2）路由器和 PC1 的端口 IP 地址设置如表 3.2.1 表示。

表 3.2.1　路由器和 PC1 的端口 IP 地址设置

设　备　名	端　　口	IP 地址/子网掩码	网　　关
R1	GE 0/0/0	192.168.10.254/24	无
PC1	Ethernet 0/0/1	192.168.10.1/24	192.168.10.254

知识准备

1. 认识路由器

路由器具有非常强大的网络连接和路由功能，它可以与各种各样的网络进行物理连接，因此路由器的端口技术非常复杂，越是高档的路由器，其端口种类也就越多，因为它所能连接的网络类型非常多。路由器的端口主要分为局域网端口、广域网端口和配置端口三大类。

路由器与路由器互连的方式有很多，因为路由器可添加的模块很多，所以路由器端口类型很多，而不同端口类型使用不同的线缆进行互连。

（1）路由器通过广域网串口互连，要使用专用的 DTE 和 DCE 串口线连接。

（2）路由器通过局域网以太网口互连，一般使用双绞线进行互连，且一定要使用交叉线进行连接，用直通线连接是无法通信的。

（3）路由器的高速网络接入，通常使用光纤接入。

在实际的网络工程中，需要对网络设备添加或卸下模块时，一定要先断电，才可以操作。

2. 路由器的管理方式

用户对网络设备的操作管理叫作网络管理，简称“网管”。按照用户的管理方式，常见的网管方式分为 CLI 方式和 Web 方式。其中，通过 CLI 方式管理设备指的是用户通过 Console 端口、Telnet 或 STelnet 方式登录设备，使用设备提供的命令行对设备进行管理和配置。

通过 Console 端口进行本地登录是登录设备最基本的方式，也是其他登录方式的基础。默认情况下，用户可以直接通过 Console 端口进行本地登录，用户级别是 15。该方式仅限于本地登录，通常在以下 3 种场景下应用。

（1）当对设备进行第一次配置时，可以通过 Console 端口登录设备进行配置。

（2）当用户无法远程登录设备时，可通过 Console 端口进行本地登录。

（3）当设备无法启动时，可通过 Console 端口进入 BootLoader 进行诊断或系统升级。

3. 路由器的命令视图操作模式

路由器的命令视图操作模式主要有：用户视图模式、系统视图模式、端口视图模式。

（1）用户视图模式：进入路由器后的第一个操作模式，此模式下用户只具有最底层的权限，可以查看路由器的软/硬件版本信息，但不能对路由器进行配置。

（2）系统视图模式：此模式下用户可以对路由器的配置文件进行管理，查看路由器的配置信息，进行网络的测试和调试等。

（3）端口视图模式：此模式下可以配置路由器相关端口的参数，如物理属性、端口地址等。

任务实施

01 参照图 3.2.1 搭建网络拓扑，连线全部使用直通线，开启所有设备电源，为每台计算机设置好相应的 IP 地址和子网掩码。

02 双击 PC1，弹出 PC1 设置界面，单击“串口”选项卡，可以看到“设置”面板，如图 3.2.2 所示。

03 超级终端参数默认已经设置好，单击“连接”按钮，如图 3.2.3 所示。

图 3.2.2　PC1 桌面应用程序

图 3.2.3　超级终端参数设置

04 用户已经成功进入路由器的配置界面，可以对路由器进行必要的配置。使用 display version 命令可以查看路由器的软/硬件信息，如图 3.2.4 所示。

图 3.2.4　查看路由器的软/硬件信息

05 切换路由器的配置模式。

```
<Huawei>                                          //用户视图模式
<Huawei>system-view                               //进入系统视图模式
[Huawei]interface GigabitEthernet 0/0/0           //进入端口视图模式
[Huawei-GigabitEthernet0/0/0]quit                 //回到系统视图模式
[Huawei]quit                                      //回到用户视图模式
<Huawei>save                                      //保存配置
```

06 配置路由器的名称。

```
<Huawei>system-view                               //进入系统视图模式
[Huawei]sysname R1                                //路由器命名为R1
```

07 设置路由器的时间。

```
<R1>clock datetime 12:00:00 2021-02-02
<R1>clock timezone BJ add 08:00:00
```

08 配置设备端口 IP 地址。

```
<R1>system-view
[R1]int GigabitEthernet 0/0/0                   //进入GE 0/0/0端口
[R1-GigabitEthernet0/0/0]ip address 192.168.10.254 255.255.255.0
```

09 配置交换机的 Console 端口密码。

（1）以登录用户界面的认证方式为密码认证，密码为 Huawei 为例。

```
[R1]user-interface console 0                       //进入Console端口
[R1-ui-console0]authentication-mode password   //认证方式为密码认证
Please configure the login password (maximum length 16):Huawei //密码为Huawei
[R1-ui-console0]return
<R1>quit
测试:
Login authentication
Password:                                  //此处输入密码"Huawei"，可进入用户视图模式
<R1>
```

（2）以登录用户界面的认证方式为 AAA 认证，用户名为 admin，密码为 Huawei 为例。

```
<R1>system-view
[R1]user-interface console 0
[R1-ui-console0]authentication-mode aaa          //认证方式为AAA认证
[R1-ui-console0]quit
[R1]aaa
[R1-aaa]local-user admin password cipher Huawei  //密码为Huawei
[R1-aaa]local-user admin service-type terminal   //用户名为admin，服务类型为终端
[R1-aaa]return
<R1>quit
Username:admin                   //此处输入用户名"admin"、密码"Huawei"，可进入用户视图模式
Password:
<R1>
```

任务验收

01 使用 display current-configuration 命令查看当前配置，查看交换机的管理方式是否配置成功。

02 测试交换机的 Console 端口密码是否已经生效。

03 当配置完以上命令时，再次查看网络拓扑图，可以发现链路中的红色标记已经变

成了绿色。这时可以为PC1分配一个同网段的IP地址（如192.168.10.1），设置网关为路由器GE 0/0/0端口的IP地址，测试它们之间的连通性。

任务小结

（1）路由器具有与交换机一样的命令视图操作模式，且切换命令一致。

（2）路由器的端口可直接分配IP地址，需要注意路由器型号不同，端口号也会有所区别，如GE 0/0/1端口和GE 1/0/1端口的不同。

反思与评价

1. 自我反思（不少于100字）

____

____

____

____

2. 任务评价

自我评价表

序　号	自 评 内 容	佐 证 内 容	达　标	未 达 标
1	路由器的工作原理和作用	能描述路由器的工作原理和作用		
2	路由器命令视图操作模式	能正确进行命令视图操作模式的切换		
3	路由器基本命令应用	能使用命令实现基本配置		
4	良好的学习能力	能熟练使用基本命令		

任务3.3　实现部门计算机动态获取地址

任务描述

某公司的总经理发现自己的计算机出现了“IP地址冲突”问题，并且连不上网络，于是找来网络管理员解决此问题，网络管理员认为是有些员工擅自修改IP地址导致的，可以通过现有的路由器使用DHCP技术来解决此问题。使用DHCP技术非常方便而且不需要增加硬件即可实现。

任务要求

（1）实现部门计算机动态获取地址，其网络拓扑图如图3.3.1所示。

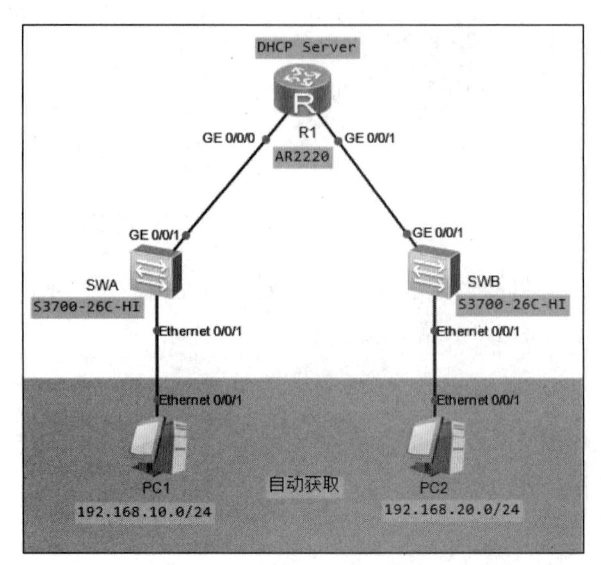

图 3.3.1　实现部门计算机动态获取地址的网络拓扑图

（2）路由器和 PC 的端口详细参数如表 3.3.1 所示。

表 3.3.1　路由器和 PC 的端口详细参数

设　备　名	端　　口	IP 地址/子网掩码	默认网关
R1	GE 0/0/0	192.168.10.254/24	无
	GE 0/0/1	192.168.20.254/24	无
PC1	Ethernet 0/0/1	DHCP 自动获取	DHCP 自动获取
PC2	Ethernet 0/0/1	DHCP 自动获取	DHCP 自动获取

（3）配置 DHCP 技术，使连接在不同交换机上的计算机获取相应的 IP 地址，最终实现全网互通。

知识准备

基于端口地址池的 DHCP 服务器，连接这个端口网段的用户都从该端口地址池中获取 IP 地址等配置信息，由于地址池绑定在特定的端口上，可以限制用户的使用条件，因此在保障了用户安全性的同时，也存在一定局限性。当用户从不同端口接入 DHCP 服务器且需要从同一个地址池里获取 IP 地址时，就需要配置基于全局地址池的 DHCP 服务器。

配置基于全局地址池的 DHCP 服务器，从所有端口上连接的用户都可以选择该地址池中的地址，也就是说全局地址池是一个公共地址池。在 DHCP 服务器上创建地址池并配置相关属性（包括地址范围、地址租期、不参与自动分配的 IP 地址等），再配置端口工作在全局地址池模式。路由器支持工作在全局地址池模式的端口有三层端口及其子端口、三层 Ethernet 端口及其子端口、三层 Eth-Trunk 端口及其子端口和 VLANIF 端口。

任务实施

1. 配置基于端口地址池的 DHCP

01 参照图3.3.1搭建网络拓扑，连线全部使用直通线，开启所有设备电源。

02 交换机的基本配置。

交换机为二层设备，无须配置 IP 地址，只要修改主机名即可。

```
[Huawei]sysname SWA
[SWA]
[Huawei]sysname SWB
[SWB]
```

03 路由器的基本配置。

```
<Huawei>system-view
[Huawei]sysname R1
[R1]interface GigabitEthernet 0/0/0
[R1-GigabitEthernet0/0/0]ip add 192.168.10.254 24
[R1-GigabitEthernet0/0/0]quit
[R1]interface GigabitEthernet 0/0/1
[R1-GigabitEthernet0/0/1]ip add 192.168.20.254 24
[R1-GigabitEthernet0/0/1]quit
```

04 开启路由器的 DHCP Server 功能。

```
[R1]dhcp enable
```

05 配置路由器端口的 DHCP 功能。

```
[R1]interface GigabitEthernet 0/0/0
[R1-GigabitEthernet0/0/0]dhcp select interface        //指定从端口地址池分配地址
[R1-GigabitEthernet0/0/0]dhcp server lease day 3      //租用有效期限为3天
[R1-GigabitEthernet0/0/0]dhcp    server    excluded-ip-address    192.168.10.251
192.168.10.253                                        //不参与自动分配的地址范围
[R1-GigabitEthernet0/0/0]dhcp server dns-list 114.114.114.114
                                   //自动分配DNS服务器地址为114.114.114.114
[R1-GigabitEthernet0/0/0]quit
[R1]interface GigabitEthernet 0/0/1
[R1-GigabitEthernet0/0/1]dhcp select interface
[R1-GigabitEthernet0/0/1]dhcp server lease day 3
[R1-GigabitEthernet0/0/1]dhcp    server    excluded-ip-address    192.168.20.241
192.168.20.253
[R1-GigabitEthernet0/0/1]dhcp server dns-list 8.8.8.8
[R1-GigabitEthernet0/0/1]quit
```

06 设置计算机使用 DHCP 方式获取 IP 地址。

（1）在 PC1 上单击鼠标右键，在弹出的快捷菜单中选择“设置”命令，打开设置对话框。在“基础配置”选项卡中的“IPv4 配置”选区中，单击“DHCP”单选按钮，然后单击对话框右下角的“应用”按钮，如图 3.3.2 所示。

（2）单击“命令行”选项卡，输入“ipconfig”命令，查看 PC1 的 IP 地址，如图 3.3.3 所示。

图 3.3.2　PC1 配置界面

图 3.3.3　查看 PC1 的 IP 地址

（3）使用同样的方法，为另一台计算机设置使用 DHCP 方式获取 IP 地址，并查看计算机所获取到的 IP 地址等信息，最后得到如表 3.3.2 所示的内容。

表 3.3.2　计算机获得的 IP 地址等信息

计　算　机	IP 地址	子 网 掩 码	网　　关	DNS 地址
PC1	192.168.10.250	255.255.255.0	192.168.10.254	114.114.114.114
PC2	192.168.20.240	255.255.255.0	192.168.20.254	8.8.8.8

分析表 3.3.2 可以清楚地看到，两台计算机都获取到了 IP 地址、子网掩码、网关及 DNS 地址，而且连接路由器 R1 的 GE 0/0/0 的计算机 PC1 获取的 IP 地址属于 192.168.10.0/24 网段的 IP 地址，连接路由器 R1 的 GE 0/0/1 的计算机 PC2 获取了 192.168.20.0/24 网段的 IP 地址，而且它们都是保留地址以外的 IP 地址。实现了保留 IP 地址的目的，因此实现了任务的要求。

2．配置基于全局地址池的 DHCP

01 参照图 3.3.1 搭建网络拓扑，连线全部使用直通线，开启所有设备电源。

02 交换机的基本配置。只要修改主机名即可，可参考前面的配置。

03 路由器的基本配置。

```
<Huawei>system-view
[Huawei]sysname R1
[R1]interface GigabitEthernet 0/0/0
[R1-GigabitEthernet0/0/0]ip add 192.168.10.254 24
[R1-GigabitEthernet0/0/0]quit
[R1]interface GigabitEthernet 0/0/1
[R1-GigabitEthernet0/0/1]ip add 192.168.20.254 24
[R1-GigabitEthernet0/0/1]quit
```

04 开启路由器的 DHCP Server 功能。

```
[R1]dhcp enable
```

05 配置路由器的 DHCP 功能。

```
[R1]ip pool huawei1                                   //创建全局地址池
[R1-ip-pool-huawei1]network 192.168.10.0              //配置可动态分配的网段
[R1-ip-pool-huawei1]lease day 3                       //租用有效期限为 3 天
//不参与分配的地址范围
[R1-ip-pool-huawei1]excluded-ip-address 192.168.10.250 192.168.10.253
[R1-ip-pool-huawei1]gateway-list 192.168.10.254       //配置出口网关地址
[R1-ip-pool-huawei1]dns-list 114.114.114.114          //配置 DNS 地址
[R1-ip-pool-huawei1]quit
[R1]interface GigabitEthernet 0/0/0
[R1-GigabitEthernet0/0/0]dhcp select global //指定端口采用全局地址池为客户端分配 IP 地址
[R1-GigabitEthernet0/0/0]quit
[R1]ip pool huawei2                                   //创建全局地址池
[R1-ip-pool-huawei2]network 192.168.20.0              //配置可动态分配的网段
[R1-ip-pool-huawei2]lease day 3                       //租用有效期限为 3 天
[R1-ip-pool-huawei2]excluded-ip-address 192.168.20.241 192.168.20.253
[R1-ip-pool-huawei2]gateway-list 192.168.20.254       //配置出口网关地址
[R1-ip-pool-huawei2]dns-list 8.8.8.8                  //配置 DNS 地址
[R1-ip-pool-huawei2]quit
[R1]interface GigabitEthernet 0/0/1
[R1-GigabitEthernet0/0/1]dhcp select global //指定端口采用全局地址池为客户端分配 IP 地址
[R1-GigabitEthernet0/0/1]quit
```

06 查看计算机使用 DHCP 方式获取到的 IP 地址。

查看计算机所获取到的 IP 信息，最后得到如表 3.3.3 所示的内容。

表 3.3.3 计算机获得的 IP 信息

计 算 机	IP 地址	子 网 掩 码	网 关	DNS 地址
PC1	192.168.20.249	255.255.255.0	192.168.10.254	114.114.114.114
PC2	192.168.20.240	255.255.255.0	192.168.20.254	8.8.8.8

从表 3.3.3 中可以清楚地看到，两台计算机都获取到了 IP 地址、子网掩码、网关及 DNS 地址，而且连接到 VLAN10 的计算机获取到的 IP 地址属于 192.168.10.0/24 网段的 IP 地址，连接到 VLAN20 的计算机获取到 192.168.20.0/24 网段的 IP 地址，而且它们都是保留地址以外的 IP 地址，达到了保留 IP 的目的，实现了任务的要求。

任务验收

01 在 R1 上使用 display ip pool 命令查看 DHCP 地址池中的地址分配情况。

02 在两台计算机中，查看 IP 地址的获取情况，使用 ping 命令去测试其他计算机的连通情况。可以得出结论，当前网络中的计算机之间是连通的。

任务小结

本任务介绍了路由器的 DHCP 服务，可以使下连的计算机通过交换机获取 IP 地址、子网掩码、网关和 DNS 地址。当一个网络中计算机数量庞大时，使用 DHCP 服务，可以很方便地为每台计算机配置好相应的 IP 参数，减轻网络管理员分配 IP 地址的工作。

反思与评价

1. 自我反思（不少于 100 字）

____

____

____

____

2. 任务评价

自我评价表

序　号	自 评 内 容	佐 证 内 容	达　标	未 达 标
1	DHCP 的作用	能描述 DHCP 的作用		
2	端口地址池和全局地址池	能区分端口地址池和全局地址池的不同		
3	DHCP 动态获取的 2 种方法	能正确实现 DHCP 动态获取的 2 种方法		
4	严谨的职业素养	使用 DHCP 分配 IP 地址时不浪费		

任务 3.4　利用单臂路由实现部门间网络互访

扫一扫
看微课

任务描述

某公司的网络管理员对部门划分了 VLAN 后，发现两个部门之间无法通信，但有时两个部门的员工需要进行通信，网络管理员现要通过简单的方法来实现此功能。划分 VLAN 后，VLAN 之间是不能通信的，使用路由器的单臂路由功能可以解决这个问题。

任务要求

（1）利用单臂路由实现部门间网络互访，其网络拓扑图如图 3.4.1 所示。

（2）交换机 SWA 上 VLAN 划分及端口分配情况如表 3.4.1 表示。

表 3.4.1 交换机 SWA 上 VLAN 划分及端口分配情况

VLAN 编号	端 口	连接的计算机
10	Ethernet 0/0/1	PC1
20	Ethernet 0/0/5	PC2

（3）路由器和 PC 的端口详细参数如表 3.4.2 所示。

表 3.4.2 路由器和 PC 的端口详细参数

设 备 名	端 口	IP 地址/子网掩码	默 认 网 关
R1	GE 0/0/0.1	192.168.10.254/24	无
	GE 0/0/0.2	192.168.20.254/24	无
PC1	Ethernet 0/0/1	192.168.10.1/24	192.168.10.254
PC2	Ethernet 0/0/5	192.168.20.1/24	192.168.20.254

（4）在路由器上配置单臂路由实现两台计算机的正常通信。

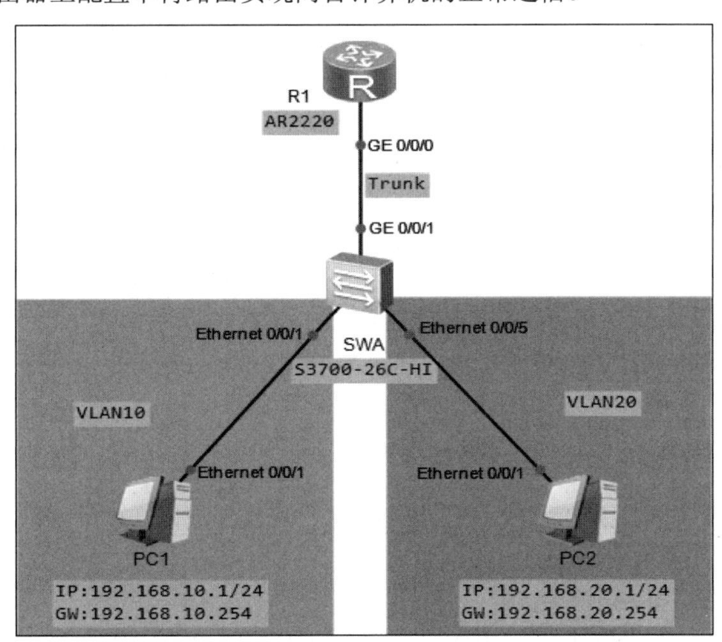

图 3.4.1 利用单臂路由实现部门间网络互访的网络拓扑图

知识准备

1. 单臂路由的原理

单臂路由的原理是利用一台路由器，使 VLAN 间互通数据通过路由器进行三层转发。如果在路由器上为每个 VLAN 分配一个单独的路由器物理端口，随着 VLAN 数量的增加，必然需要更多的端口，而路由器能提供的端口数量比较有限，所以在路由器的一个物理端口上通过配置子端口（逻辑端口）的方式来实现以一当多的功能。路由器同一物理端口的不同子端口作为不同 VLAN 的默认网关，当不同 VLAN 间的用户主机需要通信时，只需要将数据包发送给网关，网关处理后再发送至目的主机所在 VLAN，从而实现 VLAN 间通信。从拓扑结构图上看，在交换机与路由器之间，数据仅通过一条物理链路传输，故被形象地称为“单臂路由”。

VLAN 能有效分割局域网，实现各网络区域之间的访问控制，但在现实中，往往需要配置某些 VLAN 之间的互联互通。例如，某公司划分为领导层、销售部、财务部、人力部、科技部、审计部，并为不同部门配置了不同的 VLAN，部门之间不能相互访问，有效保证了各部门的信息安全。但领导层需要跨越 VLAN 访问其他各个部门的情况，这个功能就由单臂路由来实现。

路由器一般是基于软件处理方式来实现路由的，存在一定的延时，难以实现线速交换。随着 VLAN 通信流量的增多，路由器将成为通信的瓶颈，因此单臂路由适用于通信流量较少的情况下。

2. 单臂路由的相关配置

（1）创建子端口，并封装 802.1Q 协议。命令格式如下：

```
interface subinterface
dotlq termination vid vlan_id
```

其中，subinterface 表示子端口，vlan_id 表示 VLAN ID 号。

使用 dotlq termination vid 命令可配置子端口对一层 Tag 报文的终结功能，即配置该命令后，路由器子端口在接收带有 VLAN Tag 的报文时，将剥掉该 Tag 报文并对其进行三层转发；路由器子端口在发送报文时，会将与其对应 VLAN 的 VLAN Tag 添加到报文中。

（2）开启子端口的 ARP 广播功能。命令格式如下：

```
arp broadcast enable
```

使用 arp broadcast enable 命令可开启子端口的 ARP 广播功能。如果不配置该命令，将会导致子端口无法主动发送 ARP 广播报文，以及向外转发 IP 报文。

任务实施

01 参照图 3.4.1 搭建网络拓扑，连线全部使用直通线，开启所有设备电源，为每台计算机设置好相应的 IP 地址和子网掩码。

02 交换机 SWA 的基本配置。

```
<Huawei>system-view
[Huawei]sysname SWA
[SWA]vlan batch 10 20
[SWA]interface Ethernet 0/0/1
[SWA-Ethernet0/0/1]port link-type access
[SWA-Ethernet0/0/1]port default vlan 10
[SWA-Ethernet0/0/1]quit
[SWA]interface Ethernet 0/0/5
[SWA-Ethernet0/0/5]port link-type access
[SWA-Ethernet0/0/5]port default vlan 20
```

```
[SWA-Ethernet0/0/5]quit
[SWA]interface GigabitEthernet 0/0/1
[SWA-GigabitEthernet0/0/1]port link-type trunk
[SWA-GigabitEthernet0/0/1]port trunk allow-pass vlan 10 20
[SWA-GigabitEthernet0/0/1]quit
```

03 路由器 R1 的基本配置。

```
<Huawei>system-view
[Huawei]sysname R1
[R1]interface GigabitEthernet 0/0/0.1                     //进入 GE 0/0/0.1 子端口
[R1-GigabitEthernet0/0/0.1]ip add 192.168.10.254 24      //设置 IP 地址
[R1-GigabitEthernet0/0/0.1]dot1q termination vid 10      //封装 802.1Q 协议
[R1-GigabitEthernet0/0/0.1]arp broadcast enable          //开启 ARP 广播功能
[R1-GigabitEthernet0/0/0.1]quit
[R1]int g0/0/0.2                                          //进入 GE 0/0/0.2 子端口
[R1-GigabitEthernet0/0/0.2]ip add 192.168.20.254 24      //设置 IP 地址
[R1-GigabitEthernet0/0/0.2]dot1q termination vid 20      //封装 802.1Q 协议
[R1-GigabitEthernet0/0/0.2]arp broadcast enable          //开启 ARP 广播功能
[R1-GigabitEthernet0/0/0.2]quit
```

04 在路由器 R1 上查看端口状态。

```
[R1]display ip interface brief
*down: administratively down
……                                                        //此处省略部分内容
Interface                    IP Address/Mask      Physical  Protocol
GigabitEthernet0/0/0         unassigned           up        down
GigabitEthernet0/0/0.1       192.168.10.254/24    up        up
GigabitEthernet0/0/0.2       192.168.20.254/24    up        up
GigabitEthernet0/0/1         unassigned           down      down
GigabitEthernet0/0/2         unassigned           down      down
NULL0                        unassigned           up        up(s)
```

可以观察到，2 个子端口的物理状态和协议状态都正常。

任务验收

01 使用 display ip routing-table 命令，查看路由器 R1 的路由表，观察路由表中是否已经有 192.168.10.0/24 和 192.168.20.0/24 路由条目。

02 PC1 和 PC2 分别属于 VLAN10 和 VLAN20，交换机 SWA 是一个二层交换机，为实现 VLAN10 和 VLAN20 中的计算机相互通信，要增加一个路由器来转发 VLAN 之间的数据包，路由器与交换机之间使用单条链路相连，这条链路又称主干（Trunk），所有数据包的进出都要通过路由器 R1 的 GE 0/0/0 端口来实现数据转发。

当配置完以上命令时，再次查看网络拓扑图，可以发现链路中的红色标记已经变成了绿色。这时可以使用 ping 命令测试 PC1 与 PC2 的连通性，结果发现它们之间是连通的，如图 3.4.2 所示，说明路由器的单臂路由功能发挥了作用。

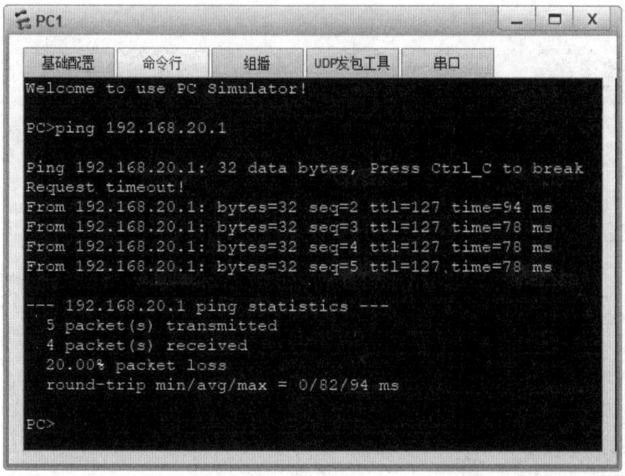

```
PC1
基础配置 命令行 组播 UDP发包工具 串口
Welcome to use PC Simulator!

PC>ping 192.168.20.1

Ping 192.168.20.1: 32 data bytes, Press Ctrl_C to break
Request timeout!
From 192.168.20.1: bytes=32 seq=2 ttl=127 time=94 ms
From 192.168.20.1: bytes=32 seq=3 ttl=127 time=78 ms
From 192.168.20.1: bytes=32 seq=4 ttl=127 time=78 ms
From 192.168.20.1: bytes=32 seq=5 ttl=127 time=78 ms

--- 192.168.20.1 ping statistics ---
  5 packet(s) transmitted
  4 packet(s) received
  20.00% packet loss
  round-trip min/avg/max = 0/82/94 ms

PC>
```

图 3.4.2　使用 ping 命令测试 PC1 与 PC2 的连通性

任务小结

（1）交换机与路由器相连的端口要设置为 Trunk 模式。

（2）路由器的端口不一定要在启动状态。

（3）配置路由器端口的子端口，同时要封装 802.1Q 协议和开启 ARP 广播功能。

反思与评价

1. 自我反思（不少于 100 字）

____

____

____

____

2. 任务评价

自我评价表

序　号	自评内容	佐证内容	达　标	未 达 标
1	单臂路由的原理和作用	能描述单臂路由的原理和作用		
2	实现单臂路由	能正确实现单臂路由的配置		
3	ARP 广播	能开启 ARP 广播和理解开启 ARP 广播的作用		
4	清晰的逻辑思维能力	能清晰描述子端口的作用和实现方法		

任务 3.5 使用静态路由实现网络连通

任务描述

某公司规模较小，网络管理员经过考虑，决定在公司的路由器、交换机与运营商路由器之间使用静态路由实现网络连通。

静态路由一般适用于比较简单的网络环境。在这样的环境中，网络管理员应非常清楚地了解网络的拓扑结构，以便设置正确的路由信息。由于该网络规模较小且不经常变动，所以使用静态路由比较合适。

任务要求

（1）使用静态路由实现网络连通，其网络拓扑图如图 3.5.1 所示。

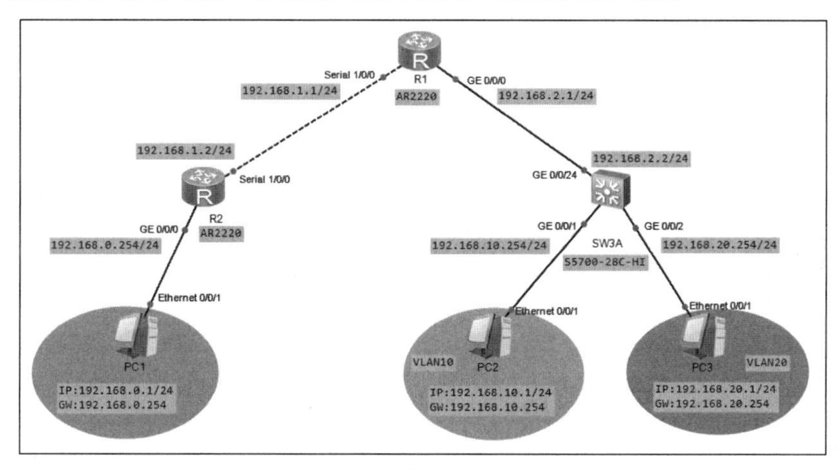

图 3.5.1 使用静态路由实现网络连通的网络拓扑图

（2）路由器和交换机的端口 IP 地址设置如表 3.5.1 所示。

表 3.5.1 路由器和交换机的端口 IP 地址设置

设 备 名	端 口	IP 地址/子网掩码
R1	GE 0/0/0	192.168.2.1/24
	Serial 1/0/0	192.168.1.1/24
R2	Serial 1/0/0	192.168.1.2/24
	GE 0/0/0	192.168.0.254/24
SW3A	GE 0/0/1（VLANIF10）	192.168.10.254/24
	GE 0/0/2（VLANIF20）	192.168.20.254/24
	GE 0/0/24（VLANIF30）	192.168.2.2/24

（3）计算机的 IP 地址参数如表 3.5.2 所示。

表 3.5.2　计算机的 IP 地址参数

计　算　机	端　　口	IP 地址/子网掩码	默 认 网 关
PC1	Ethernet 0/0/1	192.168.0.1/24	192.168.0.254
PC2	Ethernet 0/0/1	192.168.10.1/24	192.168.10.254
PC3	Ethernet 0/0/1	192.168.20.1/24	192.168.20.254

（4）在路由器和交换机上运行静态路由协议，实现全网的互联互通。

知识准备

1. 路由表的产生方式

路由器或三层交换机在转发数据时，首先要在路由表中查找相应的路由。路由表的产生方式有如下 3 种。

（1）直连网络：路由器或三层交换机自动添加和自己直接连接的网络路由。

（2）静态路由：由网络管理员手动配置的路由。当网络的拓扑结构或链路发生变化时，需要网络管理员手动修改路由表中的相关路由信息。

（3）动态路由：由路由协议动态产生的路由。

2. 静态路由简介

相比于动态路由，静态路由无须频繁地交换各自的路由表，配置简单，比较适合小型、简单的网络环境。

静态路由不适合大型和复杂的网络环境，因为当网络拓扑结构和链路状态发生变化时，网络管理员需要做大量的调整，且无法自动感知错误发生，不易排错。

3. 静态路由的优缺点

静态路由的优点：使用静态路由的好处是网络安全保密性高。动态路由因为需要路由器之间频繁地交换各自的路由表，而对路由表的分析可以揭示网络的拓扑结构和网络地址等信息。因此，出于网络安全方面的考虑可以采用静态路由。

静态路由的缺点：大型和复杂的网络环境通常不宜采用静态路由。一方面，网络管理员难以全面地了解整个网络的拓扑结构；另一方面，当网络的拓扑结构和链路状态发生变化时，路由器中的静态路由信息需要大范围地调整，这一工作的难度和复杂程度非常高。

在小型的网络中，使用静态路由是较好的选择，网络管理员想控制数据转发路径时，也可使用静态路由。

4. 静态路由的配置

配置静态路由有两种方式：一种是指定下一跳 IP 地址的方式；另一种是指定端口的方式。静态路由的配置命令如下：

```
[Huawei]ip route-static  目的网络的 IP 地址  子网掩码  下一跳 IP 地址/本地端口
```

任务实施

01 参照图 3.5.1 搭建网络拓扑，在路由器上添加 2SA 模块于 Serial 1/0/0 端口位置，路由器之间的连线使用 Serial 串口线，其他使用直通线，开启所有设备电源，为每台计算机设置好相应的 IP 地址和子网掩码。

02 设置交换机和路由器的基本配置。

（1）交换机 SW3A 的基本配置。

```
<Huawei>system-view
[Huawei]sysname SW3A                              //修改交换机名
[SW3A]vlan batch 10 20 30                         //创建 VLAN10、VLAN20、VLAN30
[SW3A]interface GigabitEthernet 0/0/1
[SW3A-GigabitEthernet0/0/1]port link-type  access
[SW3A-GigabitEthernet0/0/1]port default vlan 10
[SW3A-GigabitEthernet0/0/1]quit
[SW3A]interface GigabitEthernet 0/0/2
[SW3A-GigabitEthernet0/0/2]port link-type access
[SW3A-GigabitEthernet0/0/2]port default vlan 20
[SW3A-GigabitEthernet0/0/2]quit
[SW3A]interface GigabitEthernet 0/0/24
[SW3A-GigabitEthernet0/0/24]port link-type access
[SW3A-GigabitEthernet0/0/24]port default vlan 30
[SW3A-GigabitEthernet0/0/24]quit
```

（2）在 SW3A 上创建 VLANIF 端口，在端口视图下配置 IP 地址。

```
[SW3A]interface Vlanif 10
[SW3A-Vlanif10]ip add 192.168.10.254 24
[SW3A-Vlanif10]quit
[SW3A]interface Vlanif 20
[SW3A-Vlanif20]ip add 192.168.20.254 24
[SW3A-Vlanif20]quit
[SW3A]interface Vlanif 30
[SW3A-Vlanif30]ip add 192.168.2.2 24
[SW3A-Vlanif30]quit
```

（3）路由器 R1 的基本配置。

```
<Huawei>system-view
[Huawei]sysname R1
[R1]interface GigabitEthernet 0/0/0
[R1-GigabitEthernet0/0/0]ip add 192.168.2.1 24
[R1-GigabitEthernet0/0/0]quit
[R1]interface Serial 1/0/0
[R1-Serial1/0/0]ip add 192.168.1.1 24
[R1-Serial1/0/0]quit
```

（4）路由器 R2 的基本配置。

```
<Huawei>system-view
[Huawei]sysname R2
[R2]interface Serial 1/0/0
[R2-Serial1/0/0]ip add 192.168.1.2 24
[R2-Serial1/0/0]quit
[R2]interface GigabitEthernet 0/0/0
[R2-GigabitEthernet0/0/0]ip add 192.168.0.254 24
[R2-GigabitEthernet0/0/0]quit
```

当做好以上配置时可以发现，所有设备两两之间已经可以互相连通，但不是全网互通。实现全网互通需要建立相应的路由表来实现，本任务是通过静态路由来实现全网互通的。

03 使用 display ip interface brief 命令，查看端口配置信息。

```
[SW3A]display ip interface brief
Interface                        IP Address/Mask        Physical     Protocol
MEth0/0/1                        unassigned             down          down
NULL0                              unassigned           up           up(s)
Vlanif1                          unassigned             down          down
Vlanif10                           192.168.10.254/24    up           up
Vlanif20                       192.168.20.254/24        up           up
Vlanif30                       192.168.2.2/24           up           up
```

04 配置静态路由，实现全网互通。

R1 不能直接到达的网络都要添加静态路由，分别有 192.168.10.0、192.168.20.0 和 192.168.0.0 三个网络，而 R1 去往 192.168.10.0 和 192.168.20.0 这两个网络都要通过 SW3A 的 GE 0/0/24 端口进行转发，去往 192.168.0.0 这个网络要通过 R2 的 Serial 1/0/0 端口进行转发，于是要在 R1 上添加的静态路由为：

```
[R1]ip route-static 192.168.10.0 255.255.255.0 192.168.2.2
[R1]ip route-static 192.168.20.0 255.255.255.0 192.168.2.2
[R1]ip route-static 192.168.0.0 255.255.255.0 192.168.1.2
```

R2 不能直接到达的网络都要添加静态路由，分别有 192.168.2.0、192.168.10.0 和 192.168.20.0 三个网络，而 R2 去往这三个网络都要通过 R1 的 Serial 1/0/0 端口进行转发，因此 Serial 1/0/0 端口的 IP 地址是静态路由中的下一跳地址，于是要在 R2 上添加的静态路由为：

```
[R2]ip route-static 192.168.10.0 255.255.255.0 192.168.1.1
[R2]ip route-static 192.168.20.0 255.255.255.0 192.168.1.1
[R2]ip route-static 192.168.2.0 255.255.255.0 192.168.1.1
```

SW3A 不能直接到达的网络都要添加静态路由，分别有 192.168.0.0 和 192.168.1.0 两个网络，而 SW3A 去往这两个网络都要通过 R1 的 GE 0/0/0 端口进行转发，因此 GE 0/0/0 端口的 IP 地址是静态路由中的下一跳地址，于是要在 SW3A 上添加的静态路由为：

```
[SW3A]ip route-static 192.168.0.0 255.255.255.0 192.168.2.1
[SW3A]ip route-static 192.168.1.0 255.255.255.0 192.168.2.1
```

任务验收

01 在路由器 R1 上，使用 display ip routing-table 命令查看路由表。

```
[R1]display ip routing-table
Route Flags: R - relay, D - download to fib
------------------------------------------------------------------------------
Routing Tables: Public
        Destinations : 14       Routes : 14
Destination/Mask    Proto   Pre  Cost    Flags NextHop         Interface
127.0.0.0/8         Direct  0    0         D   127.0.0.1       InLoopBack0
127.0.0.1/32        Direct  0    0         D   127.0.0.1       InLoopBack0
127.255.255.255/32 Direct  0    0         D   127.0.0.1       InLoopBack0
192.168.0.0/24      Static  60   0        RD   192.168.1.2     Serial1/0/0
192.168.1.0/24      Direct  0    0         D   192.168.1.1     Serial1/0/0
192.168.1.1/32      Direct  0    0         D   127.0.0.1       Serial1/0/0
```

```
192.168.1.2/32      Direct  0    0        D   192.168.1.2Serial1/0/0
192.168.1.255/32    Direct  0    0        D   127.0.0.1   Serial1/0/0
192.168.2.0/24      Direct  0    0        D   192.168.2.1GigabitEthernet0/0/0
192.168.2.1/32      Direct  0    0        D   127.0.0.1   GigabitEthernet0/0/0
192.168.2.255/32    Direct  0    0        D   127.0.0.1   GigabitEthernet0/0/0
192.168.10.0/24     Static  60    0       RD  192.168.2.2GigabitEthernet0/0/0
192.168.20.0/24     Static  60    0       RD  192.168.2.2GigabitEthernet0/0/0
255.255.255.255/32Direct  0    0          D   127.0.0.1   InLoopBack0
```

02 使用 PC1 去 ping PC2 和 PC3 的 IP 地址，可以看到网络是连通的，如图 3.5.2 所示。

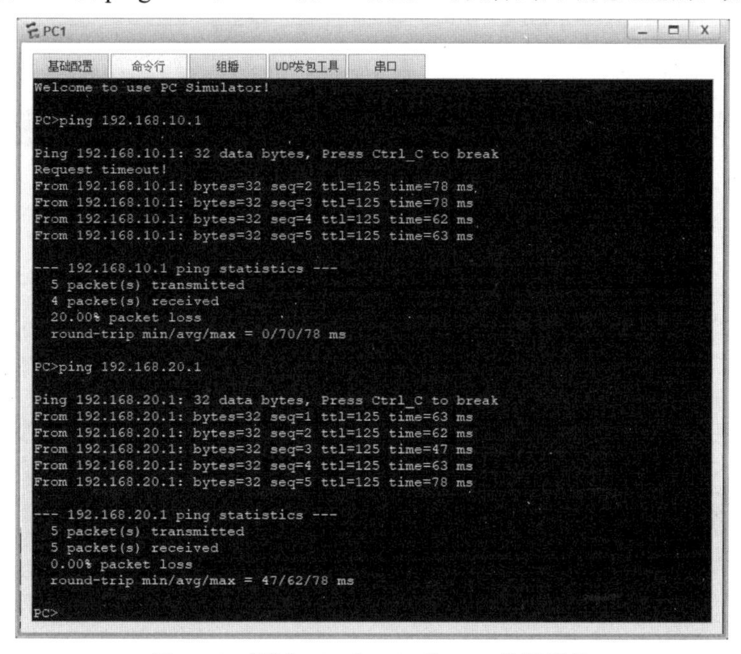

图 3.5.2　测试 PC1 与 PC2 和 PC3 的连通性

任务小结

（1）在添加静态路由时，对非直连的网段都要进行配置。

（2）在小规模的网络环境中，静态路由是一个不错的选择，但对于大型网络，添加静态路由的工作量就很大了。

（3）静态路由开销小，但不灵活，只适用于相对稳定的网络。

反思与评价

1. 自我反思（不少于 100 字）

____

____

____

____

2. 任务评价

自我评价表

序　　号	自 评 内 容	佐 证 内 容	达　　标	未 达 标
1	静态路由的原理和作用	能描述静态路由的原理和作用		
2	静态路由的优缺点及应用场合	能描述静态路由的优缺点及应用场合		
3	静态路由的配置	能正确实现静态路由的配置		
4	团队合作精神	能共同完成实训任务		

任务 3.6　使用默认路由及浮动路由实现网络连通

扫一扫
看微课

任务描述

某公司随着规模的不断扩大，现有北京总部和天津分部 2 个办公地点，总部与分部之间使用路由器互连。该公司的网络管理员经过考虑，决定在总部和分部之间的路由器配置默认路由和浮动路由，以减少网络管理工作量，提高链路的可用性，使所有计算机能够互相访问。

配置浮动路由实现总部与分部互连主链路断开时，可以通过备用链路互连。

任务要求

（1）使用默认路由及浮动路由实现网络连通，其网络拓扑图如图 3.6.1 所示。

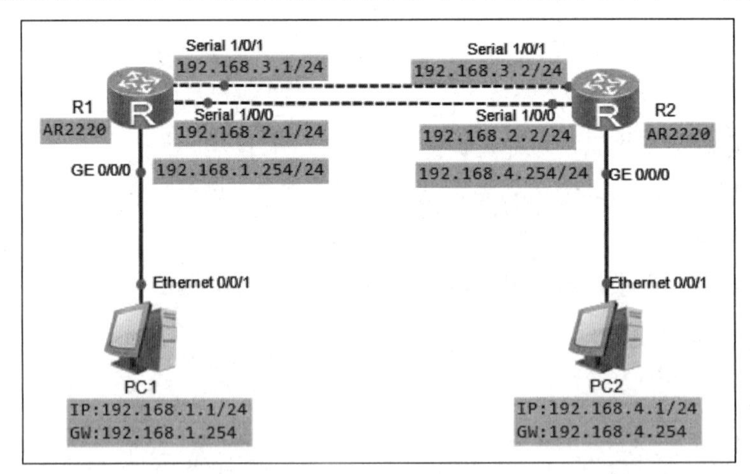

图 3.6.1　使用默认路由及浮动路由实现网络连通的网络拓扑图

（2）路由器的端口 IP 地址设置如表 3.6.1 所示。

表 3.6.1　路由器的端口 IP 地址设置

设 备 名	端 口	IP 地址/子网掩码
R1	Serial 1/0/0	192.168.2.1/24
	Serial 1/0/1	192.168.3.1/24
	GE 0/0/0	192.168.1.254/24
R2	Serial 1/0/0	192.168.2.2/24
	Serial 1/0/1	192.168.3.2/24
	GE 0/0/0	192.168.4.254/24

（3）计算机的 IP 地址参数如表 3.6.2 所示。

表 3.6.2　计算机的 IP 地址参数

计 算 机	端 口	IP 地址/子网掩码	网 关
PC1	Ethernet 0/0/1	192.168.1.1/24	192.168.1.254
PC2	Ethernet 0/0/1	192.168.4.1/24	192.168.4.254

（4）在 2 台路由器上添加默认路由及浮动路由实现全网互通和链路备份，在配置浮动路由优先级时，配置 192.168.2.0 网段为主链路，192.168.3.0 网段为备用链路，最终实现总部计算机与分部计算机互通。

知识准备

1．默认路由

默认路由是一种特殊的静态路由，指的是当路由表中与包的目的地址之间没有匹配的表项时路由器能够做出的选择。如果没有默认路由，那么目的地址在路由表中没有匹配表项的包将被丢弃。默认路由在某些时候非常有效，当存在末梢网络时，默认路由会大大简化路由器的配置，减轻网络管理员的工作负担，提高网络性能。

默认路由和静态路由的命令格式一样。只是把目的地的 IP 地址和子网掩码均改成 0.0.0.0。默认路由的配置命令为：

```
[Huawei]ip route-static 0.0.0.0 0.0.0.0 下一跳 IP 地址/本地端口
```

2．浮动路由

浮动路由是一种特殊的静态路由，通过配置去往相同的目的网段，但是优先级不同的静态路由，为了保证在网络中优先级较高的路由，即主路由失效的情况下，提供备份路由。正常情况下，备份路由不会出现在路由表中。

设备上的路由优先级一般具有默认值。不同厂家设备对于优先级的默认值可能不同。路由优先级如表 3.6.3 所示。

表 3.6.3　路由优先级

路 由 类 型	优先级的默认值
直连路由	0
OSPF 协议路由	10

续表

路 由 类 型	优先级的默认值
静态路由	60
RIP 路由	100
BGP 路由	255

任务实施

01 参照图 3.6.1 搭建网络拓扑，在路由器上添加 2SA 模块于 Serial 1/0/0 端口位置，路由器之间的连线使用 Serial 串口线，其他使用直通线，开启所有设备电源，为每台计算机设置好相应的 IP 地址和子网掩码。

02 设置路由器的基本配置。

（1）路由器 R1 的基本配置。

```
<Huawei>system-view
[Huawei]sysname R1
[R1]interface GigabitEthernet 0/0/0
[R1-GigabitEthernet0/0/0]ip add 192.168.1.254 24
[R1-GigabitEthernet0/0/0]quit
[R1]interface Serial 1/0/0
[R1-Serial1/0/0]ip add 192.168.2.1 24
[R1-Serial1/0/0]quit
[R1]interface Serial 1/0/1
[R1-Serial1/0/1]ip add 192.168.3.1 24
[R1-Serial1/0/1]quit
```

（2）路由器 R2 的基本配置。

```
<Huawei>system-view
[Huawei]sysname RB
[R2]interface GigabitEthernet 0/0/0
[R2-GigabitEthernet0/0/0]ip add 192.168.4.254 24
[R2-GigabitEthernet0/0/0]quit
[R2]interface Serial 1/0/0
[R2-Serial1/0/0]ip add 192.168.2.2 24
[R2-Serial1/0/0]quit
[R2]interface Serial 1/0/1
[R2-Serial1/0/1]ip add 192.168.3.2 24
[R2-Serial1/0/1]quit
```

03 配置默认路由，实现全网互通。

（1）在路由器 R1 上的配置。

```
[R1]ip route-static 0.0.0.0 0.0.0.0 192.168.2.2                //配置默认路由
```

（2）在路由器 R2 上的配置。

```
[R2]ip route-static 0.0.0.0 0.0.0.0 192.168.2.1                //配置默认路由
```

04 配置浮动路由，实现链路备份。

（1）在路由器 R1 上的配置。

```
[R1]ip route-static 0.0.0.0 0.0.0.0 192.168.3.2 preference 90 //修改优先级为 90
```

（2）在路由器 R2 上的配置。

```
[R2]ip route-static 0.0.0.0 0.0.0.0 192.168.3.1 preference 90 //修改优先级为 90
```

任务验收

01 在路由器 R1 上，使用 display ip routing-table 命令查看路由表。

```
[R1]display ip routing-table
Route Flags: R - relay, D - download to fib
------------------------------------------------------------------------------
Routing Tables: Public
        Destinations : 16       Routes : 16

Destination/Mask   Proto   Pre  Cost  Flags NextHop         Interface
0.0.0.0/0          Static  60   0       RD   192.168.2.2     Serial1/0/0
127.0.0.0/8        Direct  0    0       D    127.0.0.1       InLoopBack0
127.0.0.1/32       Direct  0    0       D    127.0.0.1       InLoopBack0
127.255.255.255/32 Direct  0    0       D    127.0.0.1       InLoopBack0
192.168.1.0/24     Direct  0    0       D    192.168.1.254   GigabitEthernet0/0/0
192.168.1.254/32   Direct  0    0       D    127.0.0.1       GigabitEthernet0/0/0
192.168.1.255/32   Direct  0    0       D    127.0.0.1       GigabitEthernet0/0/0
192.168.2.0/24     Direct  0    0       D    192.168.2.1     Serial1/0/0
192.168.2.1/32     Direct  0    0       D    127.0.0.1       Serial1/0/0
192.168.2.2/32     Direct  0    0       D    192.168.2.2     Serial1/0/0
192.168.2.255/32   Direct  0    0       D    127.0.0.1       Serial1/0/0
192.168.3.0/24     Direct  0    0       D    192.168.3.1     Serial1/0/1
192.168.3.1/32     Direct  0    0       D    127.0.0.1       Serial1/0/1
192.168.3.2/32     Direct  0    0       D    192.168.3.2     Serial1/0/1
192.168.3.255/32   Direct  0    0       D    127.0.0.1       Serial1/0/1
255.255.255.255/32 Direct  0    0       D    127.0.0.1       InLoopBack0
```

02 使用 PC1 去 ping PC2 的 IP 地址，可以看到网络是连通的，如图 3.6.2 所示。

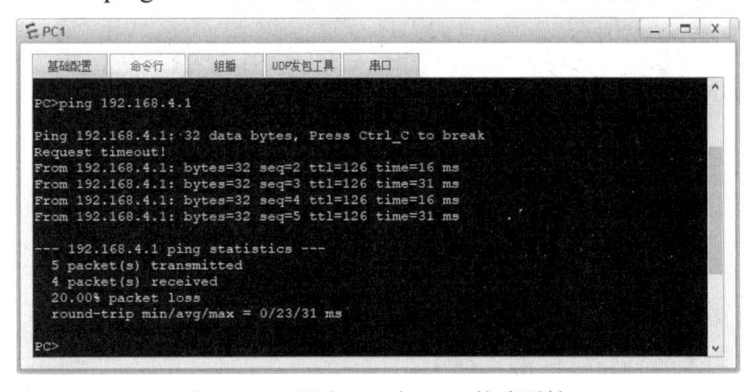

图 3.6.2　测试 PC1 与 PC2 的连通性

使用 tracert 命令查看此时 PC1 与 PC2 通信间所经过的网关，如图 3.6.3 所示。

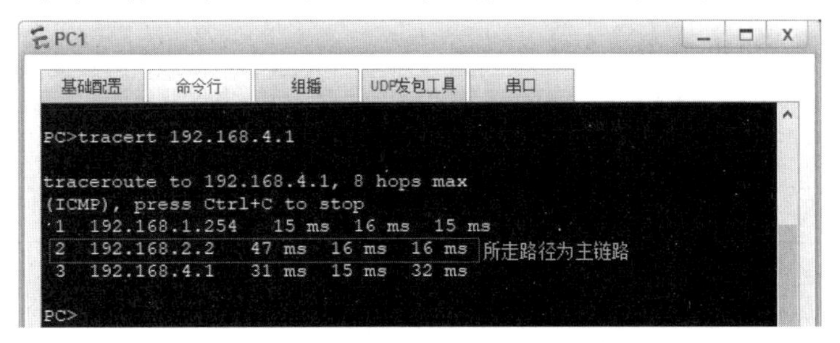

图 3.6.3　检测所走路径是否为主链路

03 测试计算机通信时使用备用链路。

（1）将路由器 R1 的 Serial 1/0/0 端口关闭。使用 PC1 去 ping PC2 的 IP 地址，可以看到短暂的超时后，网络依然是连通的，如图 3.6.4 所示。

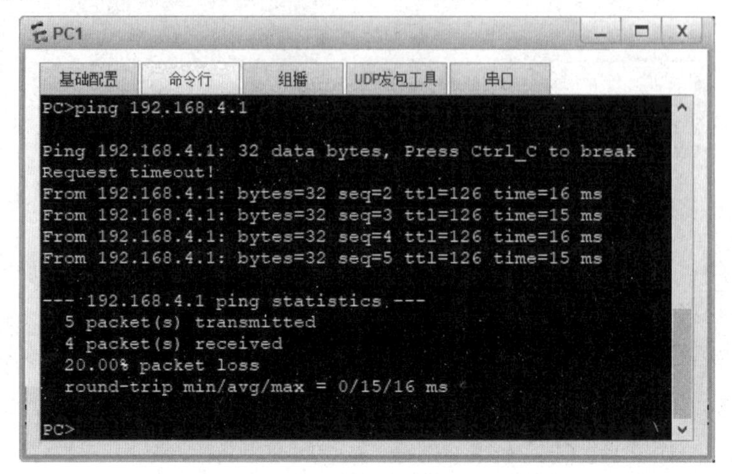

图 3.6.4　测试 PC1 与 PC2 的连通性

（2）使用 tracert 命令查看此时 PC1 与 PC2 通信间所经过的网关，如图 3.6.5 所示。

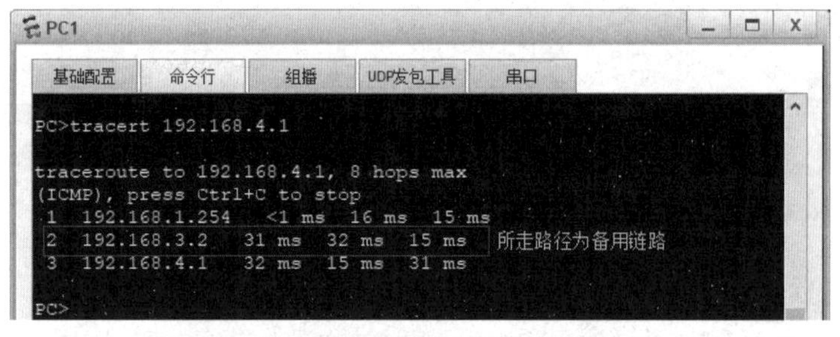

图 3.6.5　检测所走路径是否为备用链路

任务小结

（1）默认路由是目的地/掩码为 0.0.0.0/0 的路由。

（2）浮动路由是一种特殊的静态路由。

反思与评价

1. 自我反思（不少于 100 字）

____

____

____

____

2. 任务评价

自我评价表

序　号	自 评 内 容	佐 证 内 容	达标	未达标
1	默认路由的原理和作用	能描述默认路由的原理和作用		
2	浮动路由的原理及应用场合	能描述浮动路由的原理及应用场合		
3	默认路由及浮动路由	能正确实现默认路由及浮动路由的配置		
4	谦虚、务实和不好高骛远的态度	遇到问题时能谦虚、冷静地面对和解决		

任务3.7　使用动态路由 RIPv2 协议实现网络连通

扫一扫 看微课

任务描述

某公司随着规模的不断扩大，路由器的数量开始有所增加。网络管理员发现原有的静态路由已经不适合现在的公司，实施动态路由 RIPv2 协议配置，以实现网络中所有主机之间互相通信。

在路由器较多的网络环境中，手动配置静态路由会给管理人员带来很大的工作负担，使用动态路由 RIPv2 协议可以很好地解决此问题。

任务要求

（1）使用动态路由 RIPv2 协议实现网络连通，其网络拓扑图如图 3.7.1 所示。

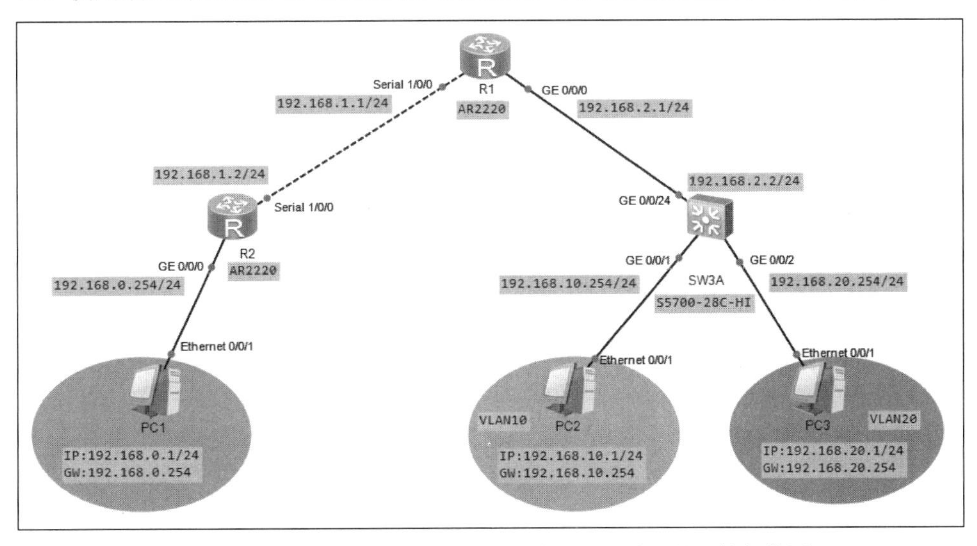

图 3.7.1　使用动态路由 RIPv2 协议实现网络连通的网络拓扑图

（2）路由器和交换机的端口 IP 地址设置如表 3.7.1 所示。

表 3.7.1 路由器和交换机的端口 IP 地址设置

设 备 名	端 口	IP 地址/子网掩码
R1	GE 0/0/0	192.168.2.1/24
	Serial 1/0/0	192.168.1.1/24
R2	Serial 1/0/0	192.168.1.2/24
	GE 0/0/0	192.168.0.254/24
SW3A	GE 0/0/1（VLANIF10）	192.168.10.254/24
	GE 0/0/2（VLANIF20）	192.168.20.254/24
	GE 0/0/24（VLANIF30）	192.168.2.2/24

（3）计算机的 IP 地址参数如表 3.7.2 所示。

表 3.7.2 计算机的 IP 地址参数

计 算 机	端 口	IP 地址/子网掩码	网 关
PC1	Ethernet 0/0/1	192.168.0.1/24	192.168.0.254
PC2	Ethernet 0/0/1	192.168.10.1/24	192.168.10.254
PC3	Ethernet 0/0/1	192.168.20.1/24	192.168.20.254

（4）实现动态路由 RIPv2 协议配置，从而实现全网互通。

知识准备

1. RIP 的简介

RIP（Routing Information Protocol，路由信息协议）是应用较早、使用较普遍的内部网关协议（Interior Gateway Protocol，IGP），是典型的距离矢量路由协议，适用于小型同类网络的一个自治系统（AS）内的路由信息的传递。

RIP 要求网络中每台路由器都要维护从自身到每个目的网络的路由信息。RIP 使用跳数来衡量网络间的“距离”：从一台路由器到其直连网络的跳数定义为 1，从一台路由器到其非直连网络的距离定义为每经过一台路由器则距离加 1。“距离”也称为“跳数”。RIP 允许路由的最大跳数为 15，因此，16 为不可达。可见，RIP 只适用于小型网络。RIP 的管理距离为 100。

使用距离矢量路由协议的路由器并不了解到达目的网络的整条路径。距离矢量路由协议将路由器作为通往最终目的地的路径上的路标。路由器唯一了解的远程网络信息就是到该网络的距离（度量），以及可通过哪条路径或哪个端口到达该网络。距离矢量路由协议并不了解确切的网络拓扑图。

2. RIP 的版本

RIPv1 较早被提出，它有许多缺陷。为了改善 RIPv1 的不足，在 RFC1388 中提出了改进的 RIPv2，并在 RFC 1723 和 RFC 2453 中进行了修订。

RIP 有两个版本——RIPv1 和 RIPv2，RIPv2 针对 RIPv1 进行扩充，能够携带更多的信息量，并增强了安全性能。RIPv1 和 RIPv2 都是基于 UDP 的协议，使用 UDP520 号端口收发数据包。RIPv1 和 RIPv2 的区别如表 3.7.3 所示。

表 3.7.3 RIPv1 和 RIPv2 的区别

RIPv1	RIPv2
在路由更新的过程中不携带子网信息	在路由更新的过程中携带子网信息
不提供认证	提供明文和 MD5 认证
不支持路由聚合和连续子网	支持手动路由汇总和自动路由汇总
采用广播更新	采用组播（224.0.0.9）更新
有类别（Classful）路由协议	无类别（Classless）路由协议

3. RIP 定时器

RIP 在路由更新和维护路由信息时主要使用以下 4 个定时器，分别是 Update Timer、Age Timer、Garbage-collection Timer 和 Suppress Timer。

（1）更新定时器（Update Timer）：当此定时器超时时，立即发送路由更新报文，默认为每 30s 发送一次。

（2）老化定时器（Age Timer）：RIP 设备如果在老化时间内没有收到邻居发来的路由更新报文，则认为该路由不可达。当获取一条路由信息并添加到 RIP 路由表中时，老化定时器启动。如果老化定时器超时，设备仍没有收到邻居发来的路由更新报文，则把该路由的度量值置为 16（表示路由不可达），并启动下面将要介绍的垃圾收集定时器。

（3）垃圾收集定时器（Garbage-collection Timer）：如果在垃圾收集时间内仍没有收到原来某不可达路由的更新，则该路由将被从 RIP 路由表中彻底删除。

（4）抑制定时器（Suppress Timer）：当 RIP 设备收到对端的路由更新报文时，其度量值为 16，对应路由进入抑制状态，并启动抑制定时器，默认为 180s。这时，为了防止路由振荡，在抑制定时器超时之前，即使再收到对端路由度量值小于 16 的更新，也不接收。当抑制定时器超时后，就重新允许接收对端发送的路由更新报文。

任务实施

01 参照图 3.7.1 搭建网络拓扑，在路由器上添加 2SA 模块于 Serial 1/0/0 端口位置，路由器之间的连线使用 Serial 串口线，其他使用直通线，开启所有设备电源，为每台计算机设置好相应的 IP 地址和子网掩码。

02 配置交换机和路由器的端口 IP 地址等参数，具体的配置方法请参照任务 3.5 的 SW3A、R1 和 R2 的基本配置。

03 配置 RIPv2 动态路由，实现全网互通。

（1）SW3A 的路由配置。

SW3A 上直连的网络有 192.168.2.0、192.168.10.0 和 192.168.20.0，因此要添加的 RIP 路由协议为：

```
[SW3A]rip                                 //进入 RIP 路由协议
[SW3A-rip-1]version 2                     //配置为 RIPv2 版本
[SW3A-rip-1]network 192.168.2.0           //通告直连网段
[SW3A-rip-1]network 192.168.10.0          //通告直连网段
```

```
[SW3A-rip-1]network 192.168.20.0                //通告直连网段
[SW3A-rip-1]quit
```

（2）R1 的路由配置。

R1 上直连的网络有 192.168.1.0 和 192.168.2.0，因此要添加的 RIP 路由协议为：

```
[R1]rip                                        //进入 RIP 路由协议
[R1-rip-1]version 2                            //配置为 RIPv2 版本
[R1-rip-1]network 192.168.1.0                  //通告直连网段
[R1-rip-1]network 192.168.2.0                  //通告直连网段
[R1-rip-1]quit
```

（3）R2 的路由配置。

R2 上直连的网络有 192.168.0.0 和 192.168.1.0，因此要添加的 RIP 路由协议为：

```
[R2]rip                                        //进入 RIP 路由协议
[R2-rip-1]version 2                            //配置为 RIPv2 版本
[R2-rip-1]network 192.168.0.0                  //通告直连网段
[R2-rip-1]network 192.168.1.0                  //通告直连网段
[R2-rip-1]quit
```

任务验收

01 在路由器 R1 上，使用 display ip routing-table 命令查看路由表。

```
[R1]display ip routing-table
Route Flags: R - relay, D - download to fib
---------------------------------------------------------------------
Routing Tables: Public
        Destinations : 14     Routes : 14
Destination/Mask    Proto   Pre  Cost   Flags NextHop      Interface
127.0.0.0/8         Direct  0    0        D   127.0.0.1    InLoopBack0
127.0.0.1/32        Direct  0    0        D   127.0.0.1    InLoopBack0
127.255.255.255/32  Direct  0    0        D   127.0.0.1    InLoopBack0
192.168.0.0/24      RIP     100  1        D   192.168.1.2  Serial1/0/0
192.168.1.0/24      Direct  0    0        D   192.168.1.1  Serial1/0/0
192.168.1.1/32      Direct  0    0        D   127.0.0.1    Serial1/0/0
192.168.1.2/32      Direct  0    0        D   192.168.1.2  Serial1/0/0
192.168.1.255/32    Direct  0    0        D   127.0.0.1    Serial1/0/0
192.168.2.0/24      Direct  0    0        D   192.168.2.1  GigabitEthernet0/0/0
192.168.2.1/32      Direct  0    0        D   127.0.0.1    GigabitEthernet0/0/0
192.168.2.255/32    Direct  0    0        D   127.0.0.1    GigabitEthernet0/0/0
192.168.10.0/24     RIP     100  1        D   192.168.2.2  GigabitEthernet0/0/0
192.168.20.0/24     RIP     100  1        D   192.168.2.2  GigabitEthernet0/0/0
255.255.255.255/32  Direct  0    0        D   127.0.0.1    InLoopBack0
```

02 使用 PC1 去 ping PC2 和 PC3 的 IP 地址，可以发现网络是连通的。

任务小结

（1）RIP 有两个版本——RIPv1 和 RIPv2，本任务使用的是 RIPv2 版本。

（2）RIP 只宣告和自己直连的网段。

（3）路由器之间必须都开启同版本的 RIP 才能互相学习，实现动态更新路由信息。

反思与评价

1. 自我反思（不少于 100 字）

____

____

____

2. 任务评价

自我评价表

序　号	自 评 内 容	佐 证 内 容	达　标	未 达 标
1	RIP 的原理和作用	能描述 RIP 的原理和作用		
2	RIPv1 与 RIPv2	能描述 RIPv1 与 RIPv2 的区别		
3	RIPv2 配置	能正确实现 RIPv2 的配置		
4	解决问题的能力	能解决 RIPv1 和 RIPv2 同时存在的问题		

任务 3.8　使用动态路由 OSPF 协议实现网络连通

任务描述

某公司随着规模的不断扩大，路由器的数量在原有的基础上有所增加。网络管理员发现原有的路由协议已经不适合现有的网络环境，可实施动态路由 OSPF 协议配置，实现网络中所有主机之间互相通信。因为动态路由 OSPF 协议可以实现快速收敛，且出现环路的可能性不大，所以其适合中型和大型企业网络。

任务要求

（1）使用动态路由 OSPF 协议实现网络连通，其网络拓扑图如图 3.8.1 所示。

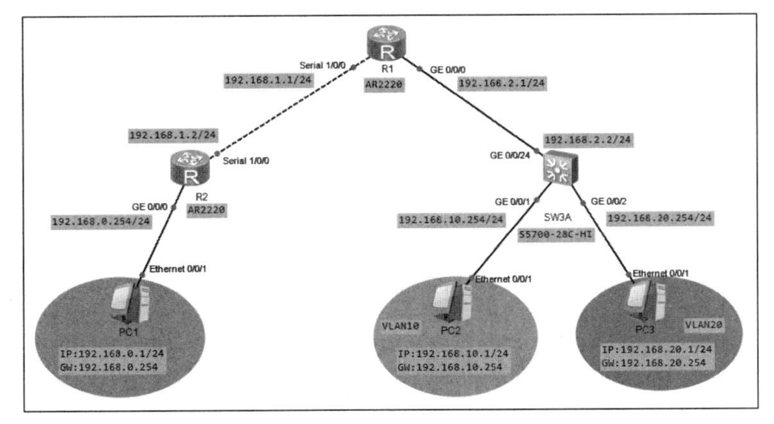

图 3.8.1　使用动态路由 OSPF 协议实现网络连通的网络拓扑图

（2）路由器和交换机的端口 IP 地址设置如表 3.8.1 所示。

表 3.8.1　路由器和交换机的端口 IP 地址设置

设 备 名	端　口	IP 地址/子网掩码
R1	GE 0/0/0	192.168.2.1/24
	Serial 1/0/0	192.168.1.1/24
R2	Serial 1/0/0	192.168.1.2/24
	GE 0/0/0	192.168.0.254/24
SW3A	GE 0/0/1（VLANIF10）	192.168.10.254/24
	GE 0/0/2（VLANIF20）	192.168.20.254/24
	GE 0/0/24（VLANIF30）	192.168.2.2/24

（3）计算机的 IP 地址参数如表 3.8.2 所示。

表 3.8.2　计算机的 IP 地址参数

计 算 机	端　口	IP 地址/子网掩码	网　关
PC1	Ethernet 0/0/1	192.168.0.1/24	192.168.0.254
PC2	Ethernet 0/0/1	192.168.10.1/24	192.168.10.254
PC3	Ethernet 0/0/1	192.168.20.1/24	192.168.20.254

（4）实现动态路由 OSPF 协议配置，以实现全网互通。

知识准备

1. OSPF 协议概念

开放最短路径优先（Open Shortest Path First，OSPF）协议是由 IETF 组织开发的开放性标准协议，是目前网络中应用最广泛的路由协议之一，是一个链路状态内部网关路由协议。运行 OSPF 协议的路由器会将自己拥有的链路状态信息，通过启用了 OSPF 协议的端口发送给其他 OSPF 协议设备。同一个 OSPF 协议区域中的每台设备都会参与链路状态信息的创建、发送、接收与转发，直到这个区域中的所有 OSPF 协议设备都获得了相同的链路状态信息为止。

2. OSPF 协议区域

一个 OSPF 协议网络可以被划分成多个区城（Area）。如果一个 OSPF 协议网络只包含一个区域，则被称为单区域 OSPF 协议网络；如果一个 OSPF 协议网络包含多个区域，则被称为多区域 OSPF 协议网络。

在 OSPF 协议网络中，每个区域都有一个编号，称为区域 ID（Area ID）。区域 ID 是一个 32 位的二进制数，一般用十进制数来表示。区域 ID 为 0 的区域称为骨干区域（Backbone Area），其他区域都称为非骨干区域。单区域 OSPF 协议网络中只包含一个区域，这个区域是骨干区域。

在多区域 OSPF 协议网络中，除了骨干区域，还有若干非骨干区域，一般来说，每个非骨干区域都需要与骨干区域直连，当非骨干区域没有与骨干区域直连时，要采用虚链路

（Virtual Link）技术从逻辑上实现非骨干区域与骨干区域的直连。也就是说，非骨干区域之间的通信必须通过骨干区域中转才能实现。

若要创建 OSPF 路由进程，可以在全局命令配置模式下执行以下命令。

```
[Huawei]ospf 1                                                  //启动 OSPF 路由进程
[Huawei-ospf-1]area 0                                           //定义所属区域
[Huawei-ospf-1-area-0.0.0.0]
[Huawei-ospf-1-area-0.0.0.0]network 192.168.3.0 0.0.0.255  //定义直连网段
```

需要注意的是，进程号的数值范围为 1～65535，在网络中每台路由器上的进程号既可以相同，也可以不同。在华为路由器中，当使用 OSPF 协议时，network 后面跟的是直连网段和相应的反掩码。

3．链路状态及链路状态通告

OSPF 协议是一种基于链路状态的路由协议，链路状态也可以指路由器的端口状态，其核心思想是，每台路由器都将自己的各个端口的端口状态（链路状态）共享给其他路由器。在此基础上，每台路由器都可以依据自身的端口状态和其他路由器的端口状态计算去往各个目的地的路由。路由器的链路状态包含该端口的 IP 地址及子网掩码等信息。

链路状态通告（Link-State Advertisement，LSA）是链路状态信息的主要载体，链路状态信息主要包含在 LSA 中，并通过 LSA 的通告（泛洪）来实现共享。需要说明的是，不同类型的 LSA 所包含的内容、功能、通告的范围也是不同的，LSA 的类型主要有 Type-1 LSA（Router LSA）、Type-2 LSA（Network LSA）、Type-3 LSA（Network Summary LSA）和 Type-4 LSA（ASBR Summary LSA）等。由于本书的知识范围限制，因此不对 LSA 的类型做详细阐述。

任务实施

01 参照图 3.8.1 搭建网络拓扑，在路由器上添加 2SA 模块于 Serial 1/0/0 端口位置，路由器之间的连线使用 Serial 串口线，其他使用直通线，开启所有设备电源，为每台计算机设置好相应的 IP 地址和子网掩码。

02 配置交换机和路由器的端口 IP 地址等参数，具体的配置方法请参照任务 3.5 的 SW3A、R1 和 R2 的基本配置。

03 配置动态路由 OSPF 协议，实现全网互通。

（1）SW3A 的路由配置。

SW3A 上直连的网络有 192.168.2.0、192.168.10.0 和 192.168.20.0，因此要添加如下动态路由 OSPF 协议。

```
[SW3A]ospf 1                                 //进入 OSPF，1 表示进程号，默认为 1
[SW3A-ospf-1]area 0                                             //指定骨干区域 0
[SW3A-ospf-1-area-0.0.0.0]network 192.168.2.0 0.0.0.255    //通告直连网段
[SW3A-ospf-1-area-0.0.0.0]network 192.168.10.0 0.0.0.255   //通告直连网段
[SW3A-ospf-1-area-0.0.0.0]network 192.168.20.0 0.0.0.255   //通告直连网段
[SW3A-ospf-1-area-0.0.0.0]return
```

（2）R1 的路由配置。

R1 上直连的网络有 192.168.1.0 和 192.168.2.0，因此要添加如下动态路由 OSPF 协议。

```
[R1]ospf 1
[R1-ospf-1]area 0
[R1-ospf-1-area-0.0.0.0]network 192.168.1.0 0.0.0.255
[R1-ospf-1-area-0.0.0.0]network 192.168.2.0 0.0.0.255
[R1-ospf-1-area-0.0.0.0]return
```

（3）R2 的路由配置。

R2 上直连的网络有 192.168.0.0 和 192.168.1.0，因此要添加如下动态路由 OSPF 协议。

```
[R2]ospf 1
[R2-ospf-1]area 0
[R2-ospf-1-area-0.0.0.0]network 192.168.0.0 0.0.0.255
[R2-ospf-1-area-0.0.0.0]network 192.168.1.0 0.0.0.255
[R2-ospf-1-area-0.0.0.0]return
```

任务验收

01 在 R1 上，使用 display ip routing-table protocol ospf 命令查看 OSPF 路由信息。

```
[R1]display ip routing-table protocol ospf
Route Flags: R - relay, D - download to fib
------------------------------------------------------------------------------
Public routing table : OSPF
        Destinations : 3        Routes : 3
OSPF routing table status : <Active>
        Destinations : 3        Routes : 3
Destination/Mask    Proto  Pre  Cost   Flags  NextHop     Interface
   192.168.0.0/24   OSPF   10   49      D     192.168.1.2 Serial1/0/0
  192.168.10.0/24   OSPF   10   2       D     192.168.2.2 GigabitEthernet0/0/0
  192.168.20.0/24   OSPF   10   2       D     192.168.2.2 GigabitEthernet0/0/0
OSPF routing table status : <Inactive>
        Destinations : 0        Routes : 0
```

02 在 R2 上，使用 display ip routing-table protocol ospf 命令查看 OSPF 路由信息。

```
[R2]display ip routing-table protocol ospf
Route Flags: R - relay, D - download to fib
------------------------------------------------------------------------------
Public routing table : OSPF
        Destinations : 3        Routes : 3
OSPF routing table status : <Active>
        Destinations : 3        Routes : 3
Destination/Mask    Proto   Pre  Cost    Flags  NextHop       Interface
  192.168.2.0/24    OSPF    10   49         D    192.168.1.1    Serial1/0/0
  192.168.10.0/24   OSPF    10   50         D    192.168.1.1    Serial1/0/0
  192.168.20.0/24   OSPF    10   50         D    192.168.1.1    Serial1/0/0
OSPF routing table status : <Inactive>
        Destinations : 0        Routes : 0
```

03 使用 PC1 去 ping PC2 和 PC3 的 IP 地址，可以发现网络是连通的。

任务小结

（1）使用动态路由 OSPF 协议在声明直连网段时，使用该网段的反掩码。

（2）先指明网段所属的区域，再宣告直连网段。

反思与评价

1. 自我反思（不少于 100 字）

____

____

____

____

2. 任务评价

自我评价表

序　号	自评内容	佐证内容	达　标	未达标
1	OSPF 协议的原理和作用	能描述 OSPF 协议的原理和作用		
2	区域的作用	能描述区域的作用，以及骨干区域与非骨干区域的区别		
3	OSPF 单区域	能正确实现 OSPF 单区域的配置		
4	系统分析能力	能清晰地计算出各网段的反掩码		

项目 4　构建 IPv6 的园区网络

知识目标

1　了解 IPv6 产生的背景。

2．掌握 IPv6 的基础知识。

3．理解 IPv6 的数据包封装格式。

4．掌握 IPv6 地址的表示方式和分类。

能力目标

1　能正确完成 IPv6 地址的基本配置。

2．能正确完成 IPv6 静态路由、默认路由和汇总路由的配置。

3．能使用 RIPng 实现网络连通。

4．能使用 OSPFv3 实现网络连通。

思政目标

1　培养读者团队合作精神和写作能力，培养学生协同创新能力。

2．培养读者清晰有序的逻辑思维能力和沟通能力，能够协助他人完成实训任务。

3．培养读者良好的信息素养和学习能力，能够运用正确的方法和技巧掌握新知识、新技能。

4．培养读者系统分析与解决问题的能力，能够正确处理生产环境中遇到的网络问题。

思维导图

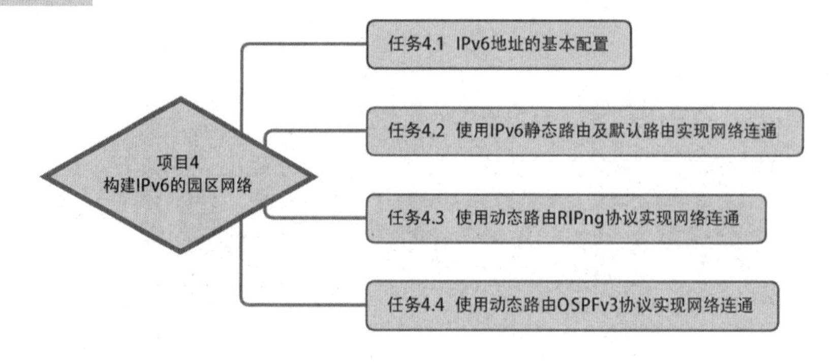

项目描述

20世纪60年代，互联网诞生，每台连网的设备都需要一个IP地址，初期只有几千台设备连网，使32位二进制数的IPv4地址看起来几乎不可能被耗尽。但随着互联网的发展，用户数量迅速增加，尤其是互联网商业化以后，用户数量呈几何倍数增长，IPv4地址严重不足。事实也如此，2019年11月25日，43亿个IPv4地址已分配完毕。

IETF（Internet Engineering Task Force，Internet工程任务组）在20世纪90年代提出了下一代互联网协议——IPv6。IPv6地址为128位二进制数，其地址总数可达2^{128}个。它不但解决了网络地址资源短缺的问题，也为万物互联在IP地址需求方面提供了保障。

IPv6支持几乎无限的地址空间，使用了全新的地址配置方式，使配置更加简单。IPv6还采用了全新的报文格式，提高了报文的处理效率、安全性，也能更好地支持QoS。

随着计算机网络技术的发展，企业网络中IPv6技术的应用越来越普遍。使用IPv6构建园区网络，需要通过IPv6路由技术实现网络通信。与IPv4路由技术一样，IPv6路由技术也分静态路由和动态路由，其中静态路由还包括两类特殊路由，即默认路由和汇总路由。

任务4.1　IPv6地址的基本配置

任务描述

某公司构建了互联互通的办公网，需要不断扩大网络规模。网络管理员小赵决定采用IPv6地址，以满足公司网络规模的未来发展需求。

IPv6使用了全新的地址配置方式，使配置更加简单。要在网络中使用IPv6地址，首先要掌握IPv6的基本配置。

任务要求

（1）IPv6地址的基本配置的网络拓扑图如图4.1.1所示。

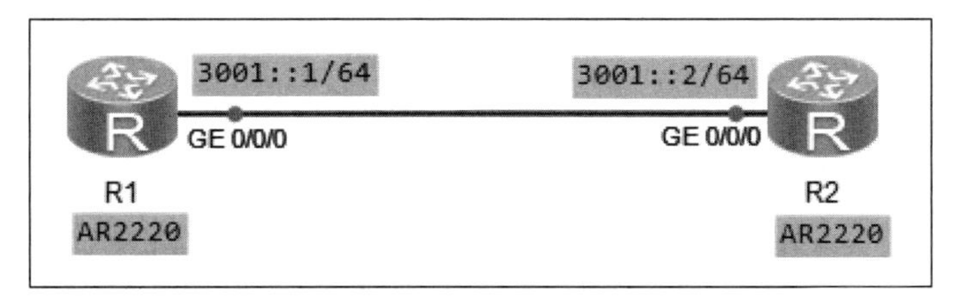

图4.1.1　IPv6地址的基本配置的网络拓扑图

（2）路由器的端口 IPv6 地址参数如表 4.1.1 所示。

表 4.1.1　路由器的端口 IPv6 地址参数

设　备	端　口	IPv6 地址/前缀
R1	GE 0/0/0	3001::1/64
R2	GE 0/0/0	3001::2/64

（3）实现两台路由器通过 IPv6 地址相互通信，配置正确的 IPv6 地址。

知识准备

1．IPv6 的优势

IPv6 地址为 128 位二进制数，其地址总数可达 2^{128} 个，庞大的地址数量可以一劳永逸地解决 IP 地址短缺的问题，同时为万物互联所遭遇的 IP 地址短缺问题扫清了障碍。因此，相比 IPv4，IPv6 具有诸多优点。

1）地址空间巨大

相比 IPv4 的地址空间而言，IPv6 可以提供 2^{128} 个地址，几乎不会被耗尽，可以满足未来网络的任何应用，如物联网等新应用。

2）层次化的路由设计

IPv6 在地址规划和设备连接设计时，解决了 IPv4 地址分配不连续带来的问题，采用了层次化的设计方法，前 3 位固定，第 4～16 位是顶级聚合，理论上，互联网骨干设备上的 IPv6 路由表只有 2^{13}=8192 条路由信息。

3）效率高，扩展灵活

IPv4 报头长度可变，为 20～60 字节。IPv6 报头长度固定，为 40 字节。IPv4 报头包括的选项多达 12 个，IPv6 把报头分为基本报头和扩展报头，其中基本报头只包含选路所需要的 8 个基本选项，其他的功能都设计为扩展报头，这样有利于提高路由器的转发效率，同时可以根据新的需求设计出新的扩展报头，具有良好的扩展性。

4）支持即插即用

IPv6 设备连接到网络中，可以通过自动配置的方式获取网络前缀和参数，并自动结合设备自身的链路地址生成 IP 地址，简化了网络管理。

5）更好的安全性保障

由于 IPv6 通过扩展报头的形式支持 IPSec 协议，无须借助其他安全加密设备，可以直接为上层数据提供加密和身份验证，保障数据传输的安全。

6）引入了流标签的概念

使用 IPv6 新增加的流标签（Flow Label）字段，加上相同的源地址和目的地址，可以标记数据包同属于某个相同的流量，业务可以根据不同的数据流进行更细的分类，实现优先级控制。基于流的 QoS 等应用，适合于对连接的服务质量有特殊要求的通信，如音频或视频等实时数据传输。

2. IPv6 报头结构

IPv6 报文的整体结构分为 IPv6 基本报头、扩展报头和上层协议数据三部分。IPv6 基本报头是必选报头，包含该报头的基本信息，如源地址、目的地址等；扩展报头是可选报头，可能存在 0 个、1 个或多个，IPv6 可以通过扩展报头实现各种丰富的功能；上层协议数据是该 IPv6 报文携带的上层数据，可能是 ICMPv6 报文、TCP 报文、UDP 报文或其他报文。

1）IPv6 基本报头

IPv6 基本报头的长度固定为 40 字节，其中包含 8 个字段。IPv6 基本报头结构如图 4.1.2 所示。

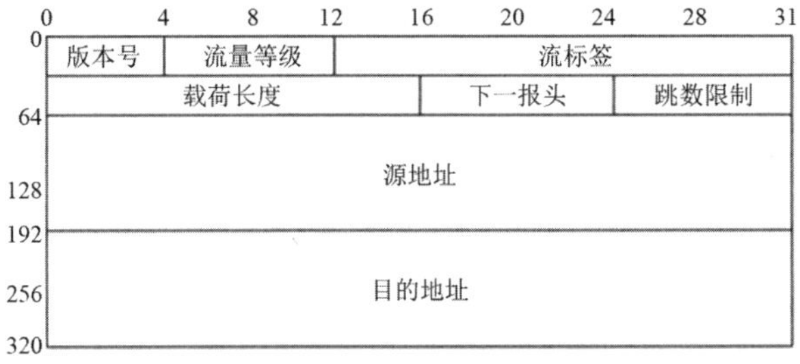

0 4 8 12 16 20 24 28 31

0 版本号 流量等级 流标签

载荷长度 下一报头 跳数限制

64

源地址

128

192

目的地址

256

320

图 4.1.2 IPv6 基本报头结构

由于 IPv4 的报头功能字段过多，路由器选路时需要读取每个字段，但往往很多字段都是空的，这样会导致转发效率低下，所以在 IPv6 报头中去除了一些字段，增加了流标签域字段，因此 IPv6 报头的处理较 IPv4 报头大大简化，提高了处理效率。另外，IPv6 为了更好地支持各种选项处理，提出了扩展报头的概念。IPv6 基本报头字段功能如表 4.1.2 所示。

表 4.1.2 IPv6 基本报头字段功能

字 段	功 能
版本号	长度为 4bit，表示协议版本，值为 6
流量等级	长度为 8bit，表示 IPv6 报文的类或优先级，主要用于 QoS
流标签	长度为 20bit，用于区分实时流量，标识同一个流里面的报文
载荷长度	长度为 16bit，表明该 IPv6 报头后面包含的字节数，包括扩展报头
下一报头	长度为 8bit，用来指明报头后接的报文头部的类型，若存在扩展报头，则表示第一个扩展报头的类型，否则表示其上层协议的类型。它是 IPv6 各种功能的核心实现方法
跳数限制	长度为 8bit，该字段类似于 IPv4 中的 TTL，每次转发跳数减 1，该字段达到 0 时报头将会被丢弃
源地址	长度为 128bit，标识该报文的源地址
目的地址	长度为 128bit，标识该报文的目的地址

2）IPv6 扩展报头

IPv6 扩展报头被当作 IPv6 净载荷的一部分，计算在 IPv6 基本报头的载荷长度字段内。

IPv6 扩展报头是可选报头，跟在 IPv6 基本报头后。其作用是取代 IPv4 报头中的选项字段，这样可以使得 IPv6 的基本报头采用固定长度设计（40 字节），并把 IPv4 中的部分字段（如分段字段等）独立出来，设计为 IPv6 分段扩展报头。这样做的好处是大大提高了中间节点对 IPv6 数据包的转发效率。IPv6 基本报头和扩展报头的下一报头字段表明了紧跟在本报头后面的是什么内容，可能是另一个扩展报头或者是高层协议。IPv6 报文结构示例如图 4.1.3 所示。

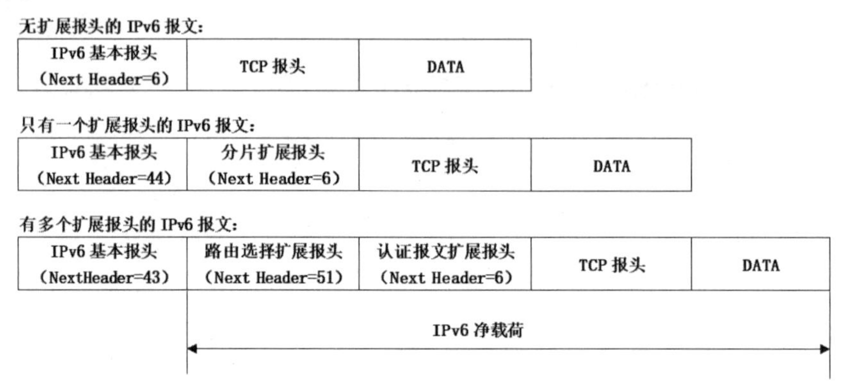

图 4.1.3　IPv6 报文结构示例

3. IPv6 地址格式

IPv6 地址长度为 128bit，用于标识一个或一组端口。IPv6 地址通常写作 xxxx:xxxx:xxxx:xxxx:xxxx:xxxx:xxxx:xxxx，其中 xxxx 是 4 个十六进制数，等同于 16 个二进制数；8 组 xxxx 共同组成了一个 128bit 的 IPv6 地址。一个 IPv6 地址由 IPv6 地址前缀和端口 IP 组成，IPv6 地址前缀用来标识 IPv6 网络，端口 IP 用来标识端口。

IPv6 地址长度是 IPv4 地址长度的 4 倍，所以 IPv4 的点分十进制表示法不再适用于 IPv6。IPv6 一般用十六进制数表示，有三种表示方法。

1）冒号十六进制表示法

格式为 x:x:x:x:x:x:x:x，其中每个 x 表示地址中的 16bit，以十六进制数表示，如 ABCD:EF01:2343:9876:ABCD:EF02:3456:1234。在这种表示法中，每个 x 的前导 0 是可以省略的，例如，2001:0DB7:0000:0024:0009:0700:200A:412A 可以写作 2001:DB7:0:24:9:700:200A:412A。

2）0 位压缩表示法

在某些情况下，一个 IPv6 地址中间可能包含很长的一段 0，可以把连续的一段 0 压缩为“::”。但为保证地址解析的唯一性，地址中的“::”只能出现一次，例如，FE02:0:0:0:0:0:0:1100 可以写作 FE02::1100；0:0:0:0:0:0:0:1 可以写作::1；0:0:0:0:0:0:0:0 可以写作::。

3）内嵌 IPv4 地址表示法

为了实现 IPv4 与 IPv6 互通，IPv4 地址可以嵌入 IPv6 地址中，此时地址常表示为 x:x:x:x:x:x:d.d.d.d，前 96bit 采用冒号十六进制表示法，而后 32bit 则使用 IPv4 的点分十进制表示法，如“::192.168.1.11”与“::FFFF:192.168.1.11”就是两个典型的例子。注意在前 96bit 中，0 位压缩表示法依旧适用。

4．关键技术命令格式

（1）在系统视图下开启设备的 IPv6 功能。

```
[Huawei]ipv6
```

（2）在端口视图下开启设备端口的 IPv6 功能。

```
[Huawei-GigabitEthernet0/0/0]ipv6 enable
```

（3）在端口视图下配置端口的 IPv6 EUI-64 地址。

```
[Huawei-GigabitEthernet0/0/0]ipv6 address ipv6-address 64
```

（4）查看路由器端口的 IPv6 地址配置信息。

```
[Huawei]display ipv6 interface brief
```

（5）测试网络连通性。

```
[Huawei]ping ipv6  ipv6-address
```

任务实施

01 参照图 4.1.1 搭建网络拓扑，连线全部使用直通线，开启所有设备电源。

02 在路由器 R1 上启用 IPv6 功能，在端口上启用 IPv6 功能，并配置 IPv6 地址。

默认情况下，路由器和路由器端口的 IPv6 功能均未开启用，在系统视图下执行 ipv6 命令，启用路由器的 IPv6 功能，在端口视图下执行 ipv6 enable 命令，启用路由器端口的 IPv6 功能。

```
<Huawei>system-view
[Huawei]sysname R1
[R1]ipv6                                                  //启用路由器的 IPv6 功能
[R1]interface GigabitEthernet0/0/0
[R1-GigabitEthernet0/0/0]ipv6 enable                      //启用路由器端口的 IPv6 功能
[R1-GigabitEthernet0/0/0]ipv6 address 3001::1 64          //配置路由器端口的 IPv6 地址
[R1-GigabitEthernet0/0/0]quit
```

03 在路由器 R2 上启用 IPv6 功能，在端口上启用 IPv6 功能，并配置 IPv6 地址。

```
<Huawei>system-view
[Huawei]sysname R2
[R2]ipv6                                                  //启用路由器的 IPv6 功能
[R2]interface GigabitEthernet0/0/0
[R2-GigabitEthernet0/0/0]ipv6 enable                      //启用路由器端口的 IPv6 功能
[R2-GigabitEthernet0/0/0]ipv6 address 3001::2 64          //配置路由器端口的 IPv6 地址
[R2-GigabitEthernet0/0/0]quit
```

04 在路由器 R1 上，使用 display ipv6 interface brief 命令查看路由器端口的 IPv6 地址配置信息。

```
[R1]display ipv6 interface brief                         //查看路由器端口的 IPv6 地址配置信息
*down: administratively down
!down: FIB overload down
(l): loopback
(s): spoofing
Interface                   Physical              Protocol
GigabitEthernet0/0/0         up                    up
[IPv6 Address] 3001::1
```

任务验收

测试两台路由器之间的连通性。在路由器 R1 上，使用 ping ipv6 3001::2 命令测试两台路由器之间的连通性，结果显示通信成功。

```
[R1]ping ipv6 3001::2                                   //ping IPv6 地址，测试连通性
  PING 3001::2 : 56  data bytes, press CTRL_C to break
    Reply from 3001::2
    bytes=56 Sequence=1 hop limit=64  time = 70 ms
    Reply from 3001::2
    bytes=56 Sequence=2 hop limit=64  time = 40 ms
    Reply from 3001::2
    bytes=56 Sequence=3 hop limit=64  time = 30 ms
    Reply from 3001::2
     bytes=56 Sequence=4 hop limit=64  time = 30 ms
    Reply from 3001::2
    bytes=56 Sequence=5 hop limit=64  time = 10 ms
……                                                      //此处省略部分内容
```

任务小结

（1）IPv6 与 IPv4 相比，地址长度、报文格式等方面有所区别。

（2）注意 IPv6 地址的简化规则，“::”只能出现一次，否则会出现歧义。

（3）由于大部分设备 IPv6 功能默认关闭，为设备端口配置 IPv6 地址时，需先开启设备及端口的 IPv6 功能。

反思与评价

1. 自我反思（不少于 100 字）

____

____

____

____

2. 任务评价

自我评价表

序号	自评内容	佐证内容	达标	未达标
1	IPv6 的优势	能掌握 IPv6 的优势		
2	IPv6 数据报封装	能掌握 IPv6 数据报封装格式		
3	IPv6 的基本配置	能正确配置 IPv6 地址		
4	自主学习能力	能举一反三地为设备端口配置 IPv6 地址		

任务 4.2　使用 IPv6 静态路由及默认路由实现网络连通

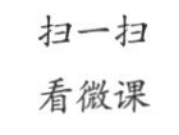

任务描述

某公司利用 IPv6 技术搭建网络，公司 3 个部门所有 PC 连接在同一交换机上，PC1 代表行政部划分到 VLAN10 中，PC2 代表财务部划分到 VLAN20 中，PC3 代表销售部划分到 VLAN30 中，R1 代表公司出口路由器，R2 模拟互联网。

随着计算机网络技术的发展，IPv6 技术的应用越来越普遍。公司的网络管理员决定使用 IPv6 路由技术，使公司各部门与互联网可以相互通信。

任务要求

（1）使用 IPv6 静态路由及默认路由实现网络连通，其网络拓扑图如图 4.2.1 所示 。

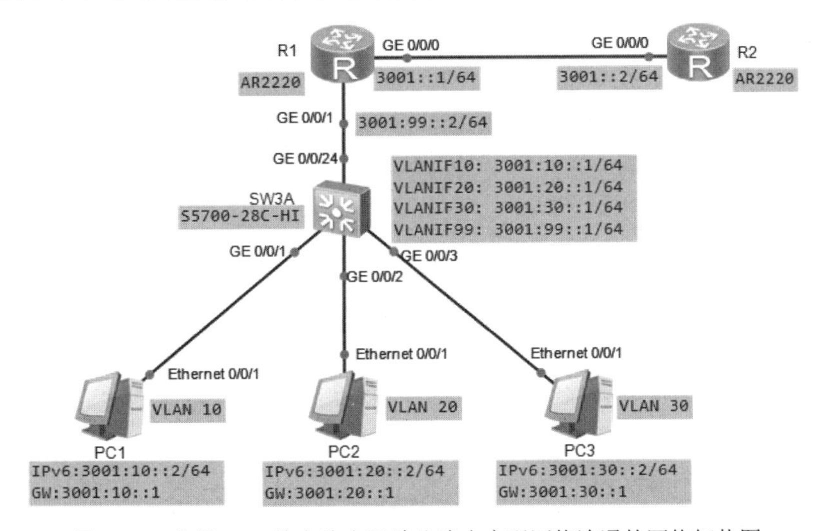

图 4.2.1　使用 IPv6 静态路由及默认路由实现网络连通的网络拓扑图

（2）路由器和交换机的端口 IPv6 地址设置如表 4.2.1 所示。

表 4.2.1　路由器和交换机的端口 IPv6 地址设置

设 备 名	端　　口	IPv6 地址/前缀	连接的计算机
R1	GE 0/0/0	3001::1/64	无
	GE 0/0/1	3001:99::2/64	无
R2	GE 0/0/0	3001::2/64	无
SW3A	GE 0/0/1（VLANIF 10）	3001:10::1/64	PC1
	GE 0/0/2（VLANIF 20）	3001:20::1/64	PC2
	GE 0/0/3（VLANIF 30）	3001:30::1/64	PC3
	GE 0/0/24（VLANIF 99）	3001:99::1/64	无

（3）计算机的 IPv6 地址设置如表 4.2.2 所示。

表 4.2.2 计算机的 IPv6 地址设置

计 算 机	IPv6 地址/前缀	所属 VLAN
PC1	3001:10::2/64	10
PC2	3001:20::2/64	20
PC3	3001:30::2/64	30

（4）在交换机上配置默认路由，下一跳地址指向 3001:99::2；R1 利用汇总路由访问公司的 3 个部门，下一跳地址指向 3001:99::1；R2 利用静态路由访问交换机管理地址，利用汇总路由对公司 3 个部门的 IPv6 地址进行汇总，下一跳地址均指向 3001::1。

知识准备

1. IPv6 地址结构

IPv6 地址的结构为：前缀+接口 ID。前缀相当于 IPv4 中的网络 ID，接口 ID 相当于 IPv4 中的主机 ID。IPv6 地址结构如图 4.2.2 所示。

n bit	128−n bit
前缀（Prefix）	接口ID（Interface ID）

图 4.2.2 IPv6 地址结构

IPv6 中较常用的网络是前缀长度为 64 位的网络，如 3001::/64。

2. IPv6 地址类型

IPv6 主要定义了 3 种地址类型：单播地址（Unicast Address）、组播地址（Multicast Address）和任播地址（Anycast Address）。

1）IPv6 单播地址

IPv6 单播地址类似于 IPv4 单播地址，寻址到单播地址的数据包会被送到该地址标识的唯一端口上。一个单播地址只能标识一个端口，但一个端口可以有多个单播地址。

IPv6 单播地址可细分为以下几类。

（1）IPv6 唯一本地地址。

IPv6 唯一本地地址是网络中可以自己随意使用的私有网络地址，即使任意两个使用私有地址的站点互联，也不用担心地址会冲突，其使用固定的前缀 FD00/8。IPv6 唯一本地地址的格式如图 4.2.3 所示。

Prefix	Global ID	Subnet ID	Interface ID

图 4.2.3 IPv6 唯一本地地址的格式

表 4.2.3 介绍了 IPv6 唯一本地地址各字段的功能说明。

表 4.2.3 IPv6 唯一本地地址各字段的功能说明

字 段	功 能
Prefix（固定前缀）	8bit，FD00/8
Global ID	40bit，全球唯一前缀；通过伪随机方式产生
Subnet ID	16bit，工程师根据网络规划自定义的子网 ID
Interface ID	64bit，相当于 IPv4 中的主机位

（2）IPv6 全球单播地址。类似于 IPv4 Internet 上用于通信的单播地址，通俗地说就是 IPv6 公网地址。IPv6 全球单播地址的格式由全球路由前缀（*n* bit）+子网 ID（*m* bit）+接口 ID（128-*n*-*m*bit）构成，其中前两部分形成了 IPv6 地址的前缀。目前已经分配的 IPv6 全球单播地址前缀的前 3bit 固定是 001，所以已分配的 IPv6 地址范围是 2000::/3。IPv6 全球单播地址的格式如图 4.2.4 所示。

001	TLA	RES	NLA	SLA	Interface ID

图 4.2.4 IPv6 全球单播地址的格式

表 4.2.4 介绍了 IPv6 全球单播地址各字段的功能说明。

表 4.2.4 IPv6 全球单播地址各字段的功能说明

字 段	功 能
001	3bit，目前已分配的固定前缀为 001
TLA	顶级聚合（Top Level Aggregation），13bit
RES	8bit，保留使用，为未来扩充 TLA 或者 NLA 预留
NLA	次级聚合（Next Level Aggregation），24bit
SLA	站点级聚合（Site Level Aggregation），16bit
Interface ID	相当于 IPv4 中的主机位，64bit

（3）IPv6 链路本地地址（Link-local）。

IPv6 链路本地地址只在同一链路上的节点之间有效，在 IPv6 启动后就自动生成，使用固定前缀 fe80::/10，接口 ID 使用 EUI-64 自动生成，也可以使用手动配置。

例如，使用 IEEE EUI-64 格式接口标识符将主机 MAC 地址为 f6:e5:d4:c3:b2:a1 的地址转换成 IPv6 地址的过程如下。

① 先将 MAC 地址拆分为 2 部分：f6:e5:d4、c3:b2:a1。

② 在 MAC 地址的中间加上 fffe 变成：f6e5:d4ff:fec3:b2a1。

③ 将第 7bit 求反得出接口 ID：f5e5:d4ff:fec3:b2a1。

④ 加上前缀，得到使用 EUI-64 生成的 IPv6 链路本地地址：fe80::f5e5:d4ff:fec3:b2a1。

（4）内嵌 IPv4 地址的 IPv6 地址。

内嵌 IPv4 地址的 IPv6 地址分两种，一种是 IPv4 兼容 IPv6 地址，另一种是 IPv4 映射 IPv6 地址。

IPv4 兼容 IPv6 地址以 96bit 0 加 32bit IPv4 地址形成，用于 IPv4 兼容 IPv6 自动隧道，但由于每个主机都需要一个 IPv4 单播地址，扩展性差，基本已经被 6to4 隧道取代。IPv4 兼容 IPv6 地址的格式如图 4.2.5 所示。

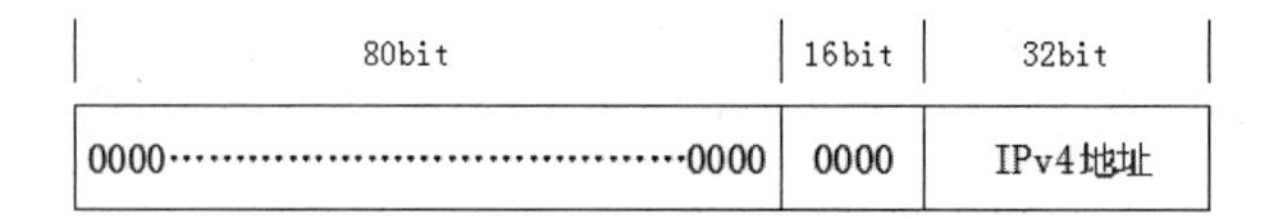

图 4.2.5　IPv4 兼容 IPv6 地址的格式

IPv4 映射 IPv6 地址以 80bit 0 加 16bit 1，再加 32bit IPv4 地址形成，用于 IPv4 与 IPv6 的互通，目前有 SIIT（Stateless IP/ICMP Translation）应用。IPv4 映射 IPv6 地址的格式如图 4.2.6 所示。

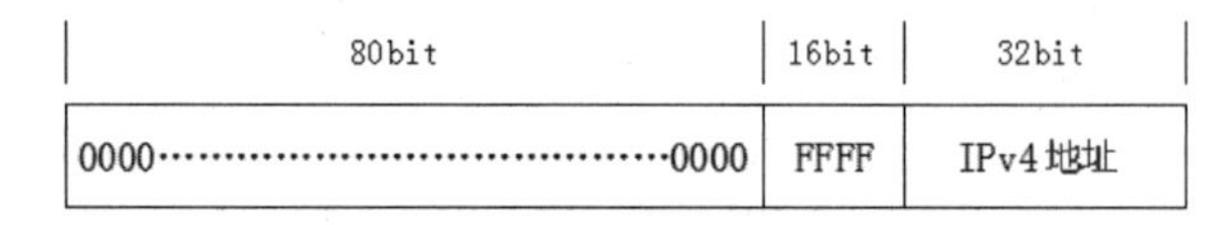

图 4.2.6　IPv4 映射 IPv6 地址的格式

2）IPv6 组播地址

在 IPv6 中不存在广播报文，要通过组播来实现，广播本身就是组播的一种应用。组播地址标识一组端口，目的地址是组播地址的数据包会被属于该组的所有端口接收。IPv6 组播地址的格式如图 4.2.7 所示。

FF	Left time	Scope	Group ID

图 4.2.7　IPv6 组播地址的格式

表 4.2.5 介绍了 IPv6 组播地址各字段的功能说明。

表 4.2.5　IPv6 组播地址各字段的功能说明

字　段	功　能
FF	8bit，IPv6 组播地址前 8bit 都是 FF/8，以 FF::/8 开头
Left time	4bit，第 1bit 都是 0，格式为|0|r|p|t|。 r 位：取 0 表示非内嵌 RP，取 1 表示内嵌 RP。 p 位：取 0 表示非基于单播前缀的组播地址，取 1 表示基于单播前缀的组播地址。p 位取 1，则 t 位必须为 1。 t 位：取 0 表示永久分配组播地址，取 1 表示临时分配组播地址
Scope	4bit，标识传播范围： • 0001：node（节点）； • 0010：link（链路）； • 0101：Site（站点）； • 1000：organization（组织）； • 1110：global（全球）
Group ID	112 bit，组播组标识号

IPv6 组播地址又分为固定组播地址和特殊地址。

（1）固定组播地址如表 4.2.6 所示。

表 4.2.6　固定组播地址

固定组播地址	IPv6 组播地址	相当于 IPv4 的哪些地址
所有节点的组播地址	FF02::1	广播地址
所有路由器的组播地址	FF02::2	224.0.0.2
所有 OSPFv3 路由器地址	FF02::5	224.0.0.5
所有 OSPFv3DR 和 BDR	FF02::6	224.0.0.6
所有 RP 路由器	FF02::9	224.0.0.9
所有 PIM 路由器	FF02::D	224.0.0.13

（2）特殊地址有两种：未指定地址和环回地址。

① 未指定地址：0:0:0:0:0:0:0:0（简化为::），它不能分配给任何节点，表示当前状态下没有地址，当设备刚接入网络时，本身没有地址，则发送数据包的源地址使用该地址。该地址不能用作目的地址。

② 环回地址：0:0:0:0:0:0:0:1（简化为::1），节点用它作为发送后返回给自己的 IPv6 报文，不能分配给任何物理端口。

3）IPv6 任播地址

任播地址可以同时被分配给多个设备，也就是说多台设备可以有相同的任播地址，以任播地址为目标的数据包会通过路由器的路由表，被路由到离源设备最近的拥有该目标地址的设备。任播地址与单播地址使用相同的地址空间，因此任播与单播的表示无任何区别；配置时须明确表明是任播地址，以此区别单播和任播。

3. IPv6 路由

IPv6 网络跟 IPv4 网络一样，需要通过路由实现跨网段之间的通信。IPv6 路由分静态路由和动态路由，其中静态路由还包括两种特殊的静态路由，即默认路由和汇总路由。

静态路由需要管理员手动配置，一旦配置成功会自行改变。静态路由不能自动适应网络拓扑结构的变化，当网络发生故障或者拓扑发生变化后，必须由网络管理员手动修改配置。

IPv6 静态路由与 IPv4 静态路由类似，适合于一些结构比较简单的 IPv6 网络。

1）默认路由

IPv6 默认路由是在路由器没有找到匹配的 IPv6 路由表项时使用的路由。IPv6 默认路由有以下两种生成方式。

（1）网络管理员手动配置。配置时指定的目的地址为::/0（前缀长度为 0）。

（2）动态路由协议生成（如 OSPFv3、IPv6 IS-IS 和 RIPng）。路由能力比较强的路由器将 IPv6 默认路由发布给其他路由器，其他路由器在自己的路由表中生成指向能力比较强的那台路由器的默认路由。

2）汇总路由

与IPv4一样，当路由表中的条目越来越多时，路由器查询路由表的时间增加，可以使用静态路由汇总方式，用一条路由代替一组路由，以减少路由表条目，提高查询路由表的速度，当网络拓扑发生变化时，还能加快网络更新。配置汇总路由的前提是几个目标网络是连续的，可以汇聚成一个大的网络。

4．关键技术命令格式

（1）在系统视图下，配置IPv6静态路由。

```
[Huawei]ipv6 route-static IPv6-address mask-length {nexthop-ipv6-address| interface-type interface-number}        //mask-length 表示 IPv6 网络前缀长度
```

例如：

```
[Huawei]ipv6 route-static 3001:0:1:10:: 64 2001::1
```

或

```
[Huawei]ipv6 route-static 3001:0:1:10:: 64 g0/0/0
```

（2）在系统视图下，配置IPv6默认路由。

```
[Huawei]ipv6  route-static  ::  0  {nexthop-ipv6-address|interface-type  interface-number}
                                                //::表示任意 IPv6 网络
```

例如：

```
[Huawei]ipv6 route-static :: 0 2001::2
```

或

```
[Huawei]ipv6 route-static :: 0 g0/0/0
```

任务实施

01 参照图4.2.1搭建网络拓扑，连线全部使用直通线，开启所有设备电源。

02 在交换机上创建VLAN。

在交换机SW3A上创建VLAN10、VLAN20、VLAN30和VLAN99，并将相应端口分别划入对应的VLAN中。

```
<Huawei>system-view
[Huawei]sysname SW3A
[SW3A]vlan batch 10 20 30 99
[SW3A]interface GigabitEthernet 0/0/1
[SW3A-GigabitEthernet0/0/1]port link-type access
[SW3A-GigabitEthernet0/0/1]port default vlan 10
[SW3A-GigabitEthernet0/0/1]quit
[SW3A]interface GigabitEthernet 0/0/2
[SW3A-GigabitEthernet0/0/2]port link-type access
[SW3A-GigabitEthernet0/0/2]port default vlan 20
[SW3A-GigabitEthernet0/0/2]quit
[SW3A]interface GigabitEthernet 0/0/3
[SW3A-GigabitEthernet0/0/3]port link-type access
[SW3A-GigabitEthernet0/0/3]port default vlan 30
[SW3A-GigabitEthernet0/0/3]quit
[SW3A]interface GigabitEthernet0/0/24
[SW3A-GigabitEthernet0/0/24]port link-type access
```

```
[SW3A-GigabitEthernet0/0/3]port default vlan 99
[SW3A-GigabitEthernet0/0/3]quit
```

03 启用交换机的 IPv6 功能，并配置 IPv6 地址。

（1）启用交换机 SW3A 及其端口的 IPv6 功能，并配置 VLAN 的管理地址。

```
[SW3A]ipv6                                         //启用交换机的 IPv6 功能
[SW3A]interface Vlanif 10
[SW3A-Vlanif10]ipv6 enable                         //启用交换机端口的 IPv6 功能
[SW3A-Vlanif10]ipv6 address 3001:10::1 64          //为交换机 VLAN10 配置管理地址
[SW3A-Vlanif10]quit
[SW3A]interface Vlanif 20
[SW3A-Vlanif20]ipv6 enable
[SW3A-Vlanif20]ipv6 address 3001:20::1 64
[SW3A-Vlanif20]quit
[SW3A]interface Vlanif 30
[SW3A-Vlanif30]ipv6 enable
[SW3A-Vlanif30]ipv6 address 3001:30::1 64
[SW3A-Vlanif30]quit
[SW3A]interface Vlanif 99
[SW3A-Vlanif99]ipv6 enable
[SW3A-Vlanif99]ipv6 address 3001:99::1 64
[SW3A-Vlanif99]quit
```

（2）在交换机 SW3A 上，使用 display ipv6 interface brief 命令查看 SW3A 地址配置信息。

```
[SW3A]display ipv6 interface brief
*down: administratively down
(l): loopback
(s): spoofing
Interface                        Physical           Protocol
Vlanif10                         up                 up
[IPv6 Address] 3001:10::1
Vlanif20                         up                 up
[IPv6 Address] 3001:20::1
Vlanif30                         up                 up
[IPv6 Address] 3001:30::1
Vlanif99                         up                 up
[IPv6 Address] 3001:99::1
```

04 启用路由器的 IPv6 功能，并配置路由器端口的 IPv6 地址。

（1）在路由器R1上启用IPv6功能；在相关端口上启用端口的IPv6功能，并配置相应的IPv6地址。

```
<Huawei>system-view
[Huawei]sysname R1
[R1]ipv6
[R1]interface GigabitEthernet0/0/0
[R1-GigabitEthernet0/0/0]ipv6 enable
[R1-GigabitEthernet0/0/0]ipv6 address 3001::1 64
[R1-GigabitEthernet0/0/0]quit
[R1]interface GigabitEthernet0/0/1
[R1-GigabitEthernet0/0/1]ipv6 enable
[R1-GigabitEthernet0/0/1]ipv6 address 3001:99::2 64
[R1-GigabitEthernet0/0/1]quit
```

（2）在路由器R1上使用display ipv6 interface brief命令查看路由器端口的IPv6地址配置信息。

```
[R1]display ipv6 interface brief
*down: administratively down
(l): loopback
(s): spoofing
Interface                  Physical              Protocol
GigabitEthernet0/0/0        up                    up
[IPv6 Address] 3001::1
GigabitEthernet0/0/1        up                    up
[IPv6 Address] 3001:99::2
```

（3）在路由器R2上启用IPv6功能，在相关端口上启用端口的IPv6功能，并配置相应的IPv6地址。

```
<Huawei>system-view
[Huawei]sysname R2
[R2]ipv6
[R2]interface GigabitEthernet0/0/0
[R2-GigabitEthernet0/0/0]ipv6 enable
[R2-GigabitEthernet0/0/0]ipv6 address 3001::2 64
[R2-GigabitEthernet0/0/0]quit
```

05 配置 IPv6 路由。

（1）配置静态路由和汇总路由。

在路由器 R2 上配置一条汇总路由，目标地址为 3 个部门网络的聚合地址 3001::/16，下一跳地址指向 3001::1；配置一条静态路由，目标地址为交换机管理网络，下一跳地址指向 3001::1。

```
[R2]ipv6 route-static 3001:: 16 3001::1
[R2]ipv6 route-static 3001:99:: 64 3001::1
```

（2）配置汇总路由。

在路由器 R1 上配置一条汇总路由，目标地址为 3 个部门网络的聚合地址 3001::/16，下一跳地址指向 3001:99::1。

```
[R1]ipv6 route-static 3001:: 16 3001:99::1
```

（3）配置默认路由。

在交换机 SW3A 上配置默认路由，下一跳地址指向 3001:99::2。

```
[SW3A]ipv6 route-static :: 0 3001:99::2
```

任务验收

01 查看各设备的 IPv6 路由表。

（1）在路由器 R2 上，使用 display ipv6 routing-table 命令查看 R2 的路由表。

```
<R2>display ipv6 routing-table
Routing Table : Public
    Destinations : 6    Routes : 6
......                                //此处省略部分内容

 Destination    : 3001::                    PrefixLength  : 16         //汇总路由
```

```
 NextHop        : 3001::1                Preference     : 60
 Cost           : 0                      Protocol       : Static
 RelayNextHop   : ::                     TunnelID       : 0x0
 Interface      : GigabitEthernet0/0/0   Flags          : RD
......                                   //此处省略部分内容

 Destination    : 3001:99::              PrefixLength   : 64
 NextHop        : 3001::1                Preference     : 60
 Cost           : 0                      Protocol       : Static
 RelayNextHop   : ::                     TunnelID       : 0x0
 Interface      : GigabitEthernet0/0/0   Flags          : RD

......                                   //此处省略部分内容
```

（2）在路由器 R1 上，使用 display ipv6 routing-table 命令查看 R1 的路由表。

```
<R1>display ipv6 routing-table
Routing Table    : Public
   Destinations : 7    Routes : 7
......                                   //此处省略部分内容

 Destination     : 3001::                PrefixLength   : 16   //汇总路由
 NextHop         : 3001:99::1            Preference     : 60
 Cost            : 0                     Protocol       : Static
 RelayNextHop    : ::                    TunnelID       : 0x0
 Interface    : GigabitEthernet0/0/1     Flags          : RD

......                                   //此处省略部分内容
```

（3）在交换机 SW3A 上，使用 display ipv6 routing-table 命令查看 SW3A 的路由表。

```
<SW3A>display ipv6 routing-table
Routing Table : Public
   Destinations : 11    Routes : 11

 Destination     : ::                    PrefixLength   : 0
 NextHop         : 3001:99::2            Preference     : 60
 Cost            : 0                     Protocol       : Static
 RelayNextHop    : ::                    TunnelID       : 0x0
 Interface       : Vlanif99              Flags          : RD

......                                   //此处省略部分内容
```

02 测试网络连通性。

在 PC1 上配置 IPv6 地址、前缀长度和 IPv6 网关。PC2 和 PC3 的设置请参照 PC1。

（1）在 PC1 上单击鼠标右键，在弹出的快捷菜单中选择“设置”命令，打开设置对话框。在“基础配置”选项卡中的“IPv6 配置”选区中，单击“静态”单选按钮，设置“IPv6 地址”为“3001::10:2”，“前缀长度”为“64”，“IPv6 网关”为“3001::10:1”，单击对话框右下角的“应用”按钮，如图 4.2.8 所示。

图 4.2.8　PC1 配置界面

（2）单击“命令行”选项卡，在“PC>”处输入要测试的内容，这里去 ping PC2、PC3 和 R2 的 IPv6 地址，按回车键进行测试，测试结果显示 PC1 与 PC2、PC3 和 R2 之间均可以正常通信，IPv6 路由配置成功，如图 4.2.9 所示。

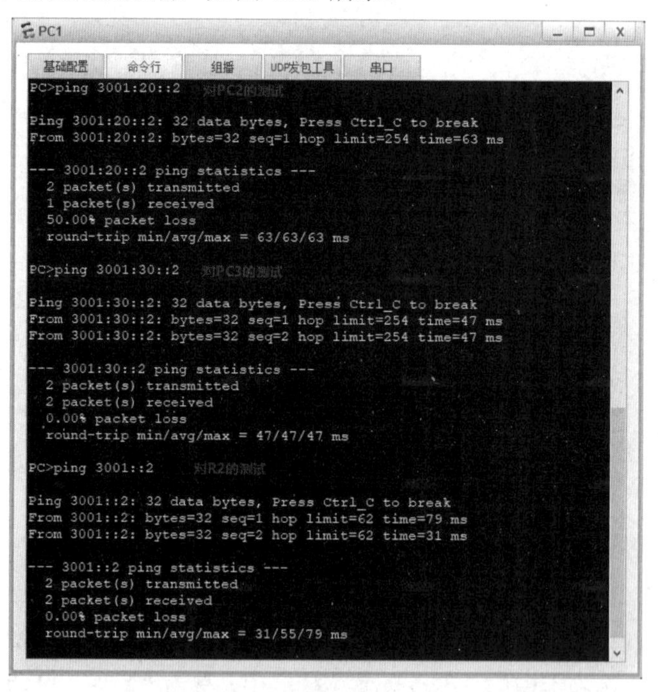

图 4.2.9　测试 PC1 与 PC2、PC3 和 R2 的连通性

任务小结

（1）IPv6 地址可分为单播地址、组播地址和任播地址。

（2）IPv6 静态路由和默认路由的工作原理和配置方法与 IPv4 一样。

（3）IPv6 静态路由、默认路由和汇总路由配置命令均为 ipv6 route-static。

（4）使用 IPv6 汇总路由时，要注意目标网络必须有相同网络前缀才可以聚合成一个大的目标网络，并注意聚合后的网络前缀长度。

反思与评价

1. 自我反思（不少于 100 字）

____

____

____

____

2. 任务评价

自我评价表

序　号	自 评 内 容	佐 证 内 容	达　标	未 达 标
1	IPv6 地址分类	能描述 IPv6 各类地址表达方式		
2	IPv6 静态路由	能正确配置 IPv6 静态路由		
3	IPv6 默认路由	能正确配置 IPv6 默认路由		
4	IPv6 汇总路由	能正确配置 IPv6 汇总路由		
5	系统分析能力	能判断使用何种路由的网络并正确配置		

任务 4.3　使用动态路由 RIPng 协议实现网络连通

扫一扫
看微课

任务描述

某公司使用 IPv6 技术搭建企业网络，由于静态路由需要网络管理员手动配置，在网络拓扑发生变化时，也不会自动生成新的路由，因此使用动态路由 RIPng 协议实现网络连通，实现任意两个节点之间的通信，并降低网络拓扑变化引发的人工维护工作量。

公司内部的所有设备均运行 IPv6 的动态路由 RIPng 协议，实现技术部、销售部和财务部的网络互联互通。

任务要求

（1）使用动态路由 RIPng 协议实现网络连通，其网络拓扑图如图 4.3.1 所示。

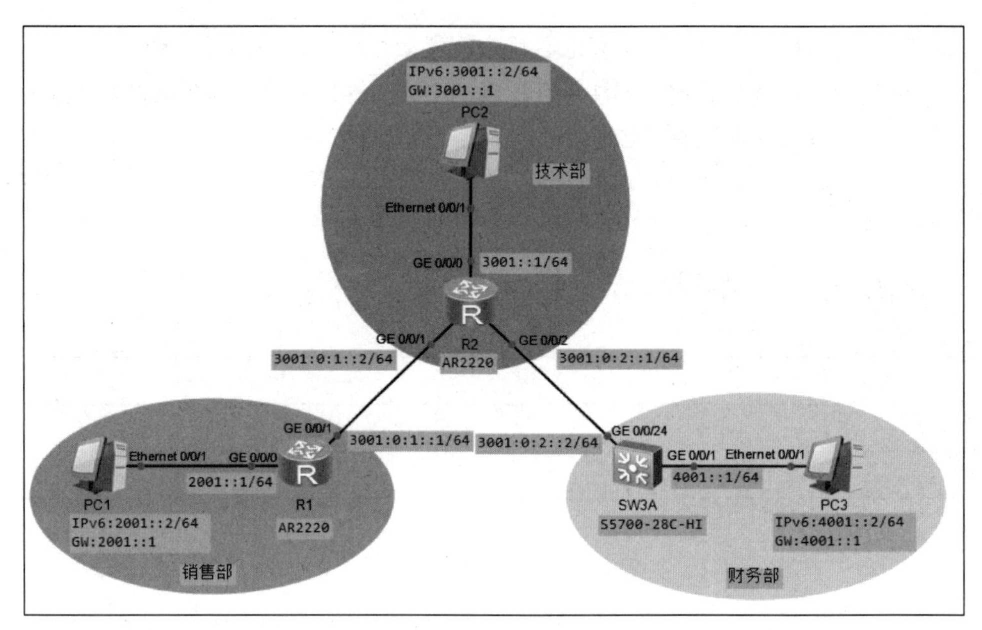

图 4.3.1　使用动态路由 RIPng 协议实现网络连通的网络拓扑图

（2）路由器和交换机的端口 IPv6 地址设置如表 4.3.1 所示。

表 4.3.1　路由器和交换机的端口 IPv6 地址设置

设备名	端口	IPv6 地址/前缀	连接的计算机
R1	GE 0/0/0	2001::1/64	PC1
	GE 0/0/1	3001:0:1::1/64	无
R2	GE 0/0/0	3001::1/64	PC2
	GE 0/0/1	3001:0:1::2/64	无
	GE 0/0/2	3001:0:2::1/64	无
SW3A	GE 0/0/1（VLANIF1）	4001::1/64	PC3
	GE 0/0/24（VLANIF99）	3001:0:2::2/64	无

（3）计算机的 IPv6 地址设置如表 4.3.2 所示。

表 4.3.2　计算机的 IPv6 地址设置

计算机	端口	IPv6 地址/前缀
PC1	Ethernet 0/0/1	2001::2/64
PC2	Ethernet 0/0/1	3001::2/64
PC3	Ethernet 0/0/1	4001::2/64

（4）在路由器和交换机上均运行动态路由 RIPng 协议，实现全网的互联互通。

知识准备

1. RIPng 简介

RIPng 又称为下一代 RIP（RIP next generation）协议，是 IETF 在 1997 年为了解决 RIP 协议与 IPv6 的兼容性问题，对原来的 IPv4 网络中 RIP-2 协议的扩展。大多数 RIP 的概念都可以用于 RIPng。

为了在 IPv6 网络中应用，RIPng 对原有的 RIP 协议进行了如下修改。

（1）UDP 端口号：使用 UDP 的 521 端口发送和接收路由信息。

（2）组播地址：使用 FF02::9 作为链路本地范围内的 RIPng 路由器组播地址。

（3）前缀长度：目的地址使用 128bit 的前缀长度。

（4）下一跳地址：使用 128bit 的 IPv6 地址。

（5）源地址：使用链路本地地址 FE80::/10 作为源地址发送 RIPng 路由信息更新报文。

2. RIPng 工作机制

RIPng 是基于距离矢量（Distance-Vector）算法的协议。它通过 UDP 报文交换路由信息，使用的端口号为 521。

RIPng 使用跳数来衡量到达目的地址的距离（也称为度量值或开销）。在 RIPng 中，从一个路由器到其直连网络的跳数为 0，通过与其相连的路由器到达另一个网络的跳数为 1，其余依此类推。当跳数大于或等于 16 时，目的网络或主机就被定义为不可达。

RIPng 每 30s 发送一次路由更新报文。如果在 180s 内没有收到邻居的路由更新报文，则 RIPng 将从邻居学到的所有路由标识为不可达。如果再过 120s 仍没有收到邻居的路由更新报文，则 RIPng 将从路由表中删除这些路由。

为了提高性能并避免形成路由环路，RIPng 既支持水平分割也支持毒性逆转。此外，RIPng 还可以从其他的路由协议引入路由。

每个运行 RIPng 的路由器都管理一个路由数据库，该路由数据库包含了到所有可达目的地的路由项，这些路由项包含下列信息。

（1）目的地址：主机或网络的 IPv6 地址。

（2）下一跳地址：为到达目的地，需要经过的相邻路由器的端口 IPv6 地址。

（3）出端口：转发 IPv6 报文通过的出端口。

（4）度量值：本路由器到达目的地的开销。

（5）路由时间：从路由项最后一次被更新到现在所经过的时间，路由项每次被更新时，路由时间重置为 0。

（6）路由标记：用于标识外部路由，以便在路由策略中根据 Tag 对路由进行灵活控制。

3. RIPng 报文格式

1）基本格式

RIPng 报文由头部（Header）和多个路由表项（RTE）组成。在同一个 RIPng 报文中，RTE 的最大条数与发送端口设置的 IPv6 MTU 有关。RIPng 报文基本格式如图 4.3.2 所示。

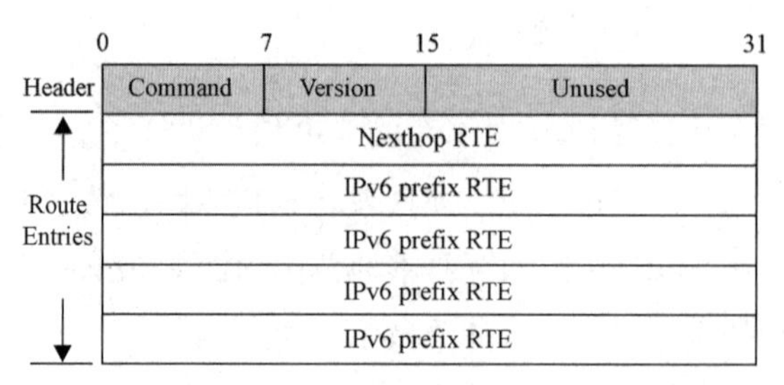

图 4.3.2　RIPng 报文基本格式

各字段的含义如下。

（1）Command：定义报文的类型。0x01 表示 Request 报文，0x02 表示 Response 报文。

（2）Version：RIPng 的版本，目前其值只能为 0x01。

（3）RTE：路由表项，每项的长度为 20 字节。

2）RTE 的格式

在 RIPng 中有两种 RTE，分别是：

（1）下一跳 RTE（Nexthop RTE）：位于一组具有相同下一跳的“IPv6 前缀 RTE”的前面，它定义了下一跳的 IPv6 地址。

（2）IPv6 前缀 RTE（IPv6 prefix RTE）：位于某个“下一跳 RTE”的后面。同一个“下一跳 RTE”的后面可以有多个不同的“IPv6 前缀 RTE”。它描述了 RIPng 路由表中的目的 IPv6 地址、路由标记、前缀长度及度量值。

4．RIPng 与 RIP 的不同点

RIPng 必须支持 IPv6，所以 RIPng 的报文格式及路由数据库与 RIP 的不同。RIPng 和 RIP 的区别如表 4.3.3 所示。

表 4.3.3　RIPng 和 RIP 的区别

不同点	RIPng	RIP
地址长度	地址长度为 128bit	地址长度为 32bit
报文长度	报文长度、RTE 的数目都不做规定，报文的长度与发送端口设置的 IPv6 MTU 有关	报文长度有限制，规定每个报文最多只能携带 25 个 RTE
报文格式	由头部和多个 RTE 组成，有两种 RTE，分别是下一跳 RTE 和 IPv6 前缀 RTE	由头部和多个 RTE 组成，RTE 只有一种
报文发送方式	使用组播方式周期性地发送路由信息	采用广播或组播方式周期性地发送路由信息
安全认证	自身不提供认证功能，通过使用 IPv6 提供的安全机制来保证自身报文的合法性	RIPv2 报文本身具有认证
与网络层协议的兼容性	只能在 IPv6 网络中运行	不仅能在 IP 网络中运行，也能在 IPX 网络中运行

5．关键技术命令格式

（1）在系统视图使能 RIPng 进程，并进入 RIPng 视图。

```
ripng [process-id]
```

process-id 表示 RIPng 进程号，取值范围为 1～65535 的整数，默认值为 1。例如：

```
ripng 1
```

（2）在端口视图使能 RIPng。

```
ripng {process-id}{enable}
```

例如：

```
[Huawei-GigabitEthernet0/0/0]ripng 1 enable
```

任务实施

01 参照图 4.3.1 搭建网络拓扑，连线全部使用直通线，开启所有设备电源。

02 启用路由器和端口的 IPv6 功能，并配置路由器端口的 IPv6 地址。

（1）在路由器R1上启用IPv6功能；在相关端口上启用IPv6功能，并配置相应的IPv6地址。

```
<Huawei>system-view
[Huawei]sysname R1
[R1]ipv6
[R1]interface GigabitEthernet0/0/0
[R1-GigabitEthernet0/0/0]ipv6 enable
[R1-GigabitEthernet0/0/0]ipv6 address 2001::1 64
[R1-GigabitEthernet0/0/0]quit
[R1]interface GigabitEthernet0/0/1
[R1-GigabitEthernet0/0/1]ipv6 enable
[R1-GigabitEthernet0/0/1]ipv6 address 3001:0:1::1 64
[R1-GigabitEthernet0/0/1]quit
```

（2）在路由器R1上，使用display ipv6 interface brief命令查看路由器端口的IPv6地址配置信息。

```
[R1]display ipv6 interface brief
*down: administratively down
(l): loopback
(s): spoofing
Interface                    Physical             Protocol
GigabitEthernet0/0/0           up                   up
[IPv6 Address] 2001::1
GigabitEthernet0/0/1           up                   up
[IPv6 Address] 3001:0:1::1
```

（3）在路由器R2上启用IPv6功能；在相关端口上启用IPv6功能，并配置相应的IPv6地址。

```
<Huawei>system-view
[Huawei]sysname R2
[R2]ipv6
[R2]interface GigabitEthernet 0/0/0
[R2-GigabitEthernet0/0/0]ipv6 enable
[R2-GigabitEthernet0/0/0]ipv6 address 3001::1 64
[R2-GigabitEthernet0/0/0]quit
[R2]interface GigabitEthernet 0/0/1
[R2-GigabitEthernet0/0/1]ipv6 enable
[R2-GigabitEthernet0/0/1]ipv6 address 3001:0:1::2 64
```

```
[R2-GigabitEthernet0/0/1]quit
[R2]interface GigabitEthernet 0/0/2
[R2-GigabitEthernet0/0/2]ipv6 enable
[R2-GigabitEthernet0/0/2]ipv6 address 3001:0:2::1 64
[R2-GigabitEthernet0/0/2]quit
```

03 在交换机 SW3A 上启用 IPv6 功能；在 VLANIF 端口上启用 IPv6 功能，并配置相应的 IPv6 地址。

```
<Huawei>system-view
[Huawei]sysname SW3A
[SW3A]ipv6
[SW3A]vlan 99
[SW3A-vlan99]quit
[SW3A]interface g0/0/24
[SW3A-GigabitEthernet0/0/24]port link-type access
[SW3A-GigabitEthernet0/0/24]port default vlan 99
[SW3A-GigabitEthernet0/0/24]quit
[SW3A]interface Vlanif 99
[SW3A-Vlanif99]ipv6 enable
[SW3A-Vlanif99]ipv6 address 3001:0:2::2 64
[SW3A-Vlanif99]quit
[SW3A]interface Vlanif 1
[SW3A-Vlanif1]ipv6 enable
[SW3A-Vlanif1]ipv6 address 4001::1 64
[SW3A-Vlanif1]quit
```

04 配置 RIPng 路由。

（1）在路由器 R1 和 R1 端口上启用 RIPng 功能。

```
[R1]ripng 1                                    //启用路由器的 RIPng 功能
[R1-ripng-1]quit
[R1]interface GigabitEthernet 0/0/0            //进入 GE 0/0/0 端口
[R1-GigabitEthernet0/0/0]ripng 1 enable        //启用 GE 0/0/0 端口的 RIPng 功能
[R1-GigabitEthernet0/0/0]quit
[R1]interface GigabitEthernet 0/0/1
[R1-GigabitEthernet0/0/1]ripng 1 enable
[R1-GigabitEthernet0/0/1]quit
```

（2）在路由器 R2 和 R2 端口上启用 RIPng 功能。

```
[R2]ripng 1                                    //启用路由器的 RIPng 功能
[R2-ripng-1]quit
[R2]interface GigabitEthernet 0/0/0            //进入 GE 0/0/0 端口
[R2-GigabitEthernet0/0/0]ripng 1 enable        //启用 GE 0/0/0 端口的 RIPng 功能
[R2-GigabitEthernet0/0/0]quit
[R2]interface GigabitEthernet 0/0/1            //进入 GE 0/0/1 端口
[R2-GigabitEthernet0/0/1]ripng 1 enable        //启用 GE 0/0/0 端口的 RIPng 功能
[R2-GigabitEthernet0/0/1]quit
[R2]interface GigabitEthernet 0/0/2            //进入 GE 0/0/2 端口
[R2-GigabitEthernet0/0/2]ripng 1 enable        //启用 GE 0/0/2 端口的 RIPng 功能
[R2-GigabitEthernet0/0/2]quit
```

（3）在交换机 SW3A 和 SW3A 的 VLANIF 端口上启用 RIPng 功能。

```
[SW3A]ripng 1                                  //启用交换机的 RIPng 功能
[SW3A-ripng-1]quit
[SW3A]int Vlanif 1                             //进入 VLANIF1 端口
[SW3A-Vlanif1]ripng 1 enable                   //启用 VLANIF1 端口的 RIPng 功能
[SW3A-Vlanif1]quit
[SW3A]int Vlanif 99                            //进入 VLANIF99 端口
```

```
[SW3A-Vlanif99]ripng 1 enable                    //启用 VLANIF99 端口的 RIPng 功能
[SW3A-Vlanif99]quit
```

任务验收

01 查看 IPv6 的路由表。

在路由器 R1 上，使用 display ipv6 routing-table protocol RIPng 命令查看 R1 的路由表。

```
[R1]display ipv6 routing-table protocol RIPng
Public Routing Table : RIPng
Summary Count : 3

RIPng Routing Table's Status : < Active >
Summary Count : 3

 Destination  : 3001::                        PrefixLength : 64
 NextHop      : FE80::2E0:FCFF:FEEC:1AE1      Preference   : 100
 Cost         : 1                             Protocol     : RIPng
 RelayNextHop : ::                            TunnelID     : 0x0
 Interface    : GigabitEthernet0/0/1          Flags        : D

 Destination  : 3001:0:2::                    PrefixLength : 64
 NextHop      : FE80::2E0:FCFF:FEEC:1AE1      Preference   : 100
 Cost         : 1                             Protocol     : RIPng
 RelayNextHop : ::                            TunnelID     : 0x0
 Interface    : GigabitEthernet0/0/1          Flags        : D

 Destination  : 4001::                        PrefixLength : 64
 NextHop      : FE80::2E0:FCFF:FEEC:1AE1      Preference   : 100
 Cost         : 2                             Protocol     : RIPng
 RelayNextHop : ::                            TunnelID     : 0x0
 Interface    : GigabitEthernet0/0/1          Flags        : D

RIPng Routing Table's Status : < Inactive >
Summary Count : 0
```

02 测试全网连通性。

在 PC1、PC2 和 PC3 上配置 IPv6 地址、前缀长度和 IPv6 网关，请参照任务 4.2 中的相关步骤进行设置。

单击 PC1 的“命令行”选项卡，在“PC>”处输入要测试的内容，这里去 ping PC2 和 PC3 的 IPv6 地址，按回车键进行测试，测试结果显示全网连通，RIPng 路由配置成功，如图 4.3.3 所示。

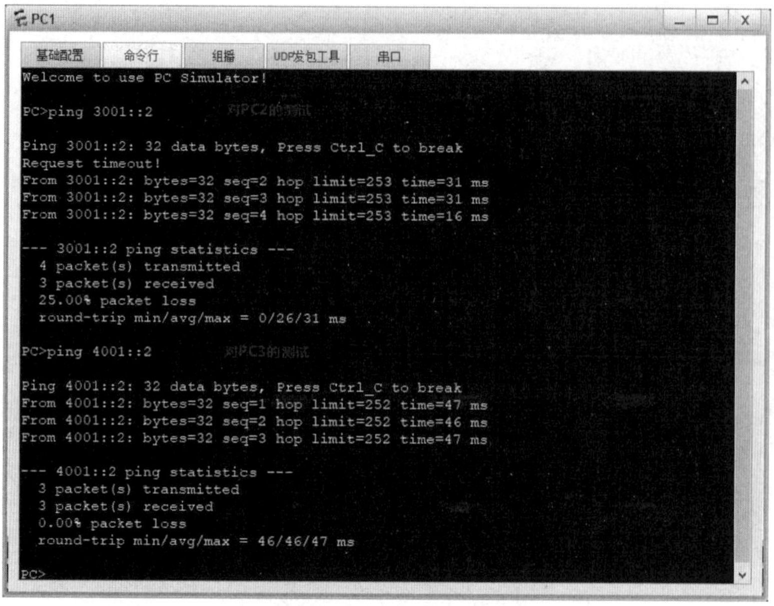

```
PC1
基础配置  命令行  组播  UDP发包工具  串口
Welcome to use PC Simulator!

PC>ping 3001::2          对PC2的测试

Ping 3001::2: 32 data bytes, Press Ctrl_C to break
Request timeout!
From 3001::2: bytes=32 seq=2 hop limit=253 time=31 ms
From 3001::2: bytes=32 seq=3 hop limit=253 time=31 ms
From 3001::2: bytes=32 seq=4 hop limit=253 time=16 ms

--- 3001::2 ping statistics ---
  4 packet(s) transmitted
  3 packet(s) received
  25.00% packet loss
  round-trip min/avg/max = 0/26/31 ms

PC>ping 4001::2          对PC3的测试

Ping 4001::2: 32 data bytes, Press Ctrl_C to break
From 4001::2: bytes=32 seq=1 hop limit=252 time=47 ms
From 4001::2: bytes=32 seq=2 hop limit=252 time=46 ms
From 4001::2: bytes=32 seq=3 hop limit=252 time=47 ms

--- 4001::2 ping statistics ---
  3 packet(s) transmitted
  3 packet(s) received
  0.00% packet loss
  round-trip min/avg/max = 46/46/47 ms

PC>
```

图 4.3.3 测试 PC1 与 PC2 和 PC3 的连通性

任务小结

（1）RIPng 是一种距离矢量动态路由协议，适用于小型的 IPv6 网络。

（2）RIPng 延续了大部分 RIP 的工作原理，只是在报文格式和发送方式等方面不同。

（3）RIPng 配置方法比较简单，只需要进入每个使用到的端口（包括逻辑端口）使能 RIPng 功能即可，无须宣告网络。

反思与评价

1. 自我反思（不少于 100 字）

____

____

____

____

2. 任务评价

自我评价表

序号	自评内容	佐证内容	达标	未达标
1	RIPng 与 RIP 的区别	掌握 RIPng 与 RIPv2 的区别		
2	RIPng 工作机制	理解 RIPng 工作机制		
3	RIPng 报文格式	掌握 RIPng 报文格式		
4	RIPng 路由配置	能正确配置 RIPng 路由实现网络连通		
5	逻辑思维能力	能区分 RIPng 与 RIP 配置命令的区别		

任务 4.4 使用动态路由 OSPFv3 协议实现网络连通

任务描述

由于 RIPng 不适用于复杂的网络，考虑到公司未来的发展，需要不断扩大网络规模。某公司在企业网络升级时，选择 OSPFv3 协议实现网络连通，降低网络拓扑变化引发的人工维护工作量并加快网络收敛的速度。

公司内部的所有设备均运行 IPv6 的动态路由 OSPFv3 协议，实现技术部、销售部和财务部的网络互联互通。

任务要求

（1）使用动态路由 OSPFv3 协议实现网络连通，其网络拓扑图如图 4.4.1 所示。

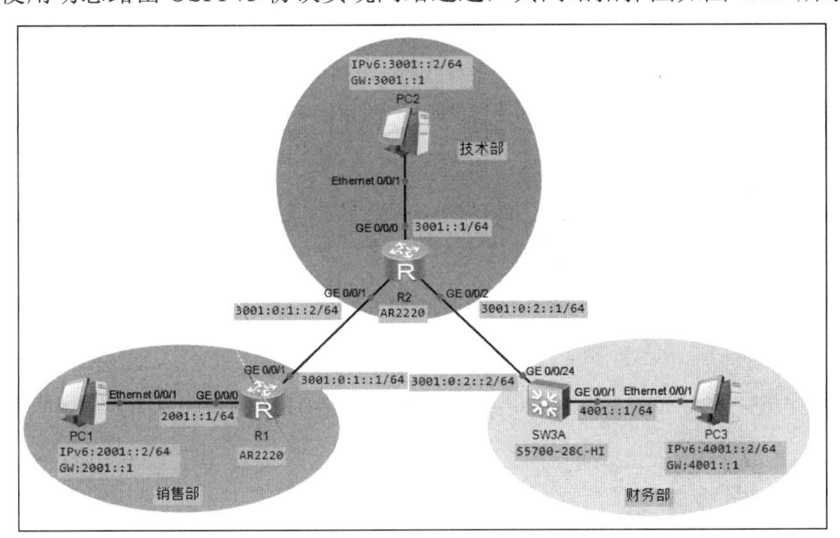

图 4.4.1 使用动态路由 OSPFv3 协议实现网络连通的网络拓扑图

（2）路由器和交换机的端口 IPv6 地址设置如表 4.4.1 所示。

表 4.4.1 路由器和交换机的端口 IPv6 地址设置

设 备 名	端 口	IPv6 地址/前缀	连接的计算机
R1	GE 0/0/0	2001::1/64	PC1
	GE 0/0/1	3001:0:1::1/64	无
R2	GE 0/0/0	3001::1/64	PC2
	GE 0/0/1	3001:0:1::2/64	无
	GE 0/0/2	3001:0:2::1/64	无
SW3A	GE 0/0/1（VLANIF1）	4001::1/64	PC3
	GE 0/0/24（VLANIF99）	3001:0:2::2/64	无

（3）计算机的 IPv6 地址设置如表 4.4.2 所示。

表 4.4.2　计算机的 IPv6 地址设置

计　算　机	端　　口	IPv6 地址/前缀
PC1	Ethernet 0/0/1	2001::2/64
PC2	Ethernet 0/0/1	3001::2/64
PC3	Ethernet 0/0/1	4001::2/64

（4）在路由器和交换机上均运行动态路由 OSPFv3 协议，实现全网的互联互通。

知识准备

1. OSPFv3 概述

OSPFv3 是 OSPF（Open Shortest Path First，开放式最短路径优先）协议版本 3 的简称，主要提供对 IPv6 的支持，遵循的标准为 RFC 2740（OSPF for IPv6）。

OSPFv3 和 OSPFv2 在很多方面是相同的。

（1）Router ID，Area ID 仍然是 32bit 的。

（2）相同类型的报文：Hello 报文、DD（Database Description，数据库描述）报文、LSR（Link State Request，链路状态请求）报文、LSU（Link State Update，链路状态更新）报文和 LSAck（Link State Acknowledgment，链路状态确认）报文。

（3）相同的邻居发现机制和邻接形成机制。

（4）相同的 LSA 扩散机制和老化机制。

OSPFv3 和 OSPFv2 的不同点主要有：

（1）OSPFv3 是基于链路（Link）运行的，OSPFv2 是基于网段（Network）运行的。

（2）OSPFv3 在同一条链路上可以运行多个实例。

（3）OSPFv3 通过 Router ID 来标识邻接的邻居。OSPFv2 通过 IP 地址来标识邻接的邻居。

2. OSPFv3 的报文

和 OSPFv2 一样，OSPFv3 也有五种报文类型，分别是 Hello 报文、DD 报文、LSR 报文、LSU 报文和 LSAck 报文。

这五种报文有相同的报文头部，但是它和 OSPFv2 的报文头部有一些区别，其长度只有 16 字节，且没有认证字段。另外就是多了一个 Instance ID 字段，用来支持在同一条链路上运行多个实例。

OSPFv3 的报文头部结构如图 4.4.2 所示。

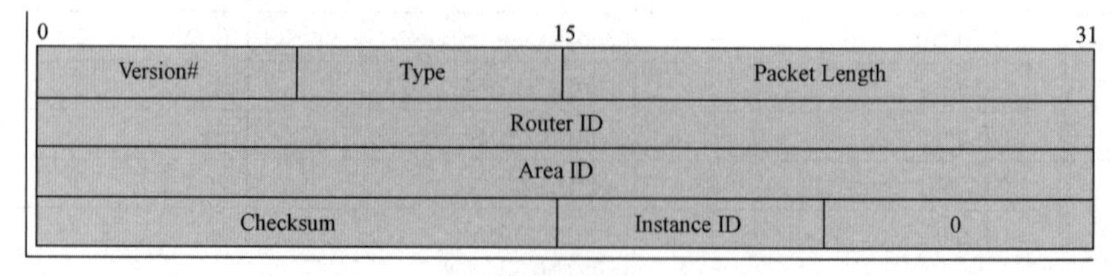

图 4.4.2　OSPFv3 的报文头部结构

主要字段的解释如下。

（1）Version #：OSPF 的版本号。对于 OSPFv3 来说，其值为 3。

（2）Type：OSPF 报文的类型。数值从 1 到 5，分别对应 Hello 报文、DD 报文、LSR 报文、LSU 报文和 LSAck 报文。

（3）Packet Length：OSPF 报文的总长度，包括报文头部在内，单位为字节。

（4）Instance ID：同一条链路上的实例标识。

（5）0：保留位，必须为 0。

3. OSPFv3 的 LSA 类型

LSA（Link State Advertisement，链路状态通告）是 OSPFv3 计算和维护路由信息的主要来源。在 RFC2740 中定义了七类 LSA，具体描述如表 4.4.3 所示。

表 4.4.3 七类 LSA 类型说明

类　型	作　用
Router-LSA	由每个路由器生成，描述本路由器的链路状态和开销，只在路由器所处区域内传播
Network-LSA	由广播网络和 NBMA（Non-Broadcast Multi-Access）网络的 DR（Designated Router，指定路由器）生成，描述本网段端口的链路状态，只在 DR 所处区域内传播
Inter-Area-Prefix-LSA	与 OSPFv2 中的 Type-3 LSA 类似，该 LSA 由 ABR（Area Border Router，区域边界路由器）生成，在与该 LSA 相关的区域内传播
Inter-Area-Router-LSA	与 OSPFv2 中的 Type-4 LSA 类似，该 LSA 由 ABR 生成，在与该 LSA 相关的区域内传播
AS-external-LSA	由 ASBR 生成，描述到达其他 AS（Autonomous System，自治系统）的路由，传播到整个 AS（Stub 区域除外）。默认路由也可以用 AS-external-LSA 来描述
Link-LSA	路由器为每条链路生成一个 Link-LSA，在本地链路范围内传播。每个 Link-LSA 描述了该链路上所连接的 IPv6 地址前缀及路由器的 Link-local 地址
Intra-Area-Prefix-LSA	每个 Intra-Area-Prefix-LSA 包含路由器上的 IPv6 前缀信息、Stub 区域信息或穿越区域（Transit Area）的网段信息，该 LSA 在区域内传播

4. OSPFv3 的定时器

OSPFv3 的定时器包括 OSPFv3 的报文定时器、LSA 的延迟时间和 SPF 定时器。

1）OSPFv3 的报文定时器

Hello 报文周期性地被发送至邻居路由器，用于发现与维持邻居关系、选举 DR 与 BDR。注意，网络邻居间的 Hello 时间间隔必须一致，并且 Hello 时钟的值与路由收敛速度、网络负荷大小成反比。

2）LSA 的延迟时间

由于 LSA 在本路由器的 LSDB（Link State Database，链路状态数据库）中会随时间老化（每秒加 1），但在网络的传输过程中却不会随时间老化，所以有必要在发送之前就将 LSA 的老化时间增加上传送延迟时间。对于低速网络，该项配置尤为重要。

3）SPF 定时器

当 OSPFv3 的 LSDB 发生改变时，需要重新计算最短路径，如果每次改变都立即计算最短路径，将占用大量资源，并会影响路由器的效率，通过调节 SPF（Shortest Path First，最短路径优先）的计算延迟时间和间隔时间，可以避免在网络频繁变化时过多地占用资源。

5．关键技术命令解析

（1）在系统视图使能 OSPFv3 进程，并进入 OSPFv3 视图。

```
OSPFv3 [process-id]
```

process-id 表示 OSPFv3 进程号，取值范围为 1～65535 的整数，默认值为 1。例如：

```
[Huawei]OSPFv3 1
```

（2）在指定 OSPFv3 进程视图配置路由器的 Router ID。

```
router id ip_addr
```

Router ID 长度为 32bit，用于 OSPFv3 路由协议选举 DR 和 BDR。例如：

```
[Huawei-ospfv3-1]router id 3.3.3.3
```

（3）在端口视图配置 OSPFv3 区域。

```
ospfv3 {process-id}area{area-id}
```

area-id 表示区域号，取值范围为 0～4294967295 的整数，0 表示骨干区域。例如：

```
[Huawei-GigabitEthernet0/0/0]ospfv3 1 area 0
```

任务实施

01 参照图 4.4.1 搭建网络拓扑，连线全部使用直通线，开启所有设备电源。

02 启用路由器和端口的 IPv6 功能，并配置路由器端口的 IPv6 地址。具体的配置方法请参照任务 4.3 的 R1 和 R2 的基本配置。

03 启用交换机和 VLANIF 端口的 IPv6 功能，并配置 VLANIF 端口的 IPv6 地址。具体的配置方法请参照任务 4.3 的 SW3A 的基本配置。

04 配置 OSPFv3 路由。

（1）在路由器 R1 和 R1 端口上启用 OSPFv3 功能。

```
[R1]ospfv3 1                                //启用路由器 OSPFv3 功能并建立 OSPFv3 进程 1
[R1-ospfv3-1]router-id 1.1.1.1              //配置路由器的 Router ID
[R1-ospfv3-1]quit
[R1]interface GigabitEthernet 0/0/0
[R1-GigabitEthernet0/0/0]ospfv3 1 area 0  //配置 OSPFv3 骨干区域
[R1-GigabitEthernet0/0/0]quit
[R1]interface GigabitEthernet 0/0/1
[R1-GigabitEthernet0/0/1]ospfv3 1 area 0
[R1-GigabitEthernet0/0/1]quit
```

（2）在路由器 R2 和 R2 端口上启用 OSPFv3 功能。

```
[R2]ospfv3 1                                 //启用路由器 OSPFv3 功能并建立 OSPFv3 进程 1
[R2-ospfv3-1]router-id 2.2.2.2               //配置路由器的 Router ID
[R2-ospfv3-1]quit
[R2]interface GigabitEthernet 0/0/0
[R2-GigabitEthernet0/0/0]ospfv3 1 area 0   //配置 OSPFv3 骨干区域
[R2-GigabitEthernet0/0/0]quit
[R2]interface GigabitEthernet 0/0/1
[R2-GigabitEthernet0/0/1]ospfv3 1 area 0
[R2-GigabitEthernet0/0/1]quit
[R2]interface GigabitEthernet 0/0/2
```

```
[R2-GigabitEthernet0/0/2]ospfv3 1 area 0
[R2-GigabitEthernet0/0/2]quit
```

（3）在交换机 SW3A 和 SW3A 的 VLANIF 端口上启用 OSPFv3 功能。

```
[SW3A]ospfv3 1                              //启用交换机OSPFv3功能并建立OSPFv3进程1
[SW3A-ospfv3-1]router-id 3.3.3.3            //配置交换机的Router-ID
[SW3A-ospfv3-1]quit
[SW3A]interface Vlanif 1
[SW3A-Vlanif1]ospfv3 1 area 0               //配置OSPFv3骨干区域
[SW3A-Vlanif1]quit
[SW3A]interface Vlanif 99
[SW3A-Vlanif99]ospfv3 1 area 0
[SW3A-Vlanif99]quit
```

任务验收

01 查看 IPv6 的路由表。

在路由器 R1 上，使用 display ipv6 routing-table protocol OSPFv3 命令查看 R1 的路由表。

```
[R1]display ipv6 routing-table protocol OSPFv3
Public Routing Table : OSPFv3
Summary Count  : 5

OSPFv3 Routing Table's Status : < Active >
Summary Count  : 3

 Destination    : 3001::                       PrefixLength    : 64
 NextHop        : FE80::2E0:FCFF:FEEC:1AE1     Preference      : 10
 Cost           : 2                            Protocol        : OSPFv3
 RelayNextHop   : ::                           TunnelID        : 0x0
 Interface      : GigabitEthernet0/0/1         Flags           : D

 Destination    : 3001:0:2::                   PrefixLength    : 64
 NextHop        : FE80::2E0:FCFF:FEEC:1AE1     Preference      : 10
 Cost           : 2                            Protocol        : OSPFv3
 RelayNextHop   : ::                           TunnelID        : 0x0
 Interface      : GigabitEthernet0/0/1         Flags           : D

 Destination    : 4001::                       PrefixLength    : 64
 NextHop        : FE80::2E0:FCFF:FEEC:1AE1     Preference      : 10
 Cost           : 2                            Protocol        : OSPFv3
 RelayNextHop   : ::                           TunnelID        : 0x0
 Interface      : GigabitEthernet0/0/1         Flags           : D

......                                         //此处省略部分内容
```

02 测试全网连通性。

在 PC1、PC2 和 PC3 上配置 IPv6 地址、前缀长度和 IPv6 网关，请参照任务 4.3 中的相关步骤进行设置。

单击 PC1 的“命令行”选项卡，在“PC>”处输入要测试的内容，这里去 ping PC2 和 PC3 的 IPv6 地址，按回车键进行测试，测试结果显示全网连通，RIPng 路由配置成功，如图 4.4.3 所示。

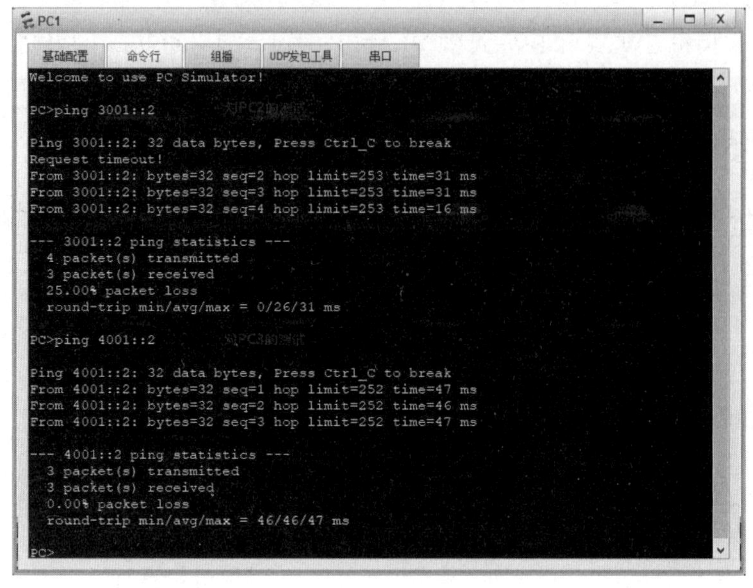

图 4.4.3　测试 PC1 与 PC2 和 PC3 的连通性

任务小结

（1）OSPFv3 延续了大部分 OSPF 的工作原理。

（2）OSPFv3 配置比 OSPF 还简单，只需要进入每个使用到的端口（包括逻辑端口）使能 OSPFv3 功能即可，无须宣告网络。

反思与评价

1. 自我反思（不少于 100 字）

____

____

____

____

2. 任务评价

自我评价表

序　号	自 评 内 容	佐 证 内 容	达　标	未 达 标
1	OSPFv3 与 OSPF 的区别	掌握 OSPFv3 与 OSPF 的不同点		
2	OSPFv3 报文结构	掌握 OSPFv3 报文结构		
3	OSPFv3 的配置	能正确配置 OSPFv3 路由协议		
4	解决问题的能力	能灵活使用 OSPFv3 实现网络连通		

项目 5　构建无线的园区网络

知识目标

1．掌握无线的基本概念。

2．掌握 WLAN 的工作原理。

3．掌握 WLAN 的安全知识。

4．了解 WLAN 的组网方式。

5．了解 WLAN 中终端的漫游过程。

能力目标

1．能正确完成 WLAN 的基础配置。

2．能正确完成 WLAN 的安全配置。

3．能实现 AC+AP 直连式二层组网配置。

4．能实现 AC+AP 旁挂式三层组网配置。

思政目标

1　培养读者清晰有序的逻辑思维能力和沟通能力，能够协助他人完成实训任务。

2．培养读者良好的自主学习能力，能够运用正确的方法和技巧掌握新知识、新技能。

3．培养读者系统分析与解决问题的能力，能够处理生产环境中的无线网络问题。

思维导图

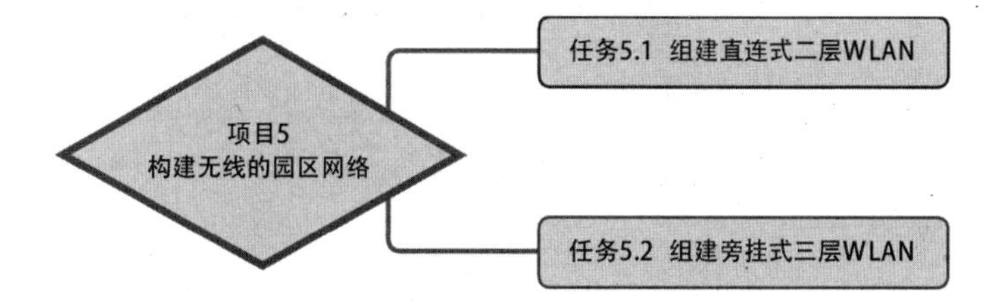

项目描述

随着无线网络技术的快速发展，移动终端已经成为人们生活和工作的必备工具，无线网络也成为移动终端最重要的网络接入方式。全球已进入移动互联时代，超过九成网民通过无线网络接入互联网，国家正在大力推进无线网络建设，实现轨道交通、机场、学校、医院、站场等区域的全覆盖。

随着手机、平板电脑、笔记本电脑等移动设备的大量使用，无线局域网（Wireless Local Area Network，WLAN）在普通家庭网、企业网、行业网及运营商的网络里也得到越来越多的应用。

WLAN 的组网常见的组网方式有 Fat AP（胖 AP）和 Fit AP（瘦 AP）两大类。在家庭或者小型办公室中，配置一个或几个消费级无线路由器，即 Fat AP 可完成 WLAN 的组网。在大型企业或园区网络中，使用消费级无线路由器无法实现无线终端在复杂、大范围网络中的漫游，因此可以采用无线控制器（Access Controller，AC）+无线接入点（Access Point，AP）的方案实现大型企业或园区网络中 WLAN 的组网，也称为 AC+Fit AP 组网。

本项目介绍 AC+Fit AP 组建 WLAN 的相关知识和配置技能，组建直连式二层 WLAN 和组建旁挂式三层 WLAN。

任务 5.1　组建直连式二层 WLAN

任务描述

某公司构建了互联互通的办公网，现需要在网络中部署 WLAN 以满足员工的移动办公需求，考虑到消费级无线路由器在性能、扩展性、管理性上都无法满足要求，企业准备采用 AC+Fit AP 的方案。同时，为了不大幅度增加部署的难度，选择了直连式二层组网。

任务要求

（1）组建直连式二层 WLAN，其网络拓扑图如图 5.1.1 所示。

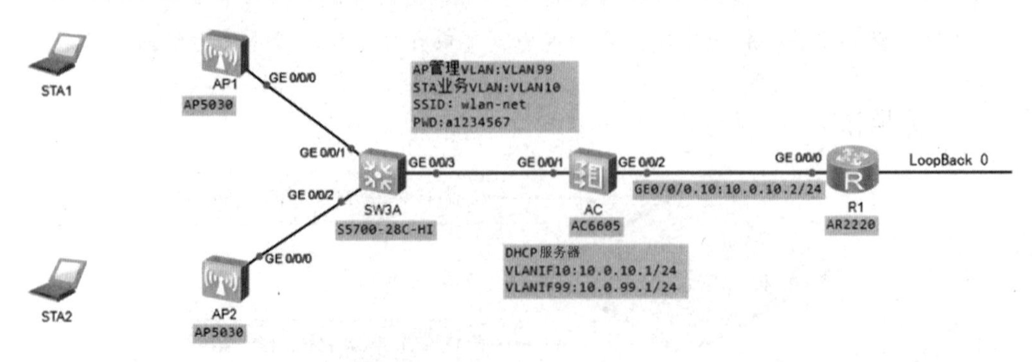

图 5.1.1　组建直连式二层 WLAN 的网络拓扑图

（2）AC 数据规划如表 5.1.1 所示。

表 5.1.1 AC 数据规划

配 置 项	数 据
AP 管理 VLAN	VLAN99
STA 业务 VLAN	VLAN10
DHCP 服务器	AC 作为 DHCP 服务器为 AP 和 STA 分配 IP 地址
AP 的 IP 地址池	10.0.99.2～10.0.99.254/24
STA 的 IP 地址池	10.0.10.3～10.0.10.254/24
AC 的源端口 IP 地址	VLANIF99：10.0.99.1/24
AP 组	名称：ap-group1，引用模板：VAP 模板 wlan-net、域管理模板 default
域管理模板	名称：default，国家码：中国
SSID 模板	名称：wlan-net，SSID 名称：wlan-net
安全模板	名称：wlan-net，安全策略：WPA-WPA2+PSK+AES，密码：a1234567
VAP 模板	名称：wlan-net，转发模式：直接转发，业务 VLAN：VLAN10，引用模板：SSID 模板 wlan-net、安全模板 wlan-net

（3）路由器、交换机和 AC 等网络设备端口 IP 地址规划如表 5.1.2 所示。

表 5.1.2 路由器、交换机和 AC 等网络设备端口 IP 地址规划

设 备 名	端 口	IP 地址/子网掩码	备 注
R1	GE 0/0/0.10	10.0.10.2/24	无
	LoopBack 0	10.10.10.10/24	无
AC	GE 0/0/2（VLANIF10）	10.0.10.1/24	STA 业务 VLAN
	GE 0/0/1（VLANIF10）	10.0.99.1/24	无
SW3A	GE 0/0/1（VLANIF99）	无	AP 管理 VLAN
	GE 0/0/2（VLANIF99）	无	
AP1	GE 0/0/0	自动获取	无
AP2	GE 0/0/0	自动获取	无

（4）组建直连式二层 WLAN，配置 AP 上线、WLAN 业务参数，实现 STA 能正确获取 IP 地址，各网络设备之间可以相互通信。

知识准备

1. 无线应用概况

1）无线网络的概念

无线网络（Wireless Network）技术产生于第二次世界大战期间，经过多半个世纪的发展，无线网络技术在接入速度、安全性、可靠性、可管理性等方面都有质的提高。无线网络是采用无线通信技术实现的网络，既包括允许用户建立远距离无线连接的全球语音和数据网络，也包括对近距离无线连接进行优化的红外线技术及射频技术。

无线网络与有线网络的差异如表 5.1.3 所示。

表 5.1.3 无线网络与有线网络的差异

差　异	无线网络	有线网络
传输介质	无线电波	同轴电缆、双绞线、光纤等
协议	CSMA/CA、802.11、CAPWAP	CSMA/CD、802.3、Ethernet Ⅱ等
管理方式	AC 集中管理、统一认证等	交换机单独管理
灵活性	高灵活性，设备可随时随地接入网络	不灵活，受网络布线地理位置的限制
可扩展性	高可扩展性，对无线终端接入数量限制少	受端口数量的限制

2）无线局域网的概念

无线局域网（Wireless Local Area Network，WLAN）是指以无线信道作为传输媒介的计算机局域网。无线连网方式是有线连网方式的一种补充，使网上的无线终端具有可移动性，能快速、方便地解决有线方式不易实现的网络信道连通问题。WLAN 基于 IEEE 802.11 协议簇工作。

2. 无线协议标准

电气与电子工程师学会（Institute of Electrical and Electronics Engineers，IEEE）于 1997 年为 WLAN 制定了第一个版本标准——IEEE 802.11。其中定义了媒体访问控制层（MAC 层）和物理层。物理层定义了工作在 2.4GHz 的 ISM 频段上的两种扩频作调制方式和一种红外线传输方式，总数据传输速率设计为 2Mbit/s。两个设备可以自行构建临时网络，也可以在基站（Base Station，BS）或者接入点（Access Point，AP）的协调下通信。为了在不同的通信环境下获取良好的通信质量，采用 CSMA/CA（Carrier Sense Multiple Access/Collision Avoidance）硬件沟通方式。

1999 年，IEEE 定义了两个补充版本：IEEE 802.11a 定义了一个在 5GHz ISM 频段上的数据传输速率可达 54Mbit/s 的物理层，IEEE 802.11b 定义了一个在 2.4GHz ISM 频段上但数据传输速率可达 11Mbit/s 的物理层。2.4GHz ISM 频段在世界上绝大多数国家通用，因此 IEEE 802.11b 得到了广泛的应用。1999 年，工业界成立了 Wi-Fi 联盟，致力于解决匹配 IEEE 802.11 标准的产品的生产和设备兼容性问题。除此之外，IEEE 802.11 还定义了一系列标准协议，IEEE 802.11 协议簇的主要协议如表 5.1.4 所示。

表 5.1.4 IEEE 802.11 协议簇的主要协议

协　议	兼容性	频　率	理论最高速率
IEEE 802.11a		5.8GHz	54Mbit/s
IEEE 802.11b		2.4GHz	11Mbit/s
IEEE 802.11g	兼容 IEEE 802.11b	2.4GHz	54Mbit/s
IEEE 802.11n	兼容 IEEE 802.11a/b/g	2.4GHz 或 5.8GHz	600Mbit/s
IEEE 802.11ac	兼容 IEEE 802.11a/n	5.8GHz	6.9Gbit/s
IEEE 802.11ax	兼容 IEEE 802.11a/b/g/n/ac	2.4GHz 或 5.8GHz	9.6Gbit/s

3. 无线射频

1）2.4GHz 频段

当 AP 工作在 2.4GHz 频段时，频率范围是 2.4GHz～2.4835GHz。在此频率范围内又划分出 14 个信道。每个信道的中心频率相隔 5MHz，每个信道可供占用的带宽为 22MHz，如图 5.1.2 所示。

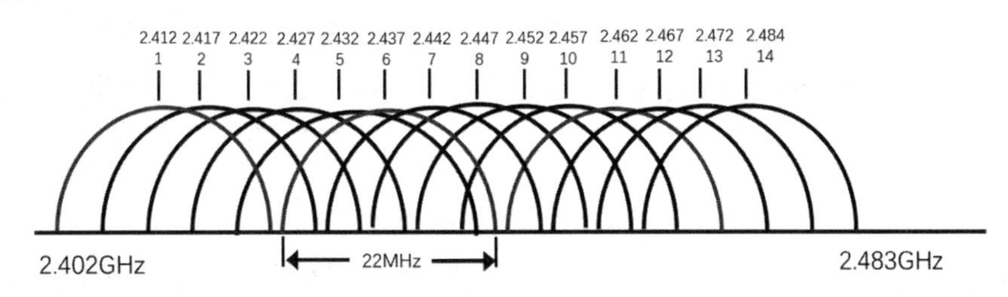

图 5.1.2 2.4GHz 频段各信道频率

2）5.8GHz 频段

当 AP 工作在 5.8GHz 频段时，频率范围是 5.725GHz～5.850GHz。在此频率范围内又划分出 5 个信道，每个信道的中心频率相隔 20MHz，如图 5.1.3 所示。

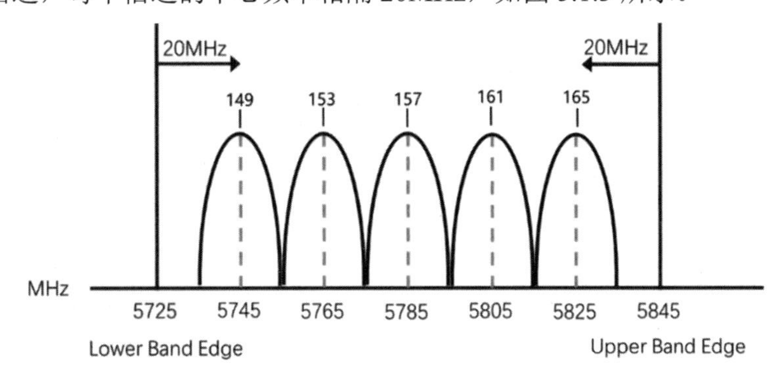

图 5.1.3 5GHz 频段各信道频率

4. 无线信号传输质量

无线信号传输质量与距离、干扰源和传输方式都有关系。

1）无线信号与距离的关系

当无线信号与用户之间距离越来越远时，无线信号强度会越来越弱，可以根据用户需求调整无线设备。

2）干扰源主要类型

无线信号干扰源主要是无线设备间的同频干扰，如蓝牙和无线 2.4GHz 频段。

3）无线信号的传输方式

AP 的无线信号主要有两种方式传输方式，即辐射和传导。AP 无线信号辐射是指 AP 的无线信号通过天线传递到空气中。AP 无线信号传导是指无线信号在线缆等介质内传递，AP 和天线间通过线缆连接，天线接收到无线信号后通过线缆传导到 AP。

5. 常见的无线网络设备

1）AC

AC是一种网络设备，用来集中化控制AP，是一个无线网络的核心，负责管理无线网络中的所有AP。对AP的管理包括下发配置、修改相关配置参数、射频智能管理、接入安全控制等。图5.1.4中所示为型号为AC6003的AC。

图5.1.4　型号为AC6003的AC

2）AP

AP是WLAN中的重要组成部分，其工作机制类似有线网络中的集线器（HUB），无线终端可以通过AP进行终端之间的数据传输，也可以通过AP的“WAN”口与有线网络互通。

AP从功能上可分为Fat AP和Fit AP两种。

（1）Fat AP可以自主完成包括无线接入、安全加密、设备配置等在内的多项任务，不需要其他设备的协助，适用于构建中、小型规模WLAN。Fat AP组网的优点是无须改变现有的有线网络结构，配置简单；缺点是无法统一管理和配置，因为需要对每个AP单独进行配置，费时、费力，当部署大规模的WLAN时，部署和维护成本高。Fat AP如图5.1.5所示。

（2）Fit AP又称轻型AP，必须借助AC进行配置和管理，适合部署在中小型企业、机场车站、体育场馆、咖啡厅、休闲中心等场景。Fit AP如图5.1.6所示。

图5.1.5　Fat AP

图5.1.6　Fit AP

（3）Fat AP与Fit AP的比较。

Fat AP与Fit AP的比较如表5.1.5所示。

表5.1.5　Fat AP与Fit AP的比较

	AC+Fit AP	Fat AP
投资	AP成本较低，易管理；AC成本高	AP成本较高，但是无AC投入
WLAN组网	• AP不能单独工作，需要由AC集中代理维护管理； • AP本身零配置，适合大规模组网； • 存在多厂商兼容性问题，AC和AP间为私有协议，必须为同厂家设备； • 每个AC管理AP容量较少	• 需要对AP下发配置文件； • 在有网管情况下，可以支持大规模网络部署和海量规模用户管理； • 不存在兼容性问题：AP和网管系统之间采用标准的IP层协议互通； • 网管可以实现海量AP统一集中管理和维护，并实现与现有宽带网络融合管理

续表

	AC+Fit AP	Fat AP
业务能力	• 二层、三层漫游； • 可扩展语音等丰富业务； • 可以通过 AC 增强业务 QoS、安全等功能	• 二层漫游； • 实现简单数据接入

6. WLAN 组网方式

1）Fat AP 的网络组建

AP 通过有线网络接入互联网，每个 AP 都是一个单独的节点，需要独立配置其信道、功率、安全策略等。常见的应用场景有家庭无线网络、办公室无线网络等。Fat AP 的典型园区无线网络如图 5.1.7 所示。

2）AC+ Fit AP 的网络组建

Fit AP 无法单独运行，必须在 AC 的控制下运行。Fit AP 负责移动终端报文的收发、加解密、IEEE 802.11 协议的物理层功能、射频（RF）空口的统计、接受 AC 的管理等功能。AC 负责无线网络的接入控制、转发和统计、AP 的配置监控、漫游管理、AP 的网管代理、安全控制等功能。AC+Fit AP 的典型园区无线网络如图 5.1.8 所示。

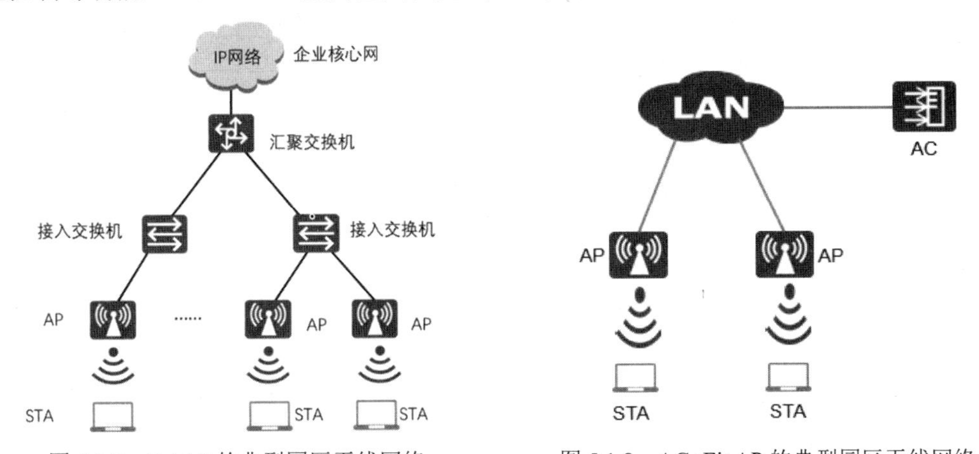

图 5.1.7 Fat AP 的典型园区无线网络　　图 5.1.8 AC+Fit AP 的典型园区无线网络

AC+Fit AP 组网方式是大型企业或园区网络中常见的 WLAN 组网方式。根据 AC 和 AP 网络架构，AC+Fit AP 组网可分为二层组网和三层组网；根据 AC 在网络中的位置，AC+Fit AP 组网可分为直连式组网和旁挂式组网。二层组网和三层组网、直连式组网和旁挂式组网可以组合成 4 种方式：直连式二层组网、旁挂式二层组网、直连式三层组网、旁挂式三层组网。

（1）二层组网。

AC 和 AP 直连或者 AC 和 AP 之间通过二层网络进行连接的网络称为二层组网，如图 5.1.9 所示。二层组网比较简单，AC 通常配置为 DHCP 服务器，无线配置 DHCP 代理，简化了配置。由于 AC 和 AP 在同一个广播域中，因此 AP 通过广播很容易就能发现 AC。二层组网适用于简单的组网，但是由于要求 AC 和 AP 在同一个网络中，所以局限性很大，不适用于有大量三层路由的大型网络。

（2）直连式组网。

图 5.1.10 所示为直连式组网，AP、AC 与核心网络串联在一起，移动终端的数据流需要经过 AC 到达上层网络。在这种组网方式中，AC 需要转发移动终端的数据流，压力较大；此外，如果在已有的有线网络中新增无线网络，则在核心网络和 IP 网络中插入 AC 会改变原有拓扑。但这种组网方式的架构清晰，实施较为容易。

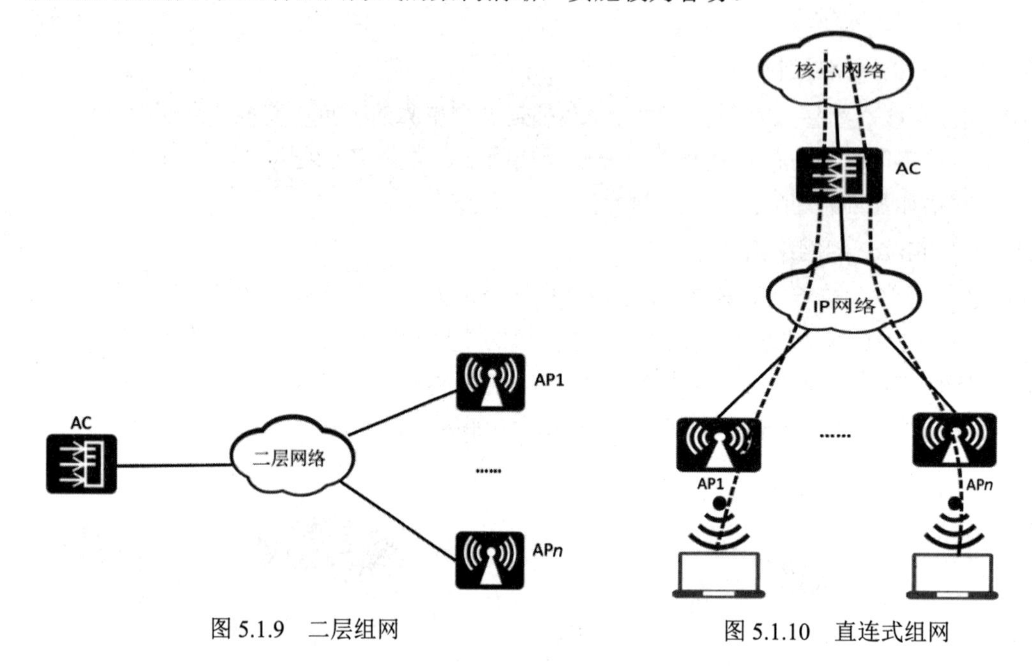

图 5.1.9　二层组网

图 5.1.10　直连式组网

7. WLAN 转发模式

AC+Fit AP 组网方式中，数据流（移动终端产生的数据）有两种转发模式：直接转发模式和隧道转发模式。

直接转发模式中数据流从移动终端（称为 Station，STA）到达 AP 后，由 AP 直接发送到有线网络中的交换设备进行转发。

在隧道转发模式中数据流从移动终端到达 AP 后，由 AP 使用 CAPWAP 协议进行封装，发送到 AC，再由 AC 发送到有线网络中的交换设备进行转发。

WLAN 转发模式对比如表 5.1.6 所示。

表 5.1.6　WLAN 转发模式对比

转发模式	优　点	缺　点
直接转发	• AC 所受压力小； • 转发效率高； • 方便故障定位； • 业务数据不需要经过 AC 转发； • 报文不需要经过多次封装、解封装	• 安全性不够； • 中间网络可以解析出用户报文； • 中间网络需要透传业务 VLAN； • 增加了 AC 与 AP 间二层网络的维护工作量； • 业务数据不便于集中管理和控制

续表

转发模式	优　　点	缺　　点
隧道转发	• 安全性高； • AC 集中转发数据报文； • 方便集中管理和控制； • 经过 DTLS 加密，中间网络不易解析出用户报文内容； • AC 和 AP 之间只需透传管理，VLAN 配置简单	• 不利于故障定位； • 业务数据必须经过 AC 转发； • 数据报文需要封装 CAPWAP 隧道报头； • AC 所受压力大； • 转发效率较直接转发低

8. WLAN 的基本业务配置流程

使用 AC+Fit AP 进行 WLAN 组网时，AP 通常是零配置的，配置主要在有线网络和 AC 上进行。在 AC 上进行配置时，可以使用命令行或者图形界面，限于篇幅，这里只介绍命令行配置方法。图 5.1.11 所示为 WLAN 基本业务配置流程，具体步骤如下。

（1）创建 AP 组。

（2）配置网络互通。

（3）配置 AC 系统参数。

（4）配置 AC 为 Fit AP 下发 WLAN 业务。

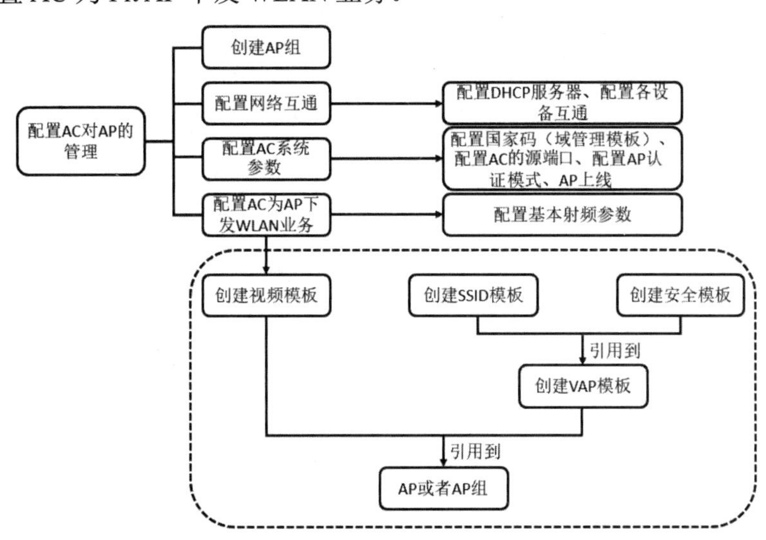

图 5.1.11　WLAN 基本业务配置流程

9. 关键技术命令格式

（1）在 WLAN 视图下，创建 AP 组，代码如下：

```
[AC-wlan-view]ap-group name {ap group name}
```

（2）在 WLAN 视图下，创建域管理模板，并在域管理模板下配置 AC 的国家码为 cn，代码如下：

```
[AC-wlan-view]regulatory-domain-profile name {egulatory domain profile name}
[AC-wlan-regulate-domain-default]country-code {country-code}
```

（3）在 AP 组视图下，引用域管理模块，代码如下：

```
[AC-wlan-ap-group-ap-group1]regulatory-domain-profile {egulatory domain profile name}
```

（4）在系统视图下，配置 AC 的源端口，代码如下：

```
[AC]capwap source interface vlanif {VLAN interface number}
```

（5）在 WLAN 视图下，配置 AC 对 AP 的认证模式，代码如下：

```
[AC-wlan-view]ap auth-mode {mac-auth|no-auth|sn-auth} //mac-auth 表示认证方式为 MAC 认证
```

（6）在 WLAN 视图下，通过 MAC 地址配置 AP 的 ID，代码如下：

```
[AC-wlan-view]ap-id {ap id} ap-mac XXXX-XXXX-XXXX   //XXXX-XXXX-XXXX 为 AP 的 MAC 地址
```

（7）在 AP 视图部署 AP1 的名称，并加入 AP 组，代码如下：

```
[AC-wlan-ap-0]ap-name { AP name}
[AC-wlan-ap-0]ap-group { AP group name}
```

（8）在 WLAN 视图下，创建安全模板并配置安全策略，代码如下：

```
[AC-wlan-view]security-profile name {profile name}          //创建安全模板
[AC-wlan-sec-prof-wlan-net]security  {open|wapi|wep|wpa|wpa-wpa2|wpa2}{dot1x|psk}
{hex|pass-phrase } {key} {aes|aes-tkip|tkip}                 //配置安全策略
```

（9）在 WLAN 视图下，创建 SSID 模板并配置 SSID 的名称，代码如下：

```
[AC-wlan-view]ssid-profile name {profile name}              //创建 SSID 模板
[AC-wlan-ssid-prof-wlan-net]ssid {SSID name}                //配置 SSID 的名称
```

（10）在 WLAN 视图下，创建 VAP 模板；在 VAP 模板下配置业务数据转发模式并引用安全模板和 SSID 模板，代码如下：

```
[AC-wlan-view]vap-profile name {profile name}               //创建 VAP 模板
[AC-wlan-vap-prof-wlan-net]forward-mode {direct-forward|softgre|tunnel}
[AC-wlan-vap-prof-wlan-net]service-vlan vlan-id 10          //配置业务 VLAN 为 VLAN10
[AC-wlan-vap-prof-wlan-net]security-profile wlan-net        //引用安全模板 wlan-net
[AC-wlan-vap-prof-wlan-net]ssid-profile wlan-net            //引用 SSID 模板 wlan-net
[AC-wlan-vap-prof-wlan-net]quit
```

（11）在 AP 组下，配置 AP 射频并引用 VAP 模板，代码如下：

```
[AC-wlan-ap-group-ap-group1]vap-profile {Profile name} wlan {WLAN ID} radio {Radio ID|all}
```

（12）在射频视图下，配置射频的带宽、信道和功率，代码如下：

```
[AC-wlan-radio-0/0]channel {20mhz|40mhz-minus|40mhz-plus}{1~13}
[AC-wlan-radio-0/0]eirp {EIRP value}                        // EIRP value 为 1~127
```

任务实施

1. 网络设备的基础配置

01 参照图 5.1.1 搭建网络拓扑，连线全部使用直通线，开启所有设备电源。

02 交换机 SW3A 的基本配置。

```
<Huawei>system-view
[Huawei]sysname SW3A
[SW3A]vlan batch 10 99
[SW3A]interface GigabitEthernet 0/0/1
[SW3A-GigabitEthernet0/0/1]port link-type trunk
[SW3A-GigabitEthernet0/0/1]port trunk pvid vlan 99          //剥离 VLAN99 数据标签转发
[SW3A-GigabitEthernet0/0/1]port trunk allow-pass vlan 10 99 //允许 VLAN10 和 VLAN99 通过
[SW3A-GigabitEthernet0/0/1]quit
[SW3A]interface GigabitEthernet 0/0/2
```

```
[SW3A-GigabitEthernet0/0/2]port link-type trunk
[SW3A-GigabitEthernet0/0/2]port trunk pvid vlan 99          //剥离VLAN99数据标签转发
[SW3A-GigabitEthernet0/0/2]port trunk allow-pass vlan 10 99 //允许VLAN10和VLAN99通过
[SW3A-GigabitEthernet0/0/2]quit
[SW3A]interface GigabitEthernet 0/0/3
[SW3A-GigabitEthernet0/0/3]port link-type trunk
[SW3A-GigabitEthernet0/0/3]port trunk allow-pass vlan 10 99
```

03 路由器R1的基本配置。

```
<Huawei>system-view
[Huawei]sysname R1
[R1]interface GigabitEthernet 0/0/0.10
[R1-GigabitEthernet0/0/0.10]dot1q termination vid 10
[R1-GigabitEthernet0/0/0.10]ip address 10.0.10.2 24      //VLAN10的IP地址
[R1-GigabitEthernet0/0/0.10]arp broadcast enable
[R1-GigabitEthernet0/0/0.10]quit
[R1]interface LoopBack 0                                 //环回端口用于测试
[R1-LoopBack0]ip address 10.10.10.10 24                  //该地址模拟DNS服务器地址
[R1-LoopBack0]quit
[R1]ip route-static 10.0.99.0 255.255.255.0 10.0.10.1    //通往VLAN99的静态路由
```

04 无线控制器AC的基本配置。

```
<AC6605>system-view
[AC6605]sysname AC
[AC]vlan batch 10 99
[AC]interface GigabitEthernet 0/0/1
[AC-GigabitEthernet0/0/1]port link-type trunk
[AC-GigabitEthernet0/0/1]port trunk allow-pass vlan 10 99  //允许VLAN10和VLAN99通过
[AC-GigabitEthernet0/0/1]quit
[AC]interface GigabitEthernet 0/0/2
[AC-GigabitEthernet0/0/2]port link-type trunk
[AC-GigabitEthernet0/0/2]port trunk allow-pass vlan 10     //允许VLAN10通过
[AC-GigabitEthernet0/0/2]quit
[AC]interface Vlanif 10
[AC-Vlanif10]ip address 10.0.10.1 24                       //VLAN10的端口地址
[AC-Vlanif10]interface Vlanif 99
[AC-Vlanif99]ip address 10.0.99.1 24                       //VLAN99的端口地址
[AC-Vlanif99]quit
```

2. AC上DHCP服务器的配置

在AC上配置DHCP服务器，为STA和AP动态分配IP地址。

```
[AC]dhcp enable                                            //开启DHCP服务
[AC]interface Vlanif 10
[AC-Vlanif10]dhcp select interface
[AC-Vlanif10]dhcp server excluded-ip-address 10.0.10.2
[AC-Vlanif10]dhcp server dns-list 10.10.10.10
[AC-Vlanif10]quit
[AC]interface Vlanif 99
[AC-Vlanif99]dhcp select interface
[AC-Vlanif99]quit
```

3. AC上默认路由的配置

```
[AC]ip route-static 0.0.0.0 0.0.0.0 10.0.10.2
```

4．查询 AP1 和 AP2 的 MAC 地址

```
<AP1>display system-information
System Information
================================================
Serial Number              : 210235448310A20AFE76
System Time                : 2021-07-30 17:58:38
System Up time             : 55sec
System Name                : Huawei
Country Code               : US
MAC Address                : 00:e0:fc:97:30:90
Radio 0 MAC Address        : 00:00:00:00:00:00
......                                           //此处省略部分内容
```

这里显示 AP1 的 Hardware address（MAC 地址）为 00:e0:fc:97:30:90。

```
<AP2>display system-information
System Information
================================================
Serial Number              : 21023544831023588928
System Time                : 2021-07-30 18:00:14
System Up time             : 2min 24sec
System Name                : Huawei
Country Code               : US
MAC Address              : 00:e0:fc:7c:6a:60
Radio 0 MAC Address        : 00:00:00:00:00:00
......                                           //此处省略部分内容
```

这里显示 AP2 的 Hardware address（MAC 地址）为 00:e0:fc:7c:6a:60。

5．配置 AP 上线

01 创建 AP 组，用于将相同配置的 AP 加入同一 AP 组。

```
[AC]wlan                                          //进入 WLAN 视图
[AC-wlan-view]ap-group name ap-group1             //创建名为“ap-group1”的 AP 组
```

02 创建域管理模板。在域管理模板下配置 AC 的国家码，并引用域管理模板。

```
[AC-wlan-view]regulatory-domain-profile name default//创建并进入名为“default”的域管理模板
[AC-wlan-regulate-domain-default]country-code cn     //在域管理模板下配置AC的国家码为cn
[AC-wlan-regulate-domain-default]quit
[AC-wlan-view]ap-group name ap-group1                //进入 ap-group1 AP 组
//在 AP 组下引用刚建的 default 域管理模块
[AC-wlan-ap-group-ap-group1]regulatory-domain-profile default
Warning: Modifying the country code will clear channel, power and antenna gain c
onfigurations of the radio and reset the AP. Continue?[Y/N]:y
[AC-wlan-ap-group-ap-group1]quit
[AC-wlan-view]quit
```

03 配置 AC 的源端口。

```
[AC]capwap source interface Vlanif 99                //配置 AC 的源端口
```

04 部署 AP 并配置 AC 对 AP 的认证模式。

在 AC 上离线导入 AP1、AP2，AP 的 ID 分别为 0 和 1，并将 AP 加入 ap-group1 AP 组中，部署 AP1、AP2 的名称分别为 office_1、office_2，方便用户从名称上了解 AP 的部署位置；配置 AC 对 AP 的认证模式为 MAC 认证。

```
[AC]wlan
[AC-wlan-view]ap auth-mode mac-auth                  //配置 AC 对 AP 的认证模式为 MAC 认证
```

```
[AC-wlan-view]ap-id 0 ap-mac 00e0-fc97-3090           //通过 MAC 地址配置 AP1 的 ID 为 0
[AC-wlan-ap-0]ap-name office_1                         //部署 AP1 的名称为 office_1
[AC-wlan-ap-0]ap-group ap-group1                       //将 AP1 加入 ap-group1 AP 组
Warning: This operation may cause AP reset. If the country code changes, it will
 clear channel, power and antenna gain configurations of the radio, Whether to c
ontinue? [Y/N]:y
[AC-wlan-ap-0]quit
[AC-wlan-view]ap-id 1 ap-mac 00e0-fc7c-6a60
[AC-wlan-ap-1]ap-name office_2
[AC-wlan-ap-1]ap-group ap-group1
Warning: This operation may cause AP reset. If the country code changes, it will
 clear channel, power and antenna gain configurations of the radio, Whether to c
ontinue? [Y/N]:y
```

05 在 AC 上使用 display ap all 命令，结果显示 AP 的“State”字段为“nor”时，表示 AP 正常上线。

```
<AC>display ap all                                     //查看所有 AP 状态
Info: This operation may take a few seconds. Please wait for a moment.done.
Total AP information:
nor  : normal          [2]
--------------------------------------------------------------------------------
ID   MAC               Name     Group      IP          Type      State  STA Uptime
--------------------------------------------------------------------------------
0    00e0-fc97-3090 office_1 ap-group1 10.0.99.27  AP5030DN   nor    0    4H:27M:7S
1    00e0-fc7c-6a60 office_2 ap-group1 10.0.99.2   AP5030DN   nor    1    4H:27M:17S
--------------------------------------------------------------------------------
Total: 2                                               //显示总共 2 个 AP
```

6. 配置 WLAN 业务

01 创建安全模板并配置安全策略，用于 STA 连接 WLAN 时使用的认证方式。

```
[AC-wlan-view]security-profile name wlan-net          //创建名为“wlan-net”的安全模板
//配置安全策略
[AC-wlan-sec-prof-wlan-net]security wpa-wpa2 psk pass-phrase a1234567 aes
```

02 创建 SSID 模板并配置 SSID 的名称。

```
[AC-wlan-view]ssid-profile name wlan-net              //创建名为“wlan-net”的 SSID 模板
[AC-wlan-ssid-prof-wlan-net]ssid wlan-net             //配置 SSID 的名称为 wlan-net
```

03 创建 VAP 模板。创建名为“wlan-net”的 VAP 模板，配置业务数据转发模式为直接转发，配置业务 VLAN 为 VLAN10，并且引用安全模板和 SSID 模板。

```
[AC-wlan-view]vap-profile name wlan-net                     //创建 VAP 模板
[AC-wlan-vap-prof-wlan-net]forward-mode direct-forward      //配置业务数据转发模式为直接转发
[AC-wlan-vap-prof-wlan-net]service-vlan vlan-id 10          //配置业务 VLAN 为 VLAN10
[AC-wlan-vap-prof-wlan-net]security-profile wlan-net        //引用安全模板 wlan-net
[AC-wlan-vap-prof-wlan-net]ssid-profile wlan-net            //引用 SSID 模板 wlan-net
[AC-wlan-vap-prof-wlan-net]quit
```

04 AP 组引用 VAP 模板。配置 AP 上射频 0 和射频 1 都引用 VAP 模板 wlan-net。

```
[AC-wlan-view]ap-group name ap-group1                       //进入 ap-group1 AP 组
[AC-wlan-ap-group-ap-group1]vap-profile wlan-net wlan 1 radio 0 //射频 0 引用 VAP 模板
[AC-wlan-ap-group-ap-group1]vap-profile wlan-net wlan 1 radio 1 //射频 1 引用 VAP 模板
```

05 配置 AP 射频信道和功率。以 AP1 射频 0 为例，配置 AP1 射频 0 的信道为 6，带宽为 20MHz，功率为 EIRP 有效全向辐射功率 127mW。

```
[AC]wlan                                               //进入 WLAN 视图
```

```
[AC-wlan-view]ap-id 0                               //进入 AP1 视图
[AC-wlan-ap-0]radio 0                               //进入 AP1 射频 0 视图
[AC-wlan-radio-0/0]channel 20mhz 6                  //配置射频 0 带宽为 20MHz，信道为 6
Warning: This action may cause service interruption. Continue?[Y/N]y
[AC-wlan-radio-0/0]eirp 127                         //配置功率为 EIRP 有效全向辐射功率 127mW
[AC-wlan-ap-0]radio 1                               //进入 AP1 射频 1 视图
[AC-wlan-radio-0/1]channel 20mhz 149                //配置射频 1 带宽为 20MHz，信道为 149
Warning: This action may cause service interruption. Continue?[Y/N]y
[AC-wlan-radio-0/1]eirp 127                         //配置功率为 EIRP 有效全向辐射功率 127mW
[AC-wlan-radio-0/1]quit
[AC-wlan-ap-0]quit
[AC-wlan-view]ap-id 1
[AC-wlan-ap-1]radio 0
[AC-wlan-radio-1/0]channel 20mhz 11
Warning: This action may cause service interruption. Continue?[Y/N]y
[AC-wlan-radio-1/0]eirp 127
[AC-wlan-radio-1/0]quit
[AC-wlan-ap-1]radio 1
[AC-wlan-radio-1/1]channel 20mhz 153
Warning: This action may cause service interruption. Continue?[Y/N]y
[AC-wlan-radio-1/1]eirp 127
[AC-wlan-ap-1]quit
```

任务验收

01 在 AC 上使用 display vap ssid wlan-net 查看 AP 对应射频上的 VAP 创建信息，当“Status”字段为“ON”时，表示 AP 对应射频上的 VAP 已创建成功。

```
<AC>display vap ssid wlan-net                          //AP 对应射频上的 VAP 创建情况
Info: This operation may take a few seconds, please wait.
WID : WLAN ID
--------------------------------------------------------------------------------
AP ID AP name  RfID WID BSSID          Status  Auth type     STA   SSID
--------------------------------------------------------------------------------
0     office_1 0    1   00E0-FC97-3090 ON      WPA/WPA2-PSK  0     wlan-net
0     office_1 1    1   00E0-FC97-30A0 ON      WPA/WPA2-PSK  0     wlan-net
1     office_2 0    1   00E0-FC7C-6A60 ON      WPA/WPA2-PSK  1     wlan-net
1     office_2 1    1   00E0-FC7C-6A70 ON      WPA/WPA2-PSK  0     wlan-net
--------------------------------------------------------------------------------
Total: 4
```

02 STA 搜索到名为“wlan-net”的无线网络，输入密码“a1234567”并正常关联后，在 AC 上使用 display station ssid wlan-net 命令，查看已接入 wlan-net 无线网络中的用户。

```
<AC>display station ssid wlan-net              //查看已接入 wlan-net 无线网络中的用户
Rf/WLAN: Radio ID/WLAN ID
Rx/Tx: link receive rate/link transmit rate(Mbps)
---------------------------------------------------------------------------------
STA MAC         AP ID Ap name  Rf/WLAN  Band  Type  Rx/Tx    RSSI  VLAN  IP address
---------------------------------------------------------------------------------
5489-9825-5712  1     office_2 0/1      2.4G  -     -/-      -     10    10.0.10.75
5489-98fb-12c2  1     office_2 0/1      2.4G  -     -/-      -     10    10.0.10.14
---------------------------------------------------------------------------------
Total: 2 2.4G: 2 5G: 0                         //结果显示已接入用户数为 2
```

03 查看 STA 的 IP 地址。

STA 正常关联 wlan-net 无线网络后，在 STA1 和 STA2 中使用 ipconfig 命令，查看 STA 通过无线网络自动获取的 IP 地址。STA1 获取到的动态 IP 地址如图 5.1.12 所示。

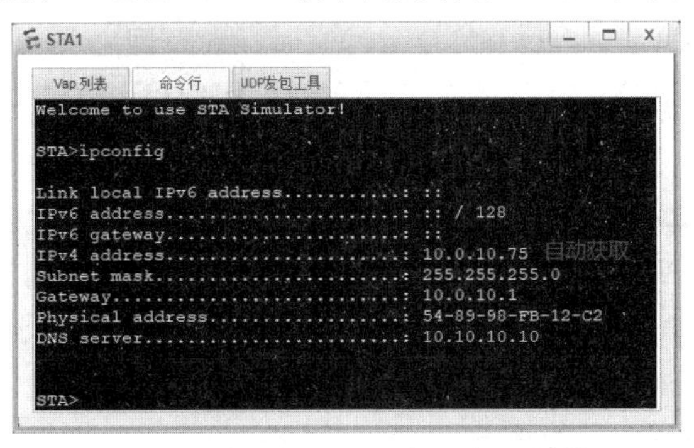

图 5.1.12　STA1 获取到的动态 IP 地址

04 测试 STA1 与 DNS Server 及 VALN99 的网络连通性，可看到显示全网互通。

任务小结

（1）常用的无线网络设备有 AC 和 AP。

（2）AP 按功能可分为 Fat AP 和 Fit AP，它们之间有明显区别。

（3）常见的组网方式有 Fat AP 组网方式和 AC+Fit AP 组网方式。

反思与评价

1. 自我反思（不少于 100 字）

____

____

____

____

2. 任务评价

自我评价表

序　号	自评内容	佐证内容	达　标	未达标
1	无线网络协议标准	能描述无线网络的协议标准		
2	DHCP 服务器	能正确为 AP 与客户端分配 IP 地址		
3	网络互通	能正确配置网络，实现网络设备互通		
4	安全模板和 SSID	能正确配置安全模板、密钥和 SSID		
5	自主学习能力	通过自学能配置旁挂式二层组网网络		

任务 5.2　组建旁挂式三层 WLAN

任务描述

某公司需要在原有网络中部署 WLAN，以满足员工的移动办公需求。由于原来的有线网络较为复杂，为满足 WLAN 组网的灵活性，管理员小赵准备采用 AC+Fit AP 旁挂式三层组网方案，AP1 部署在销售部办公室，AP2 部署在财务部办公室。由于个别移动终端（Phone1 和 STA3）非法接入，将对无线网络构成威胁，小赵拟配置黑名单，限制个别移动终端被完全拒绝接入或部分拒绝接入无线网络。

任务要求

（1）组建旁挂式三层 WLAN，其网络拓扑图如图 5.2.1 所示。

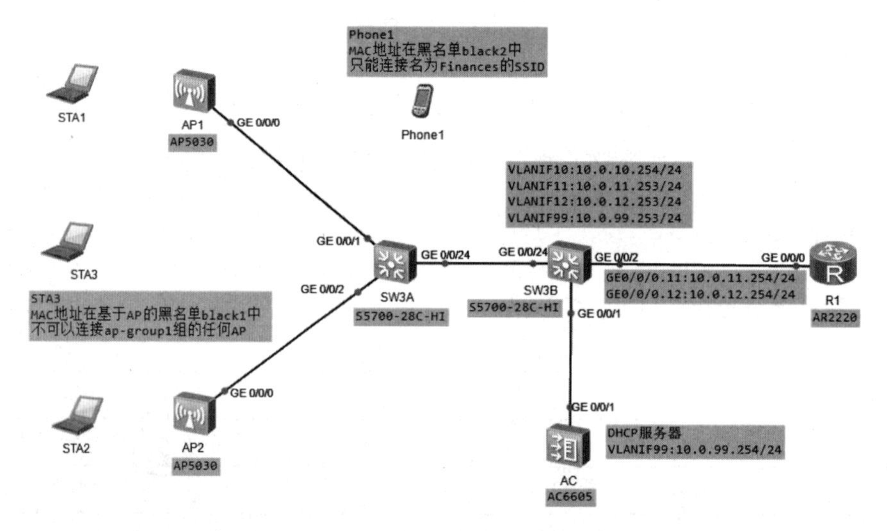

图 5.2.1　组建旁挂式三层 WLAN 的网络拓扑图

（2）AC 数据规划如表 5.2.1 所示。

表 5.2.1　AC 数据规划

配　置　项	数　　据
DHCP 服务器	AC 作为 AP 和 STA 的 DHCP 服务器 汇聚交换机实现三层路由，STA 默认网关分别为 10.0.11.1、10.0.12.1
AP 的 IP 地址池	10.0.99.2～10.0.99.254/24
STA 的 IP 地址池	10.0.11.3～10.0.11.254/24、10.0.12.3～10.0.12.254/24
AC 的源端口 IP 地址	VLANIF99：10.0.99.2/24
AP 组	名称：ap-group1，引用模板：VAP 模板 wlan-net、域管理模板 default
域管理模板	名称：default，国家码：cn

续表

配 置 项	数 据
SSID 模板	名称：wlan-net1、wlan-net2，SSID 名称：Sales、Finances
安全模板	名称：wlan-net1、wlan-net2，安全策略：WPA-WPA2+PSK+AES，密码：a1234567
VAP 模板	名称：wlan-net，转发模式：隧道转发，业务 VLAN：VLAN pool，引用模板：SSID 模板 wlan-net、安全模板 wlan-net
STA 黑名单（基于 AP）	名称：black1，加入 STA 黑名单的 STA：STA3（54-89-98-FE-67-80）
STA 黑名单（基于 VAP）	名称：black2，加入 STA 黑名单的 STA：Phone1（54-89-98-80-5D-4D），引用该黑名单的 VAP 模板： wlan-net1

（3）路由器、交换机和 AC 等网络设备端口 IP 地址规划如表 5.2.2 所示。

表 5.2.2 路由器、交换机和 AC 等网络设备端口 IP 地址规划

设 备 名	端 口	IP 地址/子网掩码	备 注
R1	GE 0/0/0.11	10.0.11.254/24	无
	GE 0/0/0.12	10.0.12.254/24	无
AC	GE 0/0/1	10.0.99.254/24	无
SW3B	VLANIF10	10.0.10.254/24	管理 VLAN
	VLANIF99	10.0.99.253/24	
	VLANIF11	10.0.11.253/24	业务 VLAN
	VLANIF12	10.0.12.253/24	
AP1	GE 0/0/0	自动获取	Sales（销售部）
AP2	GE 0/0/0	自动获取	Finances（财务部）

（4）组建 AC+AP 旁挂式三层 WLAN，AC 作为 DHCP 服务器为 AP 和 STA 分配 IP 地址；汇聚交换机 SW3B 作为 DHCP 代理；采用隧道转发的业务数据转发方式。通过适当的配置实现 AP 上线、STA 正确获取 IP 地址，各网络设备之间可以相互通信，使用黑名单功能拒绝非法接入 WLAN。

知识准备

1．三层组网

AC 和 AP 之间通过三层网络进行连接的网络称为三层组网，如图 5.2.2 所示。在三层组网中，AC 和 AP 不在同一广播域中，AP 需要通过 DHCP 代理从 AC 获得 IP 地址，或者额外部署 DHCP 服务器为 AP 分配 IP 地址。由于 AP 无法通过广播发现 AC，所以需要在 DHCP 服务器上配置 option43 来指明 AC 的 IP 地址。三层组网虽然比较复杂，但是由于 AC 和 AP 可以位于不同的网络，只需要它们之间 IP 包可达即可，因此三层组网部署非常灵活，适用于大型网络的无线组网。

2．旁挂式组网

图 5.2.3 所示为旁挂式组网，AC 并不在 AP 和核心网络的中间，而是位于网络的一侧（通常是旁挂在汇聚交换机或者核心交换机上）。由于实际组建 WLAN 时，大多情况下已经

建好了有线网络，旁挂式组网不需要改变现有网络的拓扑，所以它是较为常用的组网方式。如果旁挂式组网采用直接转发模式，则移动终端的数据流不需要经过 AC 就能到达上层网络，AC 的压力较小；如果旁挂式组网采用隧道转发模式，则移动终端的数据流要通过 CAPWAP 协议隧道发送到 AC 中，AC 再把数据转发到上层网络中，AC 也面临较大压力。

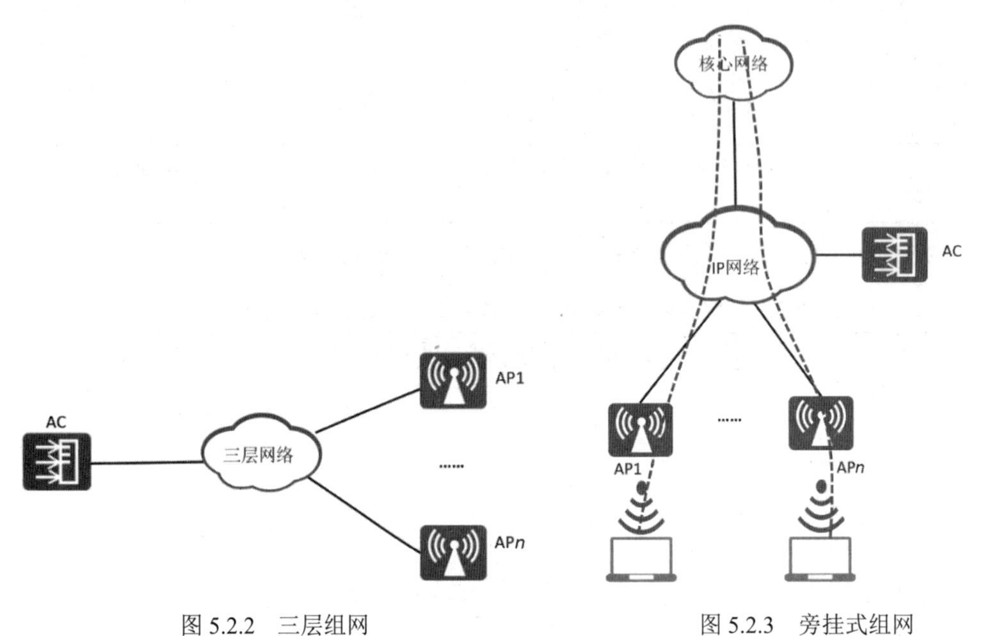

图 5.2.2　三层组网　　　　图 5.2.3　旁挂式组网

3. WLAN 漫游

AP 的信号覆盖范围为几米到几十米，当移动终端（STA）移动时，会发生 WLAN 漫游。WLAN 漫游是指 STA 在不同 AP 的覆盖范围之间移动，且保持用户业务不中断的行为。如图 5.2.4 所示，STA 从 AP1 的覆盖范围移动到 AP2 的覆盖范围时保持业务不中断。

根据 STA 是否在同一个 AC 内漫游，可以将 WLAN 漫游分为 AC 内漫游和 AC 间漫游，同一 AC 内漫游无须额外配置。根据 STA 是否在同一个子网内漫游，可以将 WLAN 漫游分为二层漫游和三层漫游。

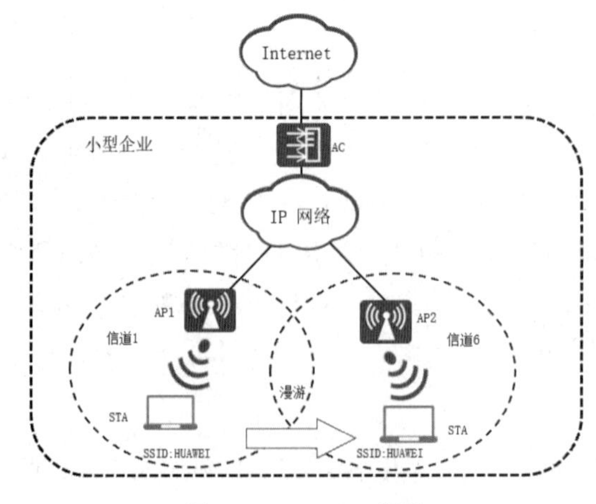

图 5.2.4　WLAN 漫游

4. 黑白名单

面对安全威胁，WLAN 常采用的安全策略就是黑白名单。客户端黑白名单的实现效果与 MAC 地址认证是一样的，在无线客户端接入网络时，实现对无线客户端的接入控制，只允许合法的客户端正常接入 WLAN。

（1）白名单列表。它是允许接入 WLAN 客户端的 MAC 地址列表，只有存在该列表的用户才能接入 WLAN。如果启用未定义，等于所有用户可以接入 WLAN。

（2）黑名单列表。它是拒绝接入 WLAN 客户端的 MAC 地址列表，存在该列表的用户不能接入 WLAN。如果启用未定义，等于所有用户可以接入 WLAN，不限制。

黑白名单可以基于全局或者 VAP（服务集）配置。基于全局配置，名单会影响所有 AP；基于 VAP 配置，只对某些 SSID 启用。如果两种都启用了的话，则会检查两个列表，如果两个列表里面没有包含该客户端的信息，则通过或者不通过。

注意：对于同一个 VAP 或者同一个 AP，STA 白名单和 STA 黑名单不能同时配置，即同一个 VAP 模板或同一个 AP 系统模板内，STA 白名单或 STA 黑名单仅一种生效。

5. 关键技术命令格式

（1）方法一：基于 AP 方式创建黑白名单，代码如下。

```
//在 WLAN 视图下创建黑白名单
//创建一个 STA 白名单模板并进入 STA 白名单模板视图
[AC-wlan-view]sta-whitelist-profile name {profile-name}
[AC-wlan-whitelist-prof- profile-name]sta-mac {mac-address} //添加一个 STA 的 MAC 地址
//创建一个 STA 黑名单模板并进入 STA 黑名单模板视图
[AC-wlan-view]sta-blacklist-profile name {profile-name}
[AC-wlan-blacklist-prof- profile-name]sta-mac {mac-address} //添加一个 STA 的 MAC 地址
//在 WLAN 视图下，创建 AP 系统模板，并引用 STA 黑白名单模板，使黑白名单在 AP 范围内有效
//创建 AP 系统模板，也可以在原有的其他系统模板（默认为 default）中调用
AC-wlan-view]ap-system-profile name {profile-name}
//在 AP 模板中引用黑名单模板或白名单模板
[AC-wlan-ap-system-prof-test]sta-access-mode {blacklist|whitelist} {profile-name}
//在 AP 组中引用 AP 系统模板
[AC-wlan-view]ap-group name {ap group name}                    //进入当前 AP 所在的 AP 组
[AC-wlan-ap-group-ap-group1]ap-system-profile {Profile name}
```

（2）方法二：基于 VAP 方式创建黑白名单，代码如下。

```
//在 WLAN 视图下，创建 STA 黑白名单模板，将终端的 MAC 地址加入黑名单
//创建黑白名单模板
[AC-wlan-view]sta-blacklist-profile| sta-whitelist-profile name {Profile name}
//将终端 MAC 地址加入创建的黑名单中
[AC-wlan-blacklist-prof-black|AC-wlan-whitelist-prof-black]sta-mac XXXX-XXXX-XXXX
//在 VAP 模板中引用 STA 黑白名单模板，使黑白名单在 VAP 范围内有效
[AC-wlan-view]vap-profile name {Profile name} //进入 VAP 模板视图
//引用黑白名单模板
[AC-wlan-vap-prof-wlan-net]sta-access-mode {blacklist|white} {Profile name}
```

任务实施

1. 网络设备的基础配置

01 参照图 5.2.1 搭建网络拓扑，连线全部使用直通线，开启所有设备电源。

02 交换机 SW3A 的基本配置。

```
[Huawei]sysname SW3A
[SW3A]vlan batch 10 to 12
[SW3A]interface GigabitEthernet 0/0/1
[SW3A-GigabitEthernet0/0/1]port link-type trunk
[SW3A-GigabitEthernet0/0/1]port trunk pvid vlan 10  //剥离 VLAN10 数据标签转发
[SW3A-GigabitEthernet0/0/1]port trunk allow-pass vlan 10 11 12
[SW3A-GigabitEthernet0/0/1]quit
[SW3A]interface GigabitEthernet 0/0/2
[SW3A-GigabitEthernet0/0/2]port link-type trunk
[SW3A-GigabitEthernet0/0/2]port trunk pvid vlan 10
[SW3A-GigabitEthernet0/0/2]port trunk allow-pass vlan 10 11 12
[SW3A-GigabitEthernet0/0/2]quit
[SW3A]interface GigabitEthernet 0/0/24
[SW3A-GigabitEthernet0/0/24]port link-type trunk
[SW3A-GigabitEthernet0/0/24]port trunk allow-pass vlan 10 11 12
```

03 交换机 SW3B 的基本配置。

```
[Huawei]sysname SW3B
[SW3B]vlan  batch 10 11 12 99
[SW3B]interface GigabitEthernet 0/0/24
[SW3B-Ethernet0/0/24]port link-type trunk
[SW3B-Ethernet0/0/24]port trunk allow-pass vlan 10 11 12
[SW3B]interface GigabitEthernet0/0/1
[SW3B-GigabitEthernet0/0/1]port link-type trunk
[SW3B-GigabitEthernet0/0/1]port trunk allow-pass vlan 11 12 99
[SW3B]interface GigabitEthernet0/0/2
[SW3B-GigabitEthernet0/0/2]port link-type trunk
[SW3B-GigabitEthernet0/0/2]port trunk allow-pass vlan 11 12
[SW3B-GigabitEthernet0/0/2]quit
[SW3B]interface Vlanif 10
[SW3B-Vlanif10]ip address 10.0.10.254 24
[SW3B-Vlanif10]interface Vlanif 11
[SW3B-Vlanif11]ip address 10.0.11.253 24
[SW3B-Vlanif11]interface Vlanif 12
[SW3B-Vlanif12]ip address 10.0.12.253 24
[SW3B-Vlanif112]interface Vlanif 99
[SW3B-Vlanif99]ip address 10.0.99.253 24
[SW3B-Vlanif99]quit
```

04 路由器 R1 的基本配置。

```
[Huawei]sysname R1
[R1]interface GigabitEthernet0/0/0.11
[R1-GigabitEthernet0/0/0.11]dot1q termination vid 11
[R1-GigabitEthernet0/0/0.11]ip address 10.0.11.254 24
[R1-GigabitEthernet0/0/0.11]arp broadcast enable
[R1-GigabitEthernet0/0/0.11]quit
[R1]interface GigabitEthernet0/0/0.12
[R1-GigabitEthernet0/0/0.12]dot1q termination vid 12
[R1-GigabitEthernet0/0/0.12]ip address 10.0.12.254 24
```

```
[R1-GigabitEthernet0/0/0.12]arp broadcast enable
[R1-GigabitEthernet0/VLAN0/0.12]quit
```

05 无线控制器 AC 的基本配置。

```
[AC6605]sysname AC
[AC]vlan batch 11 12 99
[AC]interface GigabitEthernet0/0/1
[AC-GigabitEthernet0/0/1]port link-type trunk
[AC-GigabitEthernet0/0/1]port trunk allow-pass vlan 11 12 99
[AC-GigabitEthernet0/0/1]quit
[AC]interface Vlanif 99
[AC-Vlanif99]ip address 10.0.99.254 24
[AC-Vlanif99]quit
```

2. 默认路由的配置

01 配置 AC 到 AP 的路由。

```
[AC]ip route-static 0.0.0.0 0.0.0.0 10.0.99.253                //指向 SW3B 的 VLAN99
```

02 配置 R1 的默认路由。

```
[R1]ip route-static 0.0.0.0 0.0.0.0 10.0.11.253                //指向 10.0.11.253
```

3. 配置 DHCP 服务

01 在 AC 上配置 DHCP 服务器，为 STA 和 AP 动态分配 IP 地址。

```
[AC]dhcp enable
[AC]ip pool huawei                                             //为 AP 提供地址
[AC-ip-pool-huawei]network 10.0.10.0 mask 24
[AC-ip-pool-huawei]gateway-list 10.0.10.254
[AC-ip-pool-huawei]option 43 sub-option 3 ascii 10.0.99.254    //指明 AC 的 IP 地址
[AC-ip-pool-huawei]quit
[AC]ip pool vlan11                                             //为销售部提供地址
[AC-ip-pool-vlan11]gateway-list 10.0.11.254
[AC-ip-pool-vlan11]network 10.0.11.0 mask 24
[AC-ip-pool-vlan11]dns-list 10.10.10.10
[AC-ip-pool-vlan11]quit
[AC]ip pool vlan12                                             //为财务部提供地址
[AC-ip-pool-vlan12]gateway-list 10.0.12.254
[AC-ip-pool-vlan12]network 10.0.12.0 mask 24
[AC-ip-pool-vlan12]dns-list 10.10.10.10
[AC-ip-pool-vlan12]quit
[AC]interface vlanif 99
[AC-Vlanif99]dhcp select global
```

02 在交换机 SW3B 上开启 DHCP 服务、配置 DHCP 中继。

```
[SW3B]dhcp enable
[SW3B]interface Vlanif 10
[SW3B-Vlanif10]dhcp select relay                             //为 AP 分配 IP 地址
[SW3B-Vlanif10]dhcp relay server-ip 10.0.99.254
[SW3B-Vlanif10]quit
[SW3B]interface Vlanif 11
[SW3B-Vlanif11]dhcp select relay                             //为 STA1 分配 IP 地址
[SW3B-Vlanif11]dhcp relay server-ip 10.0.99.254
[SW3B-Vlanif11]interface Vlanif 12
[SW3B-Vlanif12]dhcp select relay                             //为 STA2 分配 IP 地址
[SW3B-Vlanif12]dhcp relay server-ip 10.0.99.254
```

4. 查询 AP1 和 AP2 的 MAC 地址

```
<AP1>display system-information
System Information
================================================
Serial Number              : 210235448310C677AE0C
System Time                : 2021-07-30 18:03:48
System Up time             : 1min 3sec
System Name                    : Huawei
Country Code               : US
MAC Address                : 00:e0:fc:c5:07:e0
Radio 0 MAC Address        : 00:00:00:00:00:00
......                                            //此处省略部分内容
```

这里显示 AP1 的 Hardware address（MAC 地址）为 00:e0:fc:c5:07:e0。

```
<AP2>display system-information
System Information
================================================
Serial Number               : 210235448310AF323518
System Time                 : 2021-07-30 18:05:22
System Up time              : 2min 31sec
System Name                 : Huawei
Country Code                : US
MAC Address                 : 00:e0:fc:03:04:90
Radio 0 MAC Address         : 00:00:00:00:00:00
......                                            //此处省略部分内容
```

这里显示 AP2 的 Hardware address（MAC 地址）为 00:e0:fc:03:04:90。

5. 配置 AP 上线

01 创建 AP 组，用于将相同配置的 AP 加入同一 AP 组。

```
[AC]wlan
[AC-wlan-view]ap-group name ap-group1
```

02 创建域管理模板，配置 AC 的国家码，并在 AP 组下引用域管理模板。

```
[AC-wlan-view]regulatory-domain-profile name default
[AC-wlan-regulate-domain-default]country-code cn
[AC-wlan-regulate-domain-default]ap-group name ap-group1
[AC-wlan-ap-group-ap-group1]regulatory-domain-profile default
Warning: Modifying the country code will clear channel, power and antenna gain c
onfigurations of the radio and reset the AP. Continue?[Y/N]:y
```

03 配置 AC 的源端口。

```
[AC]capwap source interface Vlanif 99
```

04 在 AC 上离线导入 AP1、AP2，并将 AP 加入 AP 组 ap-group1 中。

```
[AC]wlan
[AC-wlan-view]ap auth-mode mac-auth                    //认证模式为 MAC 认证
[AC-wlan-view]ap-id 0 ap-mac 00e0-fcc5-07e0
[AC-wlan-ap-0]ap-name area_1                           //AP1 的名称为 area_1
[AC-wlan-ap-0]ap-group ap-group1
Warning: This operation may cause AP reset. If the country code changes, it will
 clear channel, power and antenna gain configurations of the radio, Whether to c
ontinue? [Y/N]:y
[AC-wlan-ap-0]quit
[AC-wlan-view]ap-id 1 ap-mac 00e0-fc03-0490
[AC-wlan-ap-1]ap-name area_2                           //AP2 的名称为 area_2
```

```
[AC-wlan-ap-1]ap-group ap-group1
Warning: This operation may cause AP reset. If the country code changes, it will
 clear channel, power and antenna gain configurations of the radio, Whether to c
ontinue? [Y/N]:y
```

05 在AC上使用display ap all命令，当结果显示AP的“State”字段为“nor”时，表示AP正常上线。

```
<AC>display ap all                              //查看AP上线状态
Info: This operation may take a few seconds. Please wait for a moment.done.
Total AP information:
nor  : normal          [2]
--------------------------------------------------------------------------------
ID   MAC            Name    Group     IP           Type            State STA Uptime
--------------------------------------------------------------------------------
0    00e0-fcc5-07e0 area_1 ap-group1 10.0.10.236 AP5030DN        nor   0 3H:56M:5S
1    00e0-fc03-0490 area_2 ap-group1 10.0.10.210 AP5030DN        nor   0 3H:56M:11S
--------------------------------------------------------------------------------
 Total: 2
```

6．配置WLAN业务

01 创建名为“wlan-net1”的安全模板、SSID模板和VAP模板，配置安全策略、密码、SSID名称和转发模式，并对模板进行引用。

```
[AC]wlan
[AC-wlan-view]security-profile name wlan-net1           //创建安全模板
[AC-wlan-sec-prof-wlan-net1]security wpa-wpa2 psk pass-phrase a1234567 aes
[AC-wlan-sec-prof-wlan-net1]quit
[AC-wlan-view]ssid-profile name wlan-net1               //创建SSID模板
[AC-wlan-ssid-prof-wlan-net1]ssid Sales                 //配置SSID名称
[AC-wlan-ssid-prof-wlan-net1]quit
[AC-wlan-view]vap-profile name wlan-net1                //创建VAP模板
[AC-wlan-vap-prof-wlan-net1]forward-mode tunnel         //转发模式为隧道模式
[AC-wlan-vap-prof-wlan-net1]service-vlan vlan-id 11     //业务VLAN为VLAN11
[AC-wlan-vap-prof-wlan-net1]security-profile wlan-net1//引用安全模板
[AC-wlan-vap-prof-wlan-net1]ssid-profile wlan-net1      //引用SSID模板
```

02 创建名为“wlan-net2”的安全模板、SSID模板和VAP模板，配置安全策略、密码、SSID名称和转发模式，并对模板进行引用。

```
[AC]wlan
[AC-wlan-view]security-profile name wlan-net2               //创建安全模板
[AC-wlan-sec-prof-wlan-net2]security wpa-wpa2 psk pass-phrase a1234567 aes
[AC-wlan-sec-prof-wlan-net2]quit
[AC-wlan-view]ssid-profile name wlan-net2                   //创建SSID模板
[AC-wlan-ssid-prof-wlan-net2]ssid Finances                  //配置SSID名称
[AC-wlan-ssid-prof-wlan-net2]quit
[AC-wlan-view]vap-profile name wlan-net2                    //创建VAP模板
[AC-wlan-vap-prof-wlan-net2]forward-mode tunnel             //转发模式为隧道模式
[AC-wlan-vap-prof-wlan-net2]service-vlan vlan-id 12         //业务VLAN为VLAN12
[AC-wlan-vap-prof-wlan-net2]security-profile wlan-net2      //引用安全模板
[AC-wlan-vap-prof-wlan-net2]ssid-profile wlan-net2          //引用SSID模板
```

03 配置AP组引用VAP模板，AP上射频0和射频1同时使用VAP模板wlan-net1和wlan-net2的配置。

```
[AC]wlan
```

```
[AC-wlan-view]ap-group name ap-group1
[AC-wlan-ap-group-ap-group1]vap-profile wlan-net1 wlan 1 radio 0
[AC-wlan-ap-group-ap-group1]vap-profile wlan-net1 wlan 1 radio 1
[AC-wlan-ap-group-ap-group1]vap-profile wlan-net2 wlan 2 radio 0
[AC-wlan-ap-group-ap-group1]vap-profile wlan-net2 wlan 2 radio 1
```

04 配置 AP1 射频信道和功率。

```
[AC-wlan-view]ap-id 0
[AC-wlan-ap-0]radio 0
[AC-wlan-radio-0/0]channel 20mhz 6                    //带宽为 20MHz，信道为 6
Warning: This action may cause service interruption. Continue?[Y/N]y
[AC-wlan-radio-0/0]eirp 127                           //有效全向辐射功率为 127mW
[AC-wlan-radio-0/0]quit
[AC-wlan-ap-0]radio 1
[AC-wlan-radio-0/1]channel 20mhz 149                  //带宽为 20MHz，信道为 149
Warning: This action may cause service interruption. Continue?[Y/N]y
[AC-wlan-radio-0/1]eirp 127                           //有效全向辐射功率为 127mW
```

05 配置 AP2 射频信道和功率。注意，当 AP1 和 AP2 的信号覆盖有重叠时，信道值需要有一定的间隔。

```
[AC-wlan-view]ap-id 1
[AC-wlan-ap-1]radio 0
[AC-wlan-radio-1/0]channel 20mhz 11
Warning: This action may cause service interruption. Continue?[Y/N]y
[AC-wlan-radio-1/0]eirp 127
[AC-wlan-radio-1/0]quit
[AC-wlan-ap-1]radio 1
[AC-wlan-radio-1/1]channel 20mhz 153
Warning: This action may cause service interruption. Continue?[Y/N]y
[AC-wlan-radio-1/1]eirp 127
```

7. 配置黑名单

01 配置基于 AP 的 STA 黑名单。

创建名为“black1”的 STA 黑名单模板，将 STA3 的 MAC 地址（54-89-98-FE-67-80）加入黑名单。

```
[AC]wlan                                              //进入 WLAN 视图
[AC-wlan-view]sta-blacklist-profile name black1       //创建 STA 黑名单模板,名字为 black1
[AC-wlan-blacklist-prof-black]sta-mac 5489-98FE-6780//将 MAC 地址加入创建的黑名单中
[AC-wlan-blacklist-prof-black]quit
//创建名为“test”的 AP 系统模板，并引用刚创建的 STA 黑名单模板，使黑名单在 AP 范围内有效
[AC-wlan-view] ap-system-profile name test                 //创建 AP 系统模板
[AC-wlan-ap-system-prof-test]sta-access-mode blacklist black1//在 AP 模板中引用黑名单模板
[AC-wlan-ap-system-prof-test]quit
//在 AP 组 ap-group1 中引用 AP 系统模板 test
[AC-wlan-view]ap-group name ap-group1                      //进入当前 AP 所在的 AP 组
[AC-wlan-ap-group-ap-group1]ap-system-profile test         //引用 AP 系统模板 test
Warning: This action may cause service interruption. Continue?[Y/N]y
[AC-wlan-ap-group-ap-group1]quit
```

02 配置基于 VAP 的 STA 黑名单。

将 Phone1（54-89-98-80-5D-4D）加入 STA 黑名单，不允许 Phone1 连接，但允许其连接名为“Finances”的 SSID。

```
[AC]wlan                                        //进入 WLAN 视图
[AC-wlan-view]sta-blacklist-profile name black2      //创建 STA 黑名单模板,名字为 black2
[AC-wlan-blacklist-prof-black]sta-mac 5489-9880-5D4D//将终端 MAC 地址加入创建的黑名单中
[AC-wlan-blacklist-prof-black]quit              //退出黑名单视图
//在 VAP 模板 wlan-net1 中引用 STA 黑名单模板，使黑名单在 VAP 范围内有效
[AC-wlan-view]vap-profile name wlan-net1        //进入 VAP 模板视图
//引用名为"black2"的 STA 黑名单模板
[AC-wlan-vap-prof-wlan-net]sta-access-mode blacklist black2
[AC-wlan-vap-prof-wlan-net]quit
```

任务验收

01 在 AC 上使用 display vap ssid Sales 命令，查看 AP 对应射频上的 VAP 创建信息，当"Status"字段为"ON"时，表示 AP 对应射频上的 VAP 已创建成功。

```
<AC>display vap ssid Sales
Info: This operation may take a few seconds, please wait.
WID : WLAN ID
------------------------------------------------------------------------------
AP ID AP name RfID WID  BSSID          Status  Auth type     STA   SSID
------------------------------------------------------------------------------
0     area_1  0    1    00E0-FCC5-07E0 ON      WPA/WPA2-PSK  0     Sales
0     area_1  1    1    00E0-FCC5-07E0 ON      WPA/WPA2-PSK  0     Sales
1     area_2  0    1    00E0-FC03-0490 ON      WPA/WPA2-PSK  0     Sales
1     area_2  1    1    00E0-FC03-04A0 ON      WPA/WPA2-PSK  0     Sales
------------------------------------------------------------------------------
 Total: 4
```

02 将 STA1 接入"Sales"，STA2 和 Phone1 接入"Finances"的无线网络后，在 AC 上使用 display station ssid Sales 和 display station ssid Finances 命令，查看已接入无线网络中的用户。

```
<AC>display station ssid Sales
Rf/WLAN: Radio ID/WLAN ID
Rx/Tx: link receive rate/link transmit rate(Mbps)
--------------------------------------------------------------------------------
STA MAC         AP ID Ap name Rf/WLAN  Band Type Rx/Tx     RSSI  VLAN  IP address
--------------------------------------------------------------------------------
5489-988e-18dc  0     area_1  0/2      2.4G -    -/-       -     11    10.0.11.29
--------------------------------------------------------------------------------
Total: 1 2.4G: 1 5G: 0
<AC>display station ssid Finances
Rf/WLAN: Radio ID/WLAN ID
Rx/Tx: link receive rate/link transmit rate(Mbps)
--------------------------------------------------------------------------------
STA MAC         AP ID Ap name Rf/WLAN  Band Type Rx/Tx    RSSI  VLAN  IP address
--------------------------------------------------------------------------------
5489-9808-362a  1     area_2  0/2      2.4G -    -/-      -     12    10.0.102.69
5489-9880-5d4d  0     area_1  0/2      2.4G -    -/-      -     12    10.0.102.183
--------------------------------------------------------------------------------
Total: 2 2.4G: 2 5G: 0
```

03 查看黑名单。

使用 display sta-blacklist-profile name black2 命令，可查看名为"black"的黑名单。通

过对 Phone1 的连接测试，可验证 Phone1 只能连接“Finances”的 SSID。

```
<AC>display sta-blacklist-profile name black2
--------------------------------------------------------------------------------
Index    MAC              Description
--------------------------------------------------------------------------------
0        5489-9880-5d4d
--------------------------------------------------------------------------------
Total: 1
```

04 测试 STA 获取 IP 地址及漫游情况。

（1）STA1 和 STA2 正常关联无线网络后，使用 ipconfig 命令，查看 STA1 和 STA2 通过无线网络自动获取的 IP 地址。

（2）通过 STA 的“自动移动”功能测试漫游功能，漫游功能默认开启，无须配置。

05 测试 STA1 与 Phone1 等其他站点的网络连通性，结果显示全网连通。

任务小结

（1）组建旁挂式三层 WLAN 是比较常见的一种形式。

（2）Fit AP 不能单独运行，需要由 AC 进行控制。

（3）在三层组网中，AC 和 AP 不在同一个广播域中，需要在 DHCP 服务器上配置 option43 来指明 AC 的 IP 地址。

反思与评价

1. 自我反思（不少于 100 字）

____

____

____

____

2. 任务评价

自我评价表

序　号	自 评 内 容	佐 证 内 容	达　标	未 达 标
1	网络设备互通性	能实现 AC 与其他网络设备互通		
2	DHCP 中继	能正确配置 DHCP 中继，为客户端分配 IP 地址		
3	信道和功率	能正确配置 AP1 和 AP2 射频信道和功率		
4	黑白名单	能正确配置黑白名单		
5	系统分析问题能力	能处理生产环境中的无线网络问题		

项目6　构建安全的园区网络

知识目标

1. 理解交换机端口安全的功能与作用。
2. 了解远程管理的作用。
3. 理解 ACL 的工作原理和分类。
4. 理解基本 ACL 与高级 ACL 的区别。
5. 了解网络地址转换的原理和作用。
6. 理解网络地址转换的分类。
7. 掌握防火墙的作用。
8. 理解防火墙安全策略和源 NAT 转换的作用。

能力目标

1. 能实现交换机端口安全的配置。
2. 能实现网络设备的远程管理。
3. 能实现基本 ACL 的配置。
4. 能实现高级 ACL 的配置。
5. 能使用动态 NAPT 技术实现局域网访问互联网的配置。
6. 能使用静态 NAT 实现外网主机访问内网服务器的配置。
7. 能对防火墙做基本的配置和安全策略的配置。
8. 能实现源 NAT 的配置，保护内网安全。

思政目标

1. 培养读者法律意识，熟悉相关的网络安全法律法规及产品管理规范。

2. 培养读者的网络安全意识，培养读者严谨的逻辑思维能力，以及较强的安全判断能力。

3．培养读者良好的信息素养和学习能力，能够运用正确的方法和技巧掌握新知识、新技能。

4．培养读者系统分析与解决问题的能力，能够掌握相关知识点并完成项目任务。

5．培养读者良好的职业道德、严谨的职业素养，使其在处理网络安全故障时可以做到一丝不苟、有条不紊。

思维导图

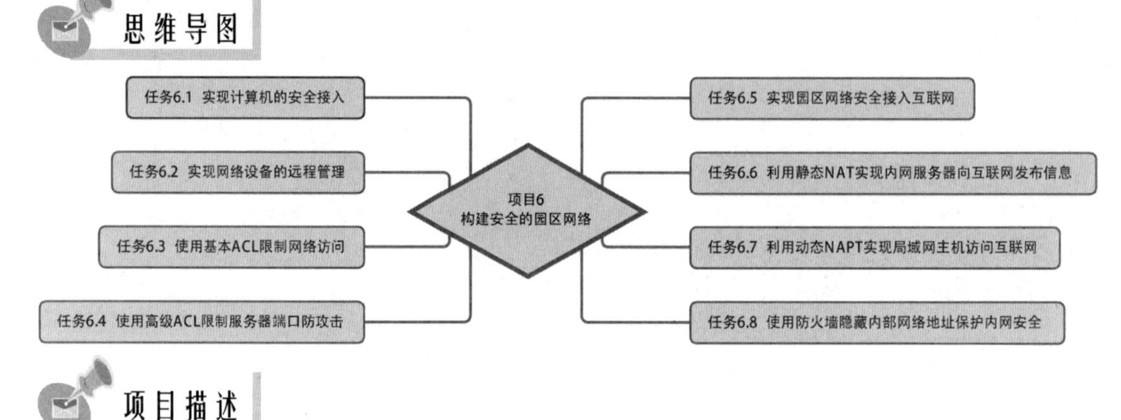

项目描述

随着网络技术的发展和应用范围的不断扩大，网络已经成为人们日常生活中必不可少的一部分。园区网络作为给终端用户提供网络接入和基础服务的应用环境，其存在的网络安全隐患不断显现出来，如非人为的或自然力造成的故障、事故；人为但属于操作人员无意的失误造成的数据丢失或损坏；来自园区网络外部和内部人员的恶意攻击和破坏。网络安全状况直接影响人们的学习、工作和生活，网络安全问题已经成为信息社会关注的焦点之一，因此需要实施网络安全防范。

保护园区网络安全的措施包括诸如在终端主机上安装防病毒软件，保护终端设备安全；利用交换机的端口安全功能，防止局域网内部的 MAC 地址攻击、ARP 攻击、IP/MAC 地址欺骗等攻击；利用 IP 访问控制列表对网络流量进行过滤和管理，从而保护子网之间的通信安全及敏感设备，防止非授权的访问；利用 NAT 技术从一定程度上为内网主机提供“隐私”保护；在网络出口部署防火墙，防范外网未授权访问和非法攻击；建立保护内部网络安全的规章制度，保护内网设备的安全。

任务 6.1　实现计算机的安全接入

扫一扫
看微课

任务描述

某公司构建了互联互通的办公网。为了防止公司内部用户间的 IP 地址冲突，防御来自公司内网的攻击和破坏，需要实现公司内网的安全防范措施。

新实施的公司内网安全规则：为公司内每位员工分配一个固定 IP 地址，针对 PC1 和 PC2 主机端口进行 IP+MAC 地址绑定，在接入交换机上配置端口安全功能，控制用户随意接入，保护网络安全；还可以避免恶意的用户利用未绑定 MAC 地址的端口来实施的 MAC 地址泛洪攻击。

任务要求

（1）实现计算机的安全接入，其网络拓扑图如图 6.1.1 所示。

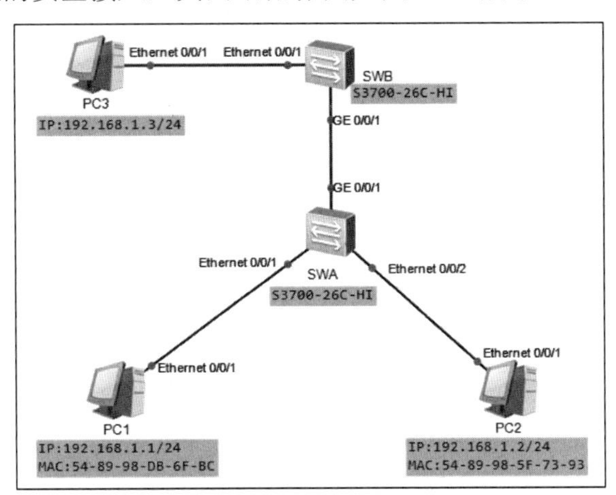

图 6.1.1　实现计算机的安全接入的网络拓扑图

（2）计算机的 IP 地址参数如表 6.1.1 所示。

表 6.1.1　计算机的 IP 地址参数

计　算　机	端　　口	IP 地址/子网掩码	MAC 地址
PC1	Ethernet 0/0/1	192.168.1.1/24	54-89-98-DB-6F-BC
PC2	Ethernet 0/0/1	192.168.1.2/24	54-89-98-5F-73-93
PC3	Ethernet 0/0/1	192.168.1.3/24	无

（3）出于安全的考虑，在交换机的端口上配置端口安全，绑定计算机的 MAC 地址，防止非法计算机的接入。

知识准备

1．端口安全的概念

交换机的端口安全功能，是指针对交换机的端口进行安全属性的配置，从而控制用户的安全接入。端口安全属性可以使特定 MAC 地址的主机流量通过该端口。当端口上配置了安全的 MAC 地址后，定义之外的源 MAC 地址发送的数据包将被端口丢弃。

2．端口安全的配置

在网络中 MAC 地址是设备中不变的物理地址，控制 MAC 地址接入就控制了交换机的端口接入，所以端口安全也是对 MAC 的安全。在交换机中，CAM（Content Addressable

Memory，内容可寻址内存）表，又称为 MAC 地址表，它记录了与交换机相连的设备的 MAC 地址、端口号、所属 VLAN 等对应关系。

1）配置端口安全动态 MAC 地址

此功能是将动态学习到的 MAC 地址设置为安全属性，其他没有被学习到的非安全属性的 MAC 的帧将被端口丢弃。

```
[Huawei-Ethernet0/0/3]port-security enable//打开端口安全功能
[Huawei-Ethernet0/0/3]port-security max-mac-num 1
                                            //限制安全 MAC 地址最大数量为 1，默认为 1
[Huawei-Ethernet0/0/3]port-security protect-action ?
                                            //配置其他非安全 MAC 地址数据帧的处理动作
Protect: Discard packets                    //丢弃，不产生告警信息
Restrict: Discard packets and warning       //丢弃，产生告警信息（默认的）
Shutdown:  Shutdown                         //丢弃，并将端口关闭
//配置安全 MAC 地址的老化时间 300s，默认不老化
[Huawei-Ethernet0/0/3]port-security aging-time 300
```

华为的交换机默认的动态 MAC 地址表项老化时间为 300s，在系统视图下执行 mac-address aging-time 命令可修改动态 MAC 地址表项老化时间。在实际的网络中不建议随意修改该老化时间。

2）配置 Sticky MAC 地址

在交换机的端口激活 Port Security 后，该端口上学习到的合法的动态 MAC 地址被称为安全动态 MAC 地址，这些 MAC 默认不会被老化（在端口视图下使用 port-security aging-time 命令可设置安全动态 MAC 地址的老化时间），然而这些 MAC 地址表项在交换机重启后会丢失，因此交换机不得不重新学习 MAC 地址。交换机能够将动态 MAC 地址转换成 Sticky MAC 地址，Sticky MAC 地址表项在交换机保存配置后重启不会丢失。

任务实施

01 根据图 6.1.1 搭建网络拓扑，连线全部使用直通线，开启所有设备电源。

02 查看计算机的 MAC 地址。在计算机命令行输入“ipconfig”，查看 MAC 地址。

（1）查看 PC1 的 MAC 地址，如图 6.1.2 所示。

图 6.1.2　查看 PC1 的 MAC 地址

（2）查看 PC2 的 MAC 地址，如图 6.1.3 所示。

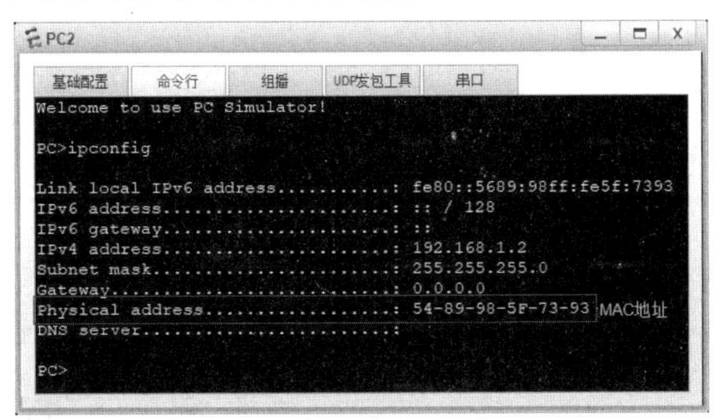

图 6.1.3　查看 PC2 的 MAC 地址

03 交换机的基本配置。

（1）交换机 SWA 的基本配置。

```
[Huawei]sysname SWA
```

（2）交换机 SWB 的基本配置。

```
[Huawei]sysname SWB
```

04 开启该交换机端口的端口安全功能，并绑定对应的 MAC 地址。

（1）在 SWA 的 Ethernet 0/0/1 端口和 Ethernet 0/0/2 端口，配置 Sticky MAC 地址。

```
[SWA]int Ethernet 0/0/1
[SWA-Ethernet0/0/1]port-security enable                //开启端口安全功能
[SWA-Ethernet0/0/1]port-security mac-address sticky //配置 Sticky 模式
//VLAN1 与 PC1 的 MAC 地址进行绑定
[SWA-Ethernet0/0/1]port-security mac-address sticky 5489-98DB-6FBC vlan 1
[SWA]int Ethernet 0/0/2
[SWA-Ethernet0/0/2]port-security enable
[SWA-Ethernet0/0/2]port-security mac-address sticky
[SWA-Ethernet0/0/2]port-security mac-address sticky 5489-985F-7393 vlan 1
[SWA-Ethernet0/0/2]quit
```

（2）在 SWB 的 GE0/0/1 端口，配置端口安全动态 MAC 地址。

```
[SWB]int GigabitEthernet 0/0/1
[SWB-GigabitEthernet0/0/1]port-security enable  //打开端口安全功能
[SWB-GigabitEthernet0/0/1]port-security max-mac-num 1
                                    //限制安全 MAC 地址最大数量为 1 个，默认为 1
[SWB-GigabitEthernet0/0/1]port-security protect-action shutdown
                                    //配置其他非安全 mac 地址数据帧的处理动作为关闭端口
[SWB-GigabitEthernet0/0/1]quit
```

任务验收

01 在交换机 SWA 上使用 display mac-address 命令，查看交换机与计算机之间连接的端口的类型是否变为 Sticky。

```
[SWA]display mac-address
MAC address table of slot 0:
-----------------------------------------------------------------------
MAC Address    VLAN/  PEVLAN CEVLAN Port           Type  LSP/LSR-ID  VSI/SI MAC-Tunnel
-----------------------------------------------------------------------
5489-98db-6fbc 1      -      -      Eth0/0/1 sticky -
5489-985f-7393 1      -      -      Eth0/0/2 sticky -
```

```
----------------------------------------------------------------------------
Total matching items on slot 0 displayed = 2
```

02 测试计算机的互通性。

（1）通过 ping 命令，测试内部通信息的情况。使用 PC1 ping PC2 和 PC3，可以看出，计算机之间可以互相通信。

图 6.1.4　PC1 测试 PC2 和 PC3

（2）使用 PC2 ping PC3，如图 6.1.5 所示，可以看出，计算机不可以互相通信。因为 SWB 的 GE 0/0/1 端口将学习 MAC 地址的数量限制为 1，当有多于 1 个 PC 通过时，交换机发出告警，并关闭端口。

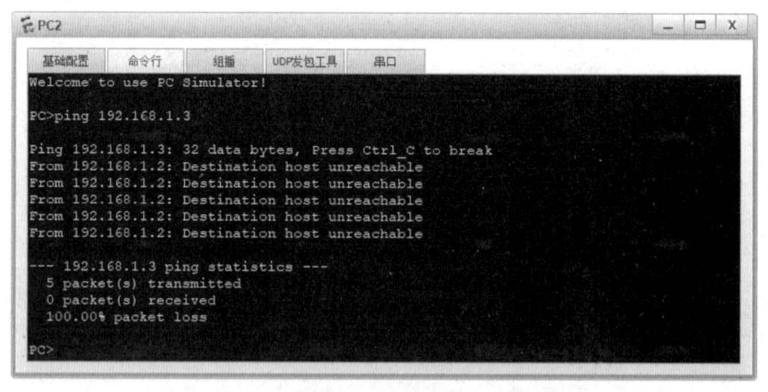

图 6.1.5　使用 PC2 ping PC3

（3）使用命令查询 GE 0/0/1 端口是否已经关闭。

```
[SWB]display interface brief | include GigabitEthernet0/0/1
PHY: Physical
*down: administratively down
(l): loopback
(s): spoofing
(b): BFD down
(e): ETHOAM down
(dl): DLDP down
```

```
(d): Dampening Suppressed
InUti/OutUti: input utility/output utility
Interface               PHY    Protocol InUti OutUti   inErrors  outErrors
GigabitEthernet0/0/1    *down  down        0%     0%          0          0
```

（4）更换计算机，测试互通性。

把 PC1 更换为 PC4，IP 地址相同，MAC 地址不同，连接到交换机 Ethernet 0/0/1 端口上。从图 6.1.6 中可以看出，更换计算机后，MAC 地址不同，计算机不能通信。

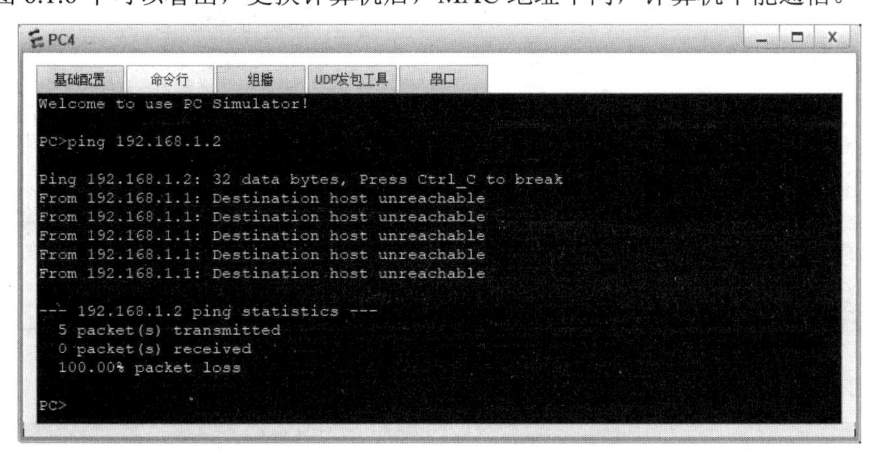

图 6.1.6　使用 PC4 ping PC2

任务小结

（1）学习 MAC 地址的数量默认为 1。

（2）学习到的 MAC 地址数达到限制后的保护动作有 3 个，默认为 restrict。

（3）安全动态 MAC 地址表项默认不老化。

反思与评价

1. 自我反思（不少于 100 字）

____

____

____

____

2. 任务评价

自我评价表

序　号	自 评 内 容	佐 证 内 容	达　标	未 达 标
1	端口安全的作用	能正确描述端口安全的作用		
2	端口安全保护动作	能描述和区分端口安全保护动作的功能		
3	配置端口安全	能正确配置端口安全，实现计算机安全接入		
4	网络安全意识	能有较强的网络安全防范意识		

任务 6.2 实现网络设备的远程管理

任务描述

某公司的网络管理员小赵负责公司办公网的管理工作，熟悉公司内部网络设备运行情况，每天都需要保障公司内部网络设备的正常运行，同时进行办公网的日常管理和维护工作。

在安装的办公网中，路由器和交换机放置在中心机房，每次配置时，都需要去中心机房进行现场配置、调试，非常麻烦。因此小赵决定在路由器和交换机上开启远程登录方式管理功能，即通过远程方式登录路由器和交换机。

任务要求

（1）实现网络设备的远程管理，其网络拓扑图如图 6.2.1 所示。

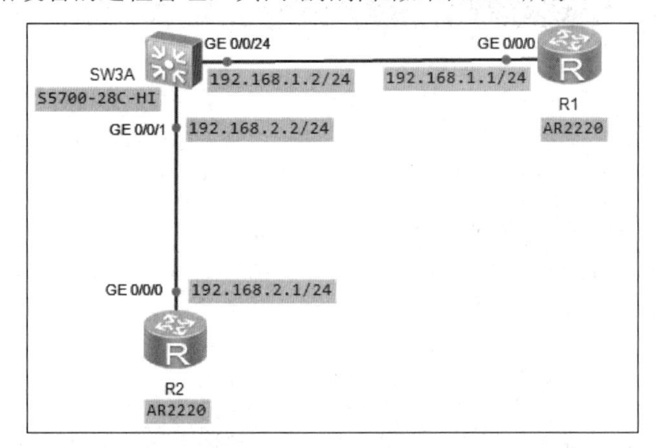

图 6.2.1 实现网络设备的远程管理的网络拓扑图

（2）路由器和交换机的端口 IP 地址设置如表 6.2.1 表示。

表 6.2.1 路由器和交换机的端口 IP 地址设置

设 备 名	端 口	IP 地址/子网掩码
R1	GE 0/0/0	192.168.1.1/24
R2	GE 0/0/0	192.168.2.1/24
SW3A	GE 0/0/1（VLANIF10）	192.168.2.2/24
	GE 0/0/24（VLANIF20）	192.168.1.2/24

（3）在 R1 和 SW3A 上，先配置 Telnet 远程管理，并使用 R2 对其进行验证；再在 R1 上配置 STelnet 远程管理，并使用 SW3A 对其进行验证。

知识准备

远程管理极大地提高了用户操作的灵活性。远程管理主要分为 Telnet 和 STelnet 两种方式。

1. Telnet 介绍

Telnet 起源于 ARPANET，是最早的互联网应用之一。

Telnet 通常用在远程登录应用中，以便对本地或远端运行的网络设备进行配置、监控和维护。如果网络中有多台设备需要配置和管理，则用户无须为每台设备都连接一个用户终端进行本地配置，可以通过 Telnet 方式在一台设备上对多台设备进行管理或配置。如果网络中需要管理或配置的设备不在本地时，也可以通过 Telnet 方式实现对网络中设备的远程维护，极大地提高了用户操作的灵活性。

2. STelnet 介绍

由于 Telnet 缺少安全的认证方式，而且传输过程采用 TCP 进行明文传输，存在很大的安全隐患，单纯提供 Telnet 服务容易招致主机 IP 地址欺骗、路由欺骗等恶意攻击。传统的 Telnet 和 FTP 等通过明文传送密码和数据的方式，已经慢慢不被接受。

STelnet 是 Secure Telnet 的简称。在一个传统不安全的网络环境中，服务器通过对用户端的认证及双向的数据加密，为网络终端访问提供安全的 Telnet 服务。

SSH（Secure Shell）是一个网络安全协议，通过对网络数据的加密，使其能够在一个不安全的网络环境中，提供安全的远程登录和其他安全网络服务。SSH 特性可以提供安全的信息保障和强大的认证功能，以保护路由器不受诸如 IP 地址欺骗、明文密码截取等攻击。SSH 数据加密传输，认证机制更加安全，而且可以代替 Telnet，已经被广泛使用，成为了当前重要的网络协议之一。

SSH 基于 TCP 协议 22 端口传输数据，支持 Password 认证。用户端向服务器发出 Password 认证请求，将用户名和密码加密后发送给服务器；服务器将该信息解密后得到用户名和密码的明文，与设备上保存的用户名和密码进行比较，并返回认证成功或失败的消息。

由于通过 STelnet 登录设备需配置用户界面支持 SSH 协议，因此必须设置 VTY 用户界面验证方式为 AAA 验证，否则执行 portocol inbound ssh 命令配置 VTY 用户界面支持 SSH 协议将不会成功。

3. 用户验证

每个用户登录设备时都会有一个用户界面与之对应。通过用户验证机制可以做到只有合法用户才能登录设备。设备支持的验证方式有 3 种：Password（密码）验证、AAA 验证和 None 验证。

（1）Password 验证：只需要输入密码，密码验证通过后即可登录设备。在默认情况下，设备使用的是 Password 验证方式。使用该方式时，如果没有设置密码，则无法登录设备。Password 验证有 simple 方式和 cipher 方式，simple 方式以明文设置密码，cipher 方式以密文设置密码。

（2）AAA 验证：需要输入用户名和密码，只有输入正确的用户名和其对应的密码，才能登录设备。由于需要同时验证用户名和密码，因此 AAA 验证方式的安全性比 Password 验证方式高，并且该方式可以区分不同的用户，用户之间互不干扰。所以，使用 Telnet 登录时，一般采用 AAA 验证方式。

（3）None 验证：不需要输入用户名和密码，可以直接登录设备，即无须进行任何验证。为了安全起见，不推荐使用 None 验证方式。

此外，SSH 用户用于 STelnet 登录，在配置 VTY 用户界面的验证方式为 AAA 验证的基础上，还需要配置 SSH 用户验证方式。SSH 用户验证方式支持 Password 验证、RSA 验证、椭圆曲线加密（Elliptic Curves Cryptography，ECC）验证、密码+RSA（Password-RSA）验证、密码+椭圆曲线加密（Password-ECC）验证和所有（ALL）验证。

（1）Password 验证：是一种基于"用户名+口令"的验证方式。通过 AAA 为每个 SSH 用户配置相应的密码，在通过 SSH 登录时，输入正确的用户名和密码就可以实现登录。

（2）RSA 验证：是一种基于客户端私钥的验证方式。RSA 是一种公开密钥加密体系，基于非对称加密算法。RSA 密钥由公钥和私钥两部分组成，在配置时需要将客户端生成的 RSA 密钥中的公钥部分复制输入服务器中，服务器用此公钥对数据进行加密。设备作为 SSH 客户端最多存储 20 个密钥。

（3）ECC 验证：是一种椭圆曲线算法，与 RSA 相比，在相同安全性能下其密钥长度短、计算量小、处理速度快、存储空间小、带宽要求低。

（4）Password-RSA 验证：SSH 服务器对登录的用户同时进行 Password 验证和 RSA 验证，只有当两者同时满足情况下，才能验证通过。

（5）Password-ECC 验证：SSH 服务器对登录的用户同时进行 Password 验证和 ECC 验证，只有当两者同时满足情况下，才能验证通过。

（6）ALL 验证：SSH 服务器对登录的用户进行 RSA 认证、ECC 认证或 Password 验证，只要满足其中任何一个，就能验证通过。

使用 Telnet 远程登录时，可以设置 Password 验证和 AAA 验证。使用 STelnet 远程登录时，只能使用 AAA 验证方式。

用户验证机制保证了用户登录的合法性。在默认情况下，通过远程登录的用户，在登录后的权限级别是 0 级（参观级），只能使用 ping、tracert 等网络诊断命令。使用 user privilege level 2 命令，配置权限级别为 2 级。

任务实施

本任务主要介绍 Telnet 远程登录和 STelnet 远程登录的实现过程。

1．配置 Telnet 远程登录

01 根据图 6.2.1 搭建网络拓扑，连线全部使用直通线，开启所有设备电源。

02 路由器 R1 的基本配置。

```
<Huawei>system-view
[Huawei]sysname R1
[R1]interface GigabitEthernet 0/0/0
[R1-GigabitEthernet0/0/0]ip address 192.168.1.1 24
[R1-GigabitEthernet0/0/0]quit
```

03 交换机 SW3A 的基本配置。

```
<Huawei>system-view
[Huawei]sysname SW3A
[SW3A]vlan batch 10 20
[SW3A]interface GigabitEthernet 0/0/1
[SW3A-GigabitEthernet0/0/1]port link-type access
[SW3A-GigabitEthernet0/0/1]port default vlan 10
[SW3A-GigabitEthernet0/0/1]interface GigabitEthernet 0/0/24
[SW3A-GigabitEthernet0/0/24]port link-type access
[SW3A-GigabitEthernet0/0/24]port default vlan 20
[SW3A-GigabitEthernet0/0/24]quit
[SW3A]int Vlanif 10
[SW3A-Vlanif10]ip add 192.168.2.2 24
[SW3A-Vlanif10]int Vlanif 20
[SW3A-Vlanif20]ip add 192.168.1.2 24
[SW3A-Vlanif20]quit
```

04 路由器 R2 的基本配置。

```
<Huawei>system-view
[Huawei]sysname R2
[R2]interface GigabitEthernet 0/0/0
[R2-GigabitEthernet0/0/0]ip address 192.168.2.1 24
```

05 路由器 R1 和 R2 配置静态路由，实现全网互通。

```
[R1]ip route-static 192.168.2.0 24 192.168.1.2
[R2]ip route-static 192.168.1.0 24 192.168.2.2
```

06 在交换机 SW3A 上配置 Telnet 用户登录界面，采用 Password 验证方式，密码为 Huawei。

```
[SW3A]user-interface vty 0 4                              //进入 VTY 用户端口
[SW3A-ui-vty0-4]authentication-mode password              //配置验证方式为 Password
[SW3A-ui-vty0-4]set authentication password simple Huawei
                                                          //配置明文验证，密码为 Huawei
[SW3A-ui-vty0-4]user privilege level 2                    //配置用户级别为 2 级
[SW3A-ui-vty0-4]idle-timeout 15                           //断连时间为 15min
[SW3A-ui-vty0-4]quit
```

07 在路由器 R1 上配置 Telnet 用户登录界面，采用 AAA 验证方式，用户名为 admin，密码为 Huawei。

```
[R1]user-interface vty 0 4
[R1-ui-vty0-4]authentication-mode aaa                     //采用 AAA 验证方式
[R1-ui-vty0-4]user privilege level 2                      //配置权限级别为 2 级
[R1-ui-vty0-4]quit
[R1]aaa
[R1-aaa]local-user admin password cipher Huawei           //密码为 Huawei
[R1-aaa]local-user admin service-type telnet              //用户名为 admin，服务方式为 Telnet
[R1-aaa]quit
```

2. 配置 STelnet 远程登录

这里以交换机 SW3A 到 R1 的 STelnet 远程登录为例实现配置。

01 根据图 6.2.1 搭建网络拓扑，连线全部使用直通线，开启所有设备电源。

02 路由器 R1 的基本配置，参考前面的配置。

03 交换机 SW3A 的基本配置，参考前面的配置。

04 在路由器 R1 上，开启 SSH 服务。

```
[R1]stelnet server enable
```

05 在路由器 R1 上，使用 rsa local-key-pair create 命令生成本地 RSA 密钥对。

成功完成 SSH 登录的首要操作是配置并生本地 RSA 密钥对。在进行其他 SSH 配置之前先要生成本地 RSA 密钥对，生成的密钥对将保存在设备中，重启后不会丢失。

```
[R1]rsa local-key-pair create
The key name will be: Host
% RSA keys defined for Host already exist.
Confirm to replace them? (y/n)[n]:y
The range of public key size is (512 ~ 2048).
NOTES: If the key modulus is greater than 512,
      It will take a few minutes.
Input the bits in the modulus[default = 512]:512
Generating keys...
......++++++++++++
.......++++++++++++
......++++++++
.++++++++
```

06 配置 SSH 用户登录界面。设置用户验证方式为 AAA，用户名为 admin，密码为 Huawei。

```
[R1]user-interface vty 0 4                          //进入 VTY 用户界面
[R1-ui-vty0-4]authentication-mode aaa               //设置用户验证方式为 AAA
[R1-ui-vty0-4]user privilege level 2                //配置本地用户的优先级
[R1-ui-vty0-4]protocol inbound ssh                  //只支持 SSH 协议，禁止 Telnet 功能
[R1-ui-vty0-4]idle-timeout 15                       //断连时间为 15min
[R1-ui-vty0-4]quit
[R1]aaa
//创建本地用户和口令，以密文方式显示用户口令
[R1-aaa]local-user admin password cipher Huawei
[R1-aaa]local-user admin service-type ssh          //本地用户的接入类型为 SSH
[R1-aaa]quit
```

07 配置 SSH 用户端首次认证功能。

当 SSH 用户第一次登录 SSH 服务器时，用户端还没有保存 SSH 服务器的 RSA 公钥，会对 SSH 服务器的 RSA 有效性公钥检查失败，从而导致登录 SSH 服务器失败。因此当用户端 SW3A 首次登录时，需开启 SSH 用户端首次认证功能，不对 SSH 服务器的 RSA 公钥进行有效性检查。

```
[SW3A]ssh client first-time enable
```

任务验收

1. 对 Telnet 远程登录的测试

01 在路由器 R2 上，使用 telnet 192.168.1.2 命令进行 Password 方式登录测试。

```
<R2>telnet 192.168.1.2
```

```
  Press CTRL_] to quit telnet mode
  Trying 192.168.1.2 ...
  Connected to 192.168.1.2 ...

Login authentication

Password:                                             //此处输入密码“Huawei”
Info: The max number of VTY users is 5, and the number
      of current VTY users on line is 1.
      The current login time is 2021-07-20 13:22:26.
<SW3A>system-view
[SW3A]
```

02 在路由器 R2 上，使用 telnet 192.168.1.1 命令进行 AAA 方式登录测试。

```
<R2>telnet 192.168.1.1
  Press CTRL_] to quit telnet mode
  Trying 192.168.1.1 ...
  Connected to 192.168.1.1 ...

Login authentication

Username:admin                     //用户名为 amdin
Password:                          //密码为 Huawei
<R1>system-view
```

2. 对 STelnet 远程登录的测试

01 在交换机 SW3A 上，使用 stelnet 192.168.1.1 命令进行登录测试。

```
[SW3A]stelnet 192.168.1.1
Please input the username:admin
Trying 192.168.1.1 ...
Press CTRL+K to abort
Connected to 192.168.1.1 ...
The server is not authenticated. Continue to access it? (y/n)[n]:y
Jul 20 2021 14:06:37-08:00 R1 %%01SSH/4/CONTINUE_KEYEXCHANGE(l)[1]:The server ha
d not been authenticated in the process of exchanging keys. When deciding whethe
r to continue, the user chose Y.
[SW3A]
Save the server's public key? (y/n)[n]:y
The server's public key will be saved with the name 192.168.2.1. Please wait...

Jul 20 2021 14:06:40-08:00 R1 %%01SSH/4/SAVE_PUBLICKEY(l)[2]:When deciding wheth
er to save the server's public key 192.168.1.1, the user chose Y.
[SW3A]
Enter password:                  //输入密码“Huawei”
<R1>system-view
Enter system view, return user view with Ctrl+Z.
[R1]
```

02 在路由器 R1 上，使用 display users 命令查看已经登录的用户信息。

```
[R1]display users
  User-Intf    Delay    Type  Network Address     AuthenStatus    AuthorcmdFlag
+ 0   CON 0   00:00:00                              pass
  Username : Unspecified
```

```
129 VTY 0   00:01:59  SSH    192.168.2.1              pass
Username : admin
```

任务小结

本任务介绍了如何在路由器上实现 Telnet 和 SSH，这对网络管理员来说是至关重要的，因为它们可以在很大程度上方便网络管理员的工作，要注意 Telnet 和 SSH 的区别，实际工作中使用 SSH 更多一些，因为 Telnet 是明文传输的，而 SSH 是密文传输的，SSH 相对来说更安全。

反思与评价

1. 自我反思（不少于 100 字）

____

____

____

2. 任务评价

自我评价表

序　号	自评内容	佐证内容	达　标	未达标
1	远程管理的优点	能正确描述远程管理的优点		
2	启用远程管理	能在交换机和路由器上启用远程管理功能		
3	配置远程管理	能使用 Password 和 AAA 验证方式正确配置远程管理		
4	严谨的职业素养	能按照网络安全管理的基本规程进行操作		

任务 6.3　使用基本 ACL 限制网络访问

扫一扫
看微课

任务描述

某公司构建了互联互通的办公网，为保护公司内网用户数据的安全，该公司实施内网安全防范措施。公司分为技术部、财务部和销售部，分属 3 个不同的网段，3 个部门之间用路由器进行信息传递。为了安全起见，公司领导要求网络管理员对网络的数据流量进行控制，使销售部不能对财务部进行访问，但技术部可以对财务部进行访问。

公司的财务部涉及企业许多重要的财务信息和数据，因此保障公司管理部门的安全访问，减少普通部门对财务部的访问很有必要，这样可以尽可能地减少网络安全隐患。

在路由器上应用标准访问控制列表（ACL），对访问销售部的数据流量进行限制，禁止技术部访问销售部的数据流量通过，但对财务部的访问不做限制，从而达到保护销售数据主机安全的目的。

任务要求

（1）使用基本 ACL 限制网络访问，其网络拓扑图如图 6.3.1 所示。

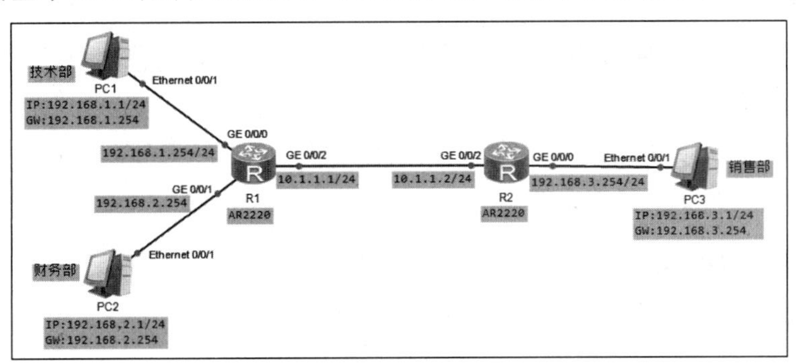

图 6.3.1　使用基本 ACL 限制网络访问的网络拓扑图

（2）路由器的端口 IP 地址设置如表 6.3.1 所示。

表 6.3.1　路由器的端口 IP 地址设置

设备名	端口	IP 地址/子网掩码
R1	GE 0/0/0	192.168.1.254/24
	GE 0/0/1	192.168.2.254
	GE 0/0/2	10.1.1.1/24
R2	GE 0/0/0	192.168.3.254/24
	GE 0/0/2	10.1.1.2/24

（3）计算机的 IP 地址参数如表 6.3.2 所示。

表 6.3.2　计算机的 IP 地址参数

计算机	端口	IP 地址/子网掩码	网关
PC1	Ethernet 0/0/1	192.168.1.1/24	192.168.1.254
PC2	Ethernet 0/0/1	192.168.2.1/24	192.168.2.254
PC3	Ethernet 0/0/1	192.168.3.1/24	192.168.3.254

（4）使用静态路由协议实现全网互通。

（5）配置基本 ACL，使技术部 PC1 所在的网络可以访问财务部 PC2 的网络、不能访问销售部 PC3 所在的网络，但允许财务部 PC2 所在的网络访问销售部 PC3 所在的网络。

知识准备

1．ACL 的基本概念

ACL（Access Control List，访问控制列表）是由一系列规则组成的集合，ACL 通过这些规则对报文进行分类，从而使设备可以对不同类型的报文进行不同的处理。

一个 ACL 通常由若干条“deny | permit”语句组成，每条语句就是该 ACL 的一条规则，每条语句中的“deny | permit”就是与这条规则相对应的处理动作。处理动作“permit”的含义是“允许”，处理动作“deny”的含义是“拒绝”。特别需要说明的是，ACL 技术总

是与其他技术结合使用的，因此，所结合的技术不同，“permit”及“deny”的内涵及作用也就不同。例如，当 ACL 技术与流量过滤技术结合使用时，“permit”就是“允许通行”的意思，“deny”就是“拒绝通行”的意思。

ACL 是一种应用非常广泛的网络安全技术，配置了 ACL 的网络设备的工作过程可以分为以下两个步骤。

（1）根据事先设定好的报文匹配规则对经过该设备的报文进行匹配。

（2）对匹配的报文执行事先设定好的处理动作。

2. ACL 的规则原理

ACL 负责管理用户配置的所有规则，并提供报文匹配规则的算法。ACL 的规则管理的基本思想如下。

（1）每个 ACL 作为一个规则组存在，一般可以包含多条规则。

（2）ACL 中的各条规则都通过规则 ID 来标识，规则 ID 可以自行设置，也可以由系统根据步长自动生成，即设备会在创建 ACL 的过程中自动为每条规则分配一个 ID。

（3）默认情况下，ACL 中的所有规则均按照规则 ID 从小到大的顺序与规则进行匹配。

（4）规则 ID 之间会留下一定的间隔。如果不指定规则 ID，则具体间隔大小由“ACL 的步长”来设定。例如，将规则编号的步长设定为 10（注意，规则编号的步长的默认值为 5），则规则编号将按照 10,20,30,40…的规律自动进行分配。如果将规则编号的步长设定为 2，则规则编号将按照 2,4,6,8…的规律自动进行分配。步长的大小反映了相邻规则编号之间的间隔大小。间隔的作用是方便在两个相邻的规则之间插入新的规则。

3. ACL 的规则匹配

配置了 ACL 的设备在接收到一个报文之后，会将该报文与 ACL 中的规则逐条进行匹配。如果无法匹配当前规则，则会继续尝试匹配下一条规则。一旦报文匹配上了某条规则，设备就会对该报文执行这条规则中定义的处理动作（permit 或 deny），并且不再继续尝试与后续规则进行匹配。如果报文无法匹配 ACL 中的任何一条规则，则设备会对该报文执行“permit”动作。

4. ACL 的分类

根据 ACL 具有的特性的不同，可以将 ACL 分成不同的类型，分别是基本 ACL、高级 ACL、二层 ACL、用户自定义 ACL。其中，应用最为广泛的是基本 ACL 和高级 ACL。

基本 ACL 只能基于 IP 报文的源地址、报文分片标记和时间段信息来定义规则，编号范围为 2000～2999。

任务实施

01 根据图 6.3.1 搭建网络拓扑，连线全部使用直通线，开启所有设备电源，为每台计算机设置好相应的 IP 地址、子网掩码和默认网关。

02 路由器 R1 的基本配置。

```
<Huawei>system-view
[Huawei]sysname R1
[R1]interface GigabitEthernet 0/0/0
[R1-GigabitEthernet0/0/0]ip add 192.168.1.254 24
[R1-GigabitEthernet0/0/0]quit
[R1]interface GigabitEthernet 0/0/1
[R1-GigabitEthernet0/0/1]ip add 192.168.2.254 24
[R1-GigabitEthernet0/0/1]quit
[R1]interface GigabitEthernet0/0/2
[R1-GigabitEthernet0/0/2]ip add 10.1.1.1 24
[R1-GigabitEthernet0/0/2]quit
```

03 路由器 R2 的基本配置。

```
<Huawei>system-view
[Huawei]sysname R2
[R2]interface GigabitEthernet 0/0/0
[R2-GigabitEthernet0/0/0]ip add 192.168.3.254 24
[R2-GigabitEthernet0/0/0]quit
[R2]interface GigabitEthernet0/0/2
[R2-GigabitEthernet0/0/2]ip add 10.1.1.2 24
[R2-GigabitEthernet0/0/2]quit
```

04 配置静态路由，实现全网互通。

（1）在路由器 R1 上的配置。

```
[R1]ip route-static 192.168.3.0 255.255.255.0 10.1.1.2
```

（2）在路由器 R2 上的配置。

```
[R2]ip route-static 192.168.1.0 255.255.255.0 10.1.1.1
[R2]ip route-static 192.168.2.0 255.255.255.0 10.1.1.1
```

05 配置基本 ACL 和查看 ACL 信息。

```
[R2]acl 2000
[R2-acl-basic-2000]rule deny source 192.168.1.0 0.0.0.255
[R2-acl-basic-2000]quit
[R2]display acl all
 Total quantity of nonempty ACL number is 1
Basic ACL 2000, 1 rule
Acl's step is 5
 rule 5 deny source 192.168.1.0 0.0.0.255
```

06 应用 ACL 在端口上。

```
[R2]interface GigabitEthernet 0/0/0
[R2-GigabitEthernet0/0/0]traffic-filter outbound acl 2000
```

任务验收

01 在 PC1 上 ping PC3，结果表明网络是不连通的；在 PC1 上 ping PC2，结果表明网络是不连通的，如图 6.3.2 所示。

图 6.3.2 PC1 对 PC3 和 PC2 的测试

02 在 PC2 上 ping PC3，结果表明网络是连通的，如图 6.3.3 所示。

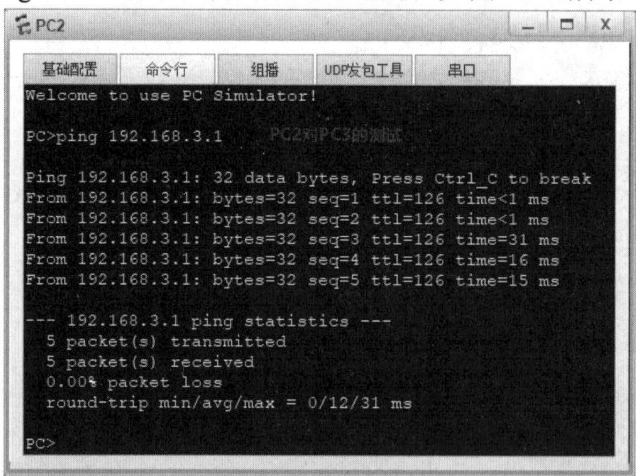

图 6.3.3 PC2 对 PC3 的测试

03 查看 ACL 的应用状态。

```
[R2]dis acl 2000
Basic ACL 2000, 1 rule
Acl's step is 5
 rule 5 deny source 192.168.1.0 0.0.0.255 (5 matches)
```

任务小结

（1）在 ACL 的网络掩码是反掩码。

（2）ACL 要在端口下应用才生效。

（3）基本 ACL 要应用在尽量靠近目的地址的端口。

反思与评价

1. 自我反思（不少于 100 字）

____

____

____

____

2. 任务评价

自我评价表

序　号	自评内容	佐证内容	达　标	未达标
1	ACL 的作用和优点	能正确描述 ACL 的作用和优点		
2	ACL 的规则原理	能正确描述 ACL 的规则原理		
3	ACL 的规则匹配	能正确描述 ACL 的规则匹配		
4	ACL 的分类	能正确描述 ACL 的分类		
5	基本 ACL 配置	能正确配置基本 ACL		
6	严谨的逻辑思维能力	能深刻理解 ACL 的规则原理和规则匹配		

任务 6.4　使用高级 ACL 限制服务器端口防攻击

任务描述

某公司构建了互联互通的办公网。北京总部的网络核心使用一台三层路由器设备连接不同子网，构建企业办公网络。通过三层技术一方面实现办公网络互联互通，另一方面把办公网接入互联网。

公司在天津设有一分公司，使用三层设备的专线技术，借助互联网和总部网络实现连通。由于天津分公司网络安全措施不严密，公司规定：禁止天津分公司的销售部访问总公司的 FTP 服务器资源，允许天津分公司的销售部和技术部访问总公司的 Web 等公开信息资源，而除此之外对服务器的其他访问均被限制，来达到保护服务器和数据安全的目的。

任务要求

（1）使用高级 ACL 限制服务器端口防攻击，其网络拓扑图如图 6.4.1 所示。

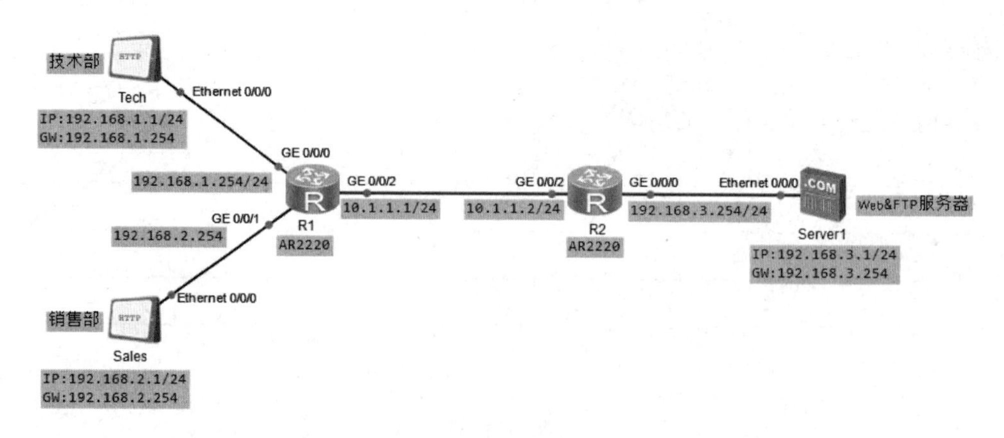

图 6.4.1 使用高级 ACL 限制服务器端口防攻击的网络拓扑图

（2）路由器的端口 IP 地址设置如表 6.4.1 所示。

表 6.4.1 路由器的端口 IP 地址设置

设 备 名	端 口	IP 地址/子网掩码
R1	GE 0/0/0	192.168.1.254/24
	GE 0/0/1	192.168.2.254
	GE 0/0/2	10.1.1.1/24
R2	GE 0/0/0	192.168.3.254/24
	GE 0/0/2	10.1.1.2/24

（3）计算机的 IP 地址参数如表 6.4.2 所示。

表 6.4.2 计算机的 IP 地址参数

计 算 机	端 口	IP 地址/子网掩码	网 关	备 注
Tech	Ethernet 0/0/0	192.168.1.1/24	192.168.1.254	技术部
Sales	Ethernet 0/0/0	192.168.2.1/24	192.168.2.254	销售部
Server1	Ethernet 0/0/0	192.168.3.1/24	192.168.3.254	Web&FTP 服务器

（4）使用静态路由实现全网互通。

（5）配置高级 ACL，禁止天津分公司的销售部访问总公司的 FTP 服务器资源，允许天津分公司的销售部和技术部访问总公司的 Web 等公开信息资源，而除此之外对服务器的其他访问均被限制。

知识准备

高级 ACL 可以根据 IP 报文的源 IP 地址、IP 报文的目的 IP 地址、IP 报文的协议字段的值、IP 报文的优先级的值、IP 报文的长度值、TCP 报文的源端口号、TCP 报文的目的端口号、UDP 报文的源端口号、UDP 报文的目的端口号等信息来定义规则。基本 ACL 的功能只是高级 ACL 功能的一个子集，高级 ACL 可定义出更精准、更复杂、更灵活的规则。

高级 ACL 中规则的配置比基本 ACL 中规则的配置复杂得多，且配置命令的格式也会因 IP 报文的载荷数据类型的不同而不同。例如，针对 ICMP 报文、TCP 报文、UDP 报文等不同类型的报文，其相应的配置命令的格式也是不同的。高级 ACL 的编号范围为 3000～3999。

任务实施

01 参照图 6.4.1 搭建网络拓扑，连线全部使用直通线，开启所有设备电源，为每台计算机设置好相应的 IP 地址、子网掩码和默认网关。

02 路由器 R1 的基本配置。

```
<Huawei>system-view
[Huawei]sysname R1
[R1]interface GigabitEthernet 0/0/0
[R1-GigabitEthernet0/0/0]ip add 192.168.1.254 24
[R1-GigabitEthernet0/0/0]quit
[R1]interface GigabitEthernet 0/0/1
[R1-GigabitEthernet0/0/1]ip add 192.168.2.254 24
[R1-GigabitEthernet0/0/1]quit
[R1]interface GigabitEthernet 0/0/2
[R1-GigabitEthernet0/0/2]ip add 10.1.1.1 24
[R1-GigabitEthernet0/0/2]quit
```

03 路由器 R2 的基本配置。

```
<Huawei>system-view
[Huawei]sysname R2
[R2]interface GigabitEthernet 0/0/0
[R2-GigabitEthernet0/0/0]ip add 192.168.3.254 24
[R2-GigabitEthernet0/0/0]quit
[R2]interface GigabitEthernet 0/0/2
[R2-GigabitEthernet0/0/2]ip add 10.1.1.2 24
[R2-GigabitEthernet0/0/2]quit
```

04 配置静态路由，实现全网互通。

（1）在路由器 R1 上的配置。

```
[R1]ip route-static 192.168.3.0 255.255.255.0 10.1.1.2
```

（2）在路由器 R2 上的配置。

```
[R2]ip route-static 192.168.1.0 255.255.255.0 10.1.1.1
[R2]ip route-static 192.168.2.0 255.255.255.0 10.1.1.1
```

05 配置高级 ACL。

```
[R1]acl 3000
[R1-acl-adv-3000]rule 5 deny tcp source 192.168.2.0 0.0.0.255 destination 192.168.3.1 0.0.0.0 destination-port range 20 21
[R1-acl-adv-3000]rule 10 permit tcp source 192.168.2.0 0.0.0.255 destination 192.168.3.1 0.0.0.0 destination-port eq 80
[R1-acl-adv-3000]rule 15 deny ip
[R1-acl-adv-3000]quit
[R1]
```

06 查看 ACL 信息。

```
[R1]display acl all
 Total quantity of nonempty ACL number is 1
```

```
    Advanced ACL 3000, 3 rules
    Acl's step is 5
     rule 5 deny tcp source 192.168.2.0 0.0.0.255 destination 192.168.3.1 0 destination-port range ftp-data ftp
     rule  10  permit  tcp  source  192.168.2.0  0.0.0.255  destination  192.168.3.1  0 destination-port eq www
     rule 15 deny ip
```

07 应用 ACL 在端口上。

```
[R1]interface GigabitEthernet 0/0/1
[R1-GigabitEthernet0/0/1]traffic-filter inbound acl 3000
[R1-GigabitEthernet0/0/1]quit
```

08 配置 Server1 服务器的 FtpServer 服务器和 HttpServer 服务器。

（1）配置 FtpServer 服务器。

在 Server1 上单击鼠标右键，在弹出的快捷菜单中选择“服务器信息”命令，打开设置对话框，单击“FtpServer”按钮，在“配置”选区中进行文件根目录的添加，这里选择“C:\”，最后单击“启动”按钮，如图 6.4.2 所示。

图 6.4.2　配置 FtpServer 服务器

（2）配置 HttpServer 服务器。

在 Server1 上单击鼠标右键，在弹出的快捷菜单中选择“服务器信息”命令，打开设置对话框，单击“HttpServer”按钮，在“配置”选区中进行文件根目录的添加，这里选择“C:\Http\index.htm”（需提前创建好），最后单击“启动”按钮，如图 6.4.3 所示。

图 6.4.3　配置 HttpServer 服务器

任务验收

01 在销售部 Sales 上访问 Web 服务器是可以正常访问的，如图 6.4.4 所示。

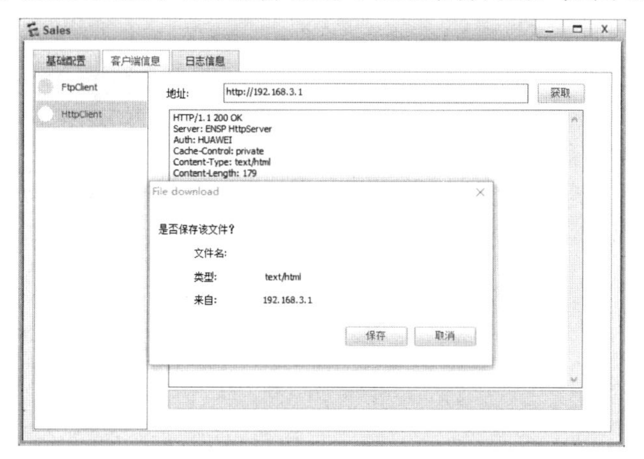

图 6.4.4　销售部 Sales 访问 Web 服务器

02 在销售部 Sales 上测试 FTP 服务器是无法正常访问的，如图 6.4.5 所示。

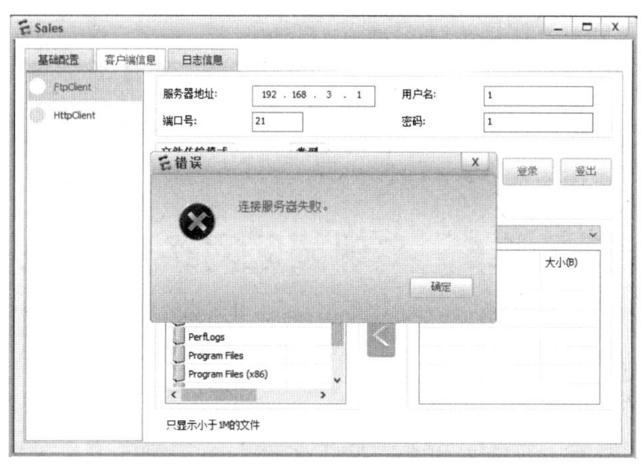

图 6.4.5　销售部 Sales 访问 FTP 服务器

03 查看 ACL 的应用状态。

```
[R1]dispaly acl all
 Total quantity of nonempty ACL number is 1
Advanced ACL 3000, 3 rules
Acl's step is 5
 rule 5 deny tcp source 192.168.2.0 0.0.0.255 destination 192.168.3.1 0 destination-
port range ftp-data ftp (5 matches)
 rule 10 permit tcp source 192.168.2.0 0.0.0.255 destination 192.168.3.1 0
destination-port eq www (6 matches)
 rule 15 deny ip
```

任务小结

（1）高级 ACL 要应用在尽量靠近源地址的端口。

（2）要注意允许某个网段后，要拒绝其他网段。

（3）对 FTP 而言，必须制定 ftp（21）和 ftp-data（20）。

反思与评价

1. 自我反思（不少于 100 字）

____

____

____

____

2. 任务评价

自我评价表

序　　号	自评内容	佐证内容	达　　标	未达标
1	高级 ACL 的作用	能正确描述高级 ACL 的作用		
2	匹配项及协议类型	能正确描述高级 ACL 的匹配项及协议类型		
3	ACL 的规则匹配	能正确描述 ACL 的规则匹配		
4	基本 ACL 与高级 ACL 的区别	能区分两种 ACL 的不同和应用场合		
5	高级 ACL 配置	能正确配置高级 ACL		
6	学习能力	能举一反三地实现不同情形的高级 ACL		

任务 6.5　实现园区网络安全接入互联网

扫一扫
看微课

任务描述

某公司网络核心使用三层交换设备，实现不同办公子网的互联互通。此外，在企业网络的出口处，安装了一台路由器作为企业网络的出口设备，使用该路由器设备实现公司总部网络的互联互通。

同时，公司还借助专线接入技术，把总部的网络接入互联网，利用互联网，和公司在天津的分公司的网络中心路由器连接，实现公司全网互联互通。

为了保护总部网络和分公司网络安全，对公司网络中的路由器做PPP安全认证，因为客户端路由器与电信运营商进行链路协商时要验证身份，实现全公司网络的安全通信。

任务要求

（1）实现园区网络安全接入互联网，其网络拓扑图如图6.5.1所示。

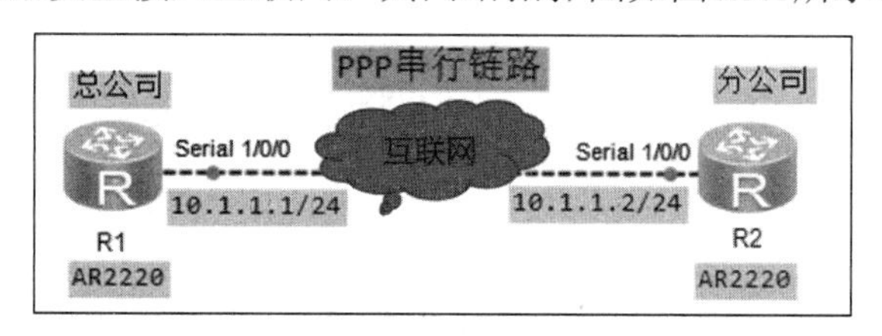

图 6.5.1　实现园区网络安全接入互联网的网络拓扑图

（2）路由器的端口 IP 地址设置如表 6.5.1 表示。

表 6.5.1　路由器的端口 IP 地址设置

设　备　名	端　　口	IP 地址/子网掩码
R1	Serial 1/0/0	10.1.1.1/24
R2	Serial 1/0/0	10.1.1.2/24

（3）在两台路由器之间做 PPP 封装，并测试两台路由器的连通性。

知识准备

1. PPP 简介

1）基本概念

点到点协议（Point-to-Point Protocol，PPP）也称为 P2P，是基于物理链路上传输网络层的报文而设计的，它的校验、认证和连接协商机制有效解决了串行线路网际协议（Serial Line Internet Protocol，SLIP）的无容错控制机制、无授权和协议运行单一的问题。PPP 的可靠性和安全性较高，且支持各类网络层协议，可以在不同类型的端口和链路上运行，是目前 TCP/IP 网络中最重要的点到点数据链路层协议。

如图 6.5.2 所示，PPP 主要工作在串行端口和串行链路上，用于在全双工的同异步链路上进行点到点的数据传输，利用 Modem 进行拨号上网就是其典型应用。

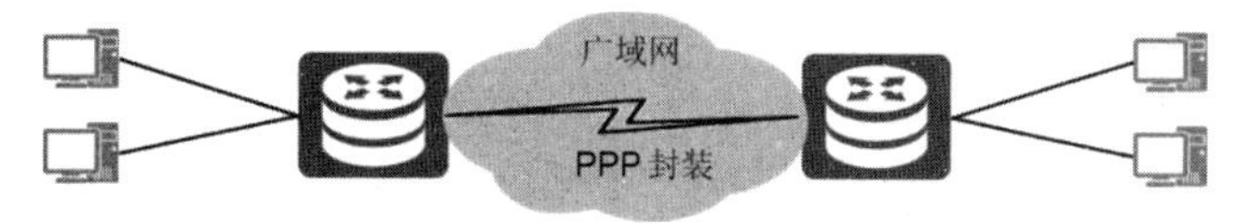

图 6.5.2　PPP 在点到点中的作用

PPP 在物理上可以使用不同的传输介质，包括双绞线、光纤及无线传输介质，其在数据链路层上提供了一套解决链路建立、维护、拆除，以及上层协议协商、认证等问题的方案，并且支持同步串行连接、异步串行连接、ISDN 连接、HSSI 连接等。PPP 具有以下特性。

（1）能够控制数据链路的建立。

（2）能够对 IP 地址进行分配和使用。

（3）允许同时采用多种网络层协议。

（4）能够配置和测试数据链路。

（5）能够进行错误检测。

（6）有协商选项，能够对网络层的地址和数据压缩等进行协商。

PPP 还包含若干附属协议，这些附属协议也称为成员协议。PPP 的成员协议主要包括链路控制协议（Link Control Protocol，LCP）和网络控制协议（Network Control Protocol，NCP）。

（1）LCP。

LCP 主要用于数据链路连接的建立、拆除和监控。LCP 主要完成最大传输单元（Maximum Transfer Unit，MTU）、质量协议、认证协议、魔术字、协议域压缩、地址和控制域压缩等参数的协商。

（2）NCP。

NCP 主要用于协商在该链路上所传输的数据包的格式与类型，以及建立和配置不同网络层协议。

2）PPP 基本建链过程

PPP 链路的建立是通过一系列的协商完成的。其中，LCP 除了用于建立、拆除和监控 PPP 数据链路，还要进行数据链路层特性的协商，如 MTU、认证方式等；NCP 簇主要用于协商在该数据链路上所传输的数据的格式和类型，如 IP 地址。

PPP 在建立链路之前需要进行一系列的协商过程。建立 PPP 链路大致可以分为如下几个阶段：Dead（链路不可用）阶段、Establish（链路建立）阶段、Authenticate（验证）阶段、Network-Layer Protocol（网络层协议）阶段、Link Terminate（链路终止）阶段，如图 6.5.3 所示。

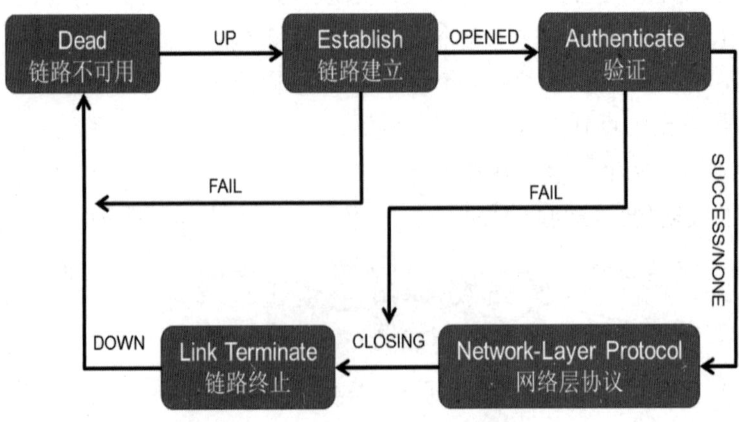

图 6.5.3　建立 PPP 链路的流程

（1）链路不可用阶段：链路必须从此阶段开始和结束。当一个外部事件（如一个载波信号或网络管理员配置）检测到物理层可用时，PPP 就会进入链路建立阶段。在链路不可用阶段，LCP 状态机有两个状态，即 Initial 和 Starting。从这个状态迁移到链路建立状态会给 LCP 状态机发送一个 UP 事件。当断开连接后，链路会自动回到这个状态。在一般情况下，链路不可用阶段是很短的，只是检测到设备在线。

（2）链路建立阶段：在此阶段中，PPP 链路将进行 LCP 参数协商，协商内容包括 MRU、认证方式、魔术字等。LCP 参数协商成功后会进入 OPENED 状态，表示底层链路已经建立。

（3）验证阶段：某些链路可能会在对端验证自己之后才允许网络层协议数据包在链路上传输，在默认值中验证是不要求的。如果某个应用要求对端采用特定的验证协议进行验证，则必须在链路建立阶段发出使用这种协议的请求。只有当验证通过时才可以进入网络层协议阶段，如果验证不通过，则应继续验证而不是转到链路终止阶段。在验证阶段中，只允许 LCP、验证协议和链路质量检测的数据包进行传输，其他的数据包都应丢弃。

（4）网络层协议阶段：在此阶段中，PPP 链路将进行 NCP 协商，通过协商来选择和配置一个网络层协议及相关参数。只有相应的网络层协议协商成功后，才可以通过这条 PPP 链路发送报文。NCP 协商成功后，PPP 链路将保持通信状态。

（5）链路终止阶段：即 PPP 终止链路，可能会由于载波信号的丢失、验证不通过、链路质量不好、定时器超时或管理员操作而关闭链路。PPP 通过交换终止链路的数据包来关闭链路，当交换结束时，应用就会告诉物理层拆除连接从而强行终止链路。但验证失败时，发出终止请求的一方必须等到收到终止应答，或者重启计数器超过最大终止计数次数后再断开连接。收到终止请求的一方必须等对方先断开连接，且在发送终止应答，以及等至少一次重启计数器超时之后才能断开连接，之后 PPP 回到链路不可用状态。

2. PAP 简介

1）PAP 基本概念

密码认证协议（Password Authentication Protocol，PAP）是两次握手协议，它通过用户名及口令来进行用户身份认证。

2）PAP 认证过程

PAP 不是一种安全的认证协议，并且用户名和口令还会被认证方不停地在链路上反复发送，因此很容易被截获。PAP 认证过程如下。

（1）当开始认证阶段时，被认证方首先将自己的用户名及口令发送到认证方，认证方根据本端的用户数据库（或 Radius 服务器）确认是否有此用户，以及口令是否正确。

（2）如果正确，则发送 Ack 报文通知对端进入下一阶段协商；否则，发送 Nak 报文通知对端验证失败。

此时，并不直接将链路关闭。只有当认证失败达到一定次数时才关闭链路，以防止因网络误传、网络干扰等因素造成不必要的 LCP 重新协商。PAP 在网络中以明文的方式传送用户名及口令，所以安全性不高。PAP 认证过程如图 6.5.4 所示。

图 6.5.4　PAP 认证过程

3. CHAP 简介

1）CHAP 基本概念

挑战握手认证协议（Challenge Handshake Authentication Protocol，CHAP）为三次握手协议，它只在网络中传送用户名而不传送口令，因此其安全性比 PAP 的安全性高。

2）CHAP 认证过程

CHAP 是在链路建立开始就完成的，在链路建立完成后的任何时间都可以进行再次认证。CHAP 认证过程如下。

（1）认证方向被认证方发送一些随机报文，并加上自己的主机名。

（2）被认证方收到认证方的验证请求，通过收到的主机名和本端的用户数据库查找用户口令字（密钥），如果找到用户数据库中和认证方主机名相同的用户，就利用接收到的随机报文、此用户的密钥和报文 ID 通过 Md5 加密算法生成应答，随后将应答和自己的主机名送回。

（3）认证方收到此应答后，利用对端的用户名在本端的用户数据库中查找本方保留的密钥，利用本方保留密钥、随机报文和报文 ID 通过 Md5 加密算法生成应答，并与被认证方的应答比较，如果相同，则返回 Ack；否则，返回 Nak。CHAP 认证过程如图 6.5.5 所示。

图 6.5.5　CHAP 认证过程

任务实施

1. PPP 封装 PAP 认证

在两台路由器之间做 PPP 封装 PAP 认证，R1 作为认证方配置认证的用户名和密码，并制定该用户名和密码用于 PAP 认证；R2 作为被认证方配置以 PAP 方式认证时本地发送的 PAP 用户名“admin”和密码“Huawei”，并测试两台路由器的连通性。

01 参照图 6.5.1 搭建网络拓扑，为两台路由器添加 2SA 模块，并且添加在 Serial 1/0/0 端口位置；连线使用 Serial 线缆，开启所有设备电源。

02 路由器 R1 的基本配置。

```
<Huawei>system-view
[Huawei]sysname R1
[R1]int Serial 1/0/0
[R1-Serial1/0/0]ip add 10.1.1.1 24
[R1-Serial1/0/0]quit
```

03 路由器 R2 的基本配置。

```
<Huawei>system-view
[Huawei]sysname R2
[R2]int Serial 1/0/0
[R2-Serial1/0/0]ip add 10.1.1.2 24
[R2-Serial1/0/0]quit
```

04 配置 PPP 的 PAP 认证。

R1 作为认证端，需要配置本端 PPP 的认证方式为 PAP。执行 aaa 命令，进入 AAA 视图，配置 PAP 认证所使用的用户名“admin”和密码“Huawei”。

```
[R1]aaa
[R1-aaa]local-user admin password cipher Huawei  //在路由器R1上指定该密码用于PPP认证
[R1-aaa]local-user admin service-type ppp
[R1-aaa]int s1/0/0
[R1-Serial1/0/0]link-protocol ppp
//在 Serial 1/0/0 端口上启用 PPP，并指定认证方式为 PAP
[R1-Serial1/0/0]ppp authentication-mode pap
[R1-Serial1/0/0]quit
```

05 查看 R1 的链路状态信息。

关闭 R1 与 R2 相连端口一段时间后再打开，使 R1 与 R2 之间的链路重新协商，并检查链路状态和连通性。

```
[R1]interface Serial 1/0/0
[R1-Serial1/0/0]shutdown
[R1-Serial1/0/0]undo shutdown
[R1]
[R1]display ip int brief
Interface                    IP Address/Mask        Physical      Protocol
GigabitEthernet0/0/0         unassigned             down          down
GigabitEthernet0/0/1         unassigned             down          down
GigabitEthernet0/0/2         unassigned             down          down
NULL0                        unassigned             up            up(s)
Serial1/0/0                  10.1.1.1/24            up            down
Serial1/0/1                  unassigned             down          down
```

可以观察到，现在 R1 和 R2 之间无法正常通信，链路物理状态正常，但是链路层协议状态不正常，这是因为此时 PPP 链路上的 PAP 认证未通过。

06 配置对端（被认证方）PAP 验证。

R1 作为认证端，在 Serial 1/0/0 端口下配置以 PAP 方式认证时本地发送的 PAP 用户名和密码。

```
[R2]int Serial 1/0/0
[R2-Serial1/0/0]link-protocol ppp
//在 Serial 1/0/0 端口上启用 PPP，并指定 PAP 认证的用户名和密码
[R2-Serial1/0/0]ppp pap local-user admin password cipher Huawei
```

07 查看 R1 的链路状态信息。

```
[R1]dis ip int brief
Interface                  IP Address/Mask       Physical   Protocol
GigabitEthernet0/0/0         unassigned          down       down
GigabitEthernet0/0/1         unassigned          down       down
GigabitEthernet0/0/2         unassigned          down       down
NULL0                        unassigned          up         up(s)
Serial1/0/0                 10.10.10.1/24        up         up
Serial1/0/1                  unassigned          down       down
```

可以观察到，现在 R1 与 R2 之间的链路层协议状态正常。

2. PPP 封装 CHAP 认证

在两台路由器之间做 PPP 封装 CHAP 认证，R1 作为认证方，需要配置本端 PPP 的认证方式为 CHAP；R2 作为被认证方，配置以 CHAP 方式认证时本地发送的 CHAP 用户名“admin”和密码“Huawei”，并测试两台路由器的连通性。

01 参照图 6.5.1 搭建网络拓扑，为两台路由器添加 2SA 模块，并且添加在 Serial 1/0/0 端口位置；连线使用 Serial 线缆，开启所有设备电源。

02 路由器 R1 的基本配置。

```
<Huawei>system-view
[Huawei]sysname R1
[R1]int Serial 1/0/0
[R1-Serial1/0/0]ip add 10.1.1.1 24
[R1-Serial1/0/0]quit
```

03 路由器 R2 的基本配置。

```
<Huawei>system-view
[Huawei]sysname R2
[R2]int Serial 1/0/0
[R2-Serial1/0/0]ip add 10.1.1.2 24
[R2-Serial1/0/0]quit
```

04 配置 PPP 的 CHAP 认证。

R1 作为认证端，需要配置本端 PPP 的认证方式为 CHAP。执行 aaa 命令，进入 AAA 视图，配置 CHAP 认证所使用的用户名“admin”和密码“Huawei”。

```
[R1]aaa
[R1-aaa]local-user admin password cipher Huawei  //在路由器R1上指定该密码应用于PPP认证
[R1-aaa]local-user admin service-type ppp
[R1-aaa]int s1/0/0
[R1-Serial1/0/0]link-protocol ppp
//在 Serial 1/0/0 端口上启用 PPP，并指定认证方式为 CHAP
[R1-Serial1/0/0]ppp authentication-mode chap
[R1-Serial 1/0/0]quit
```

05 查看 R1 的链路状态信息。

关闭 R1 与 R2 相连端口一段时间后再打开，使 R1 与 R2 之间的链路重新协商，并检查链路状态和连通性。

```
[R1]interface Serial 1/0/0
[R1-Serial1/0/0]shutdown
[R1-Serial1/0/0]undo shutdown
[R1]
```

```
[R1]display ip int brief
Interface                      IP Address/Mask      Physical       Protocol
GigabitEthernet0/0/0           unassigned           down           down
GigabitEthernet0/0/1           unassigned           down           down
GigabitEthernet0/0/2           unassigned           down           down
NULL0                          unassigned           up             up(s)
Serial1/0/0                    10.1.1.1/24          up             down
Serial1/0/1                    unassigned           down           down
```

可以观察到，现在 R1 和 R2 之间无法正常通信，链路物理状态正常，但是链路层协议状态不正常，这是因为此时 PPP 链路上的 PAP 认证未通过。

06 配置对端（被认证方）CHAP 认证。

R1 作为认证端，在 Serial 1/0/0 端口下配置以 CHAP 方式认证时本地发送的 CHAP 用户名和密码。

```
[R2]int Serial 1/0/0
[R2-Serial1/0/0]link-protocol ppp
[R2-Serial1/0/0]ppp chap user admin
//在 Serial 1/0/0 端口上启用 PPP，并指定 CHAP 认证的用户名和密码
[R2-Serial1/0/0]ppp chap password cipher Huawei
```

07 查看 R1 的链路状态信息。

```
[R1]display ip int brief
Interface                      IP Address/Mask      Physical       Protocol
GigabitEthernet0/0/0           unassigned           down           down
GigabitEthernet0/0/1           unassigned           down           down
GigabitEthernet0/0/2           unassigned           down           down
NULL0                          unassigned           up             up(s)
Serial1/0/0                    10.1.1.1/24          up             up
Serial1/0/1                    unassigned           down           down
```

可以观察到，现在 R1 与 R2 之间的链路层协议状态正常。

任务验收

01 在 R2 上查看链路状态。

02 在 R1 上 ping R2，测试路由器之间的互通性，结果表明网络是连通的。

```
[R1]ping 10.1.1.2
  PING 10.1.1.2: 56  data bytes, press CTRL_C to break
   Reply from 10.1.1.2: bytes=56 Sequence=1 ttl=255 time=30 ms
   Reply from 10.1.1.2: bytes=56 Sequence=2 ttl=255 time=20 ms
   Reply from 10.1.1.2: bytes=56 Sequence=3 ttl=255 time=20 ms
   Reply from 10.1.1.2: bytes=56 Sequence=4 ttl=255 time=40 ms
   Reply from 10.1.1.2: bytes=56 Sequence=5 ttl=255 time=20 ms
  --- 10.1.1.2 ping statistics ---
    5 packet(s) transmitted
    5 packet(s) received
    0.00% packet loss
    round-trip min/avg/max = 20/26/40 ms
```

任务小结

（1）路由器两端必须都进行 PPP 封装。

（2）PAP 在网络中以明文的方式传送用户名及口令，所以安全性不高。

（3）认证方配置认证的用户名和密码，被认证方配置以 PAP 方式认证时本地发送的 PAP 用户名和密码。

（4）CHAP 为三次握手协议，它只在网络中传送用户名而不传送口令，因此其安全性比 PAP 的安全性高。

反思与评价

1. 自我反思（不少于 100 字）

____

____

____

____

2. 任务评价

自我评价表

序　号	自评内容	佐证内容	达　标	未达标
1	PPP 的作用和建链过程	能正确描述 PPP 的作用和建链过程		
2	PAP 与 CHAP 的作用	能正确描述 PAP 与 CHAP 的作用		
3	PAP 与 CHAP 的区别	能区分 PAP 与 CHAP 的不同和应用场合		
4	PAP 与 CHAP 配置	能正确配置 PAP 与 CHAP		
5	较强的安全判断能力	能根据实际情况判断出使用 PAP 还是使用 CHAP		

任务 6.6　利用静态 NAT 实现内网服务器向互联网发布信息

扫一扫
看微课

任务描述

某公司网络核心使用三层交换设备实现不同办公子网的互联互通，在企业网络的出口处，安装一台路由器设备作为企业网络的出口设备，一方面实现企业内部办公网之间的互联互通；另一方面将公司内部的 Web 服务器向互联网发布信息，使得用户在互联网上可以访问公司发布的信息。

基于私有地址与公有地址不能直接通信的原则，用户通过互联网是不能直接访问内网服务器的，要使内网服务器上的服务能够被互联网上的用户访问，就要将内网服务器的私有 IP 地址通过静态转换映射到互联网上，这样互联网上的用户才能通过公有 IP 地址访问内网服务器。

任务要求

（1）利用静态 NAT 实现内网服务器向互联网发布信息，其网络拓扑图如图 6.6.1 所示。

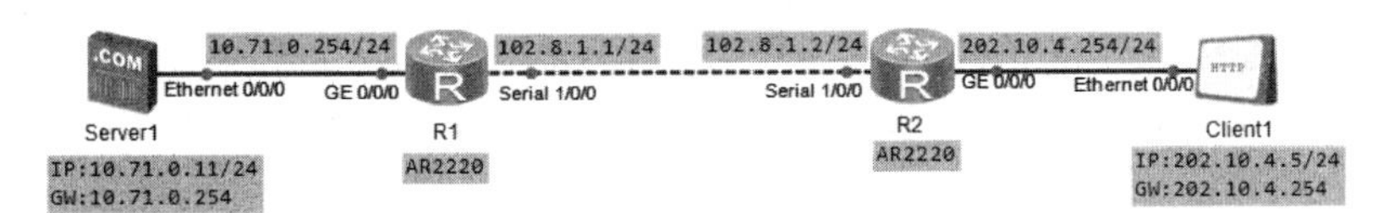

图 6.6.1　利用静态 NAT 实现内网服务器向互联网发布信息的网络拓扑图

（2）路由器的端口 IP 地址设置如表 6.6.1 所示。

表 6.6.1　路由器的端口 IP 地址设置

设　备　名	端　　口	IP 地址/子网掩码
R1	GE 0/0/0	10.71.0.254/24
	Serial 1/0/0	102.8.1.1/24
R2	Serial 1/0/0	102.8.1.2/24
	GE 0/0/0	202.10.4.254/24

（3）计算机和服务器的 IP 地址参数如表 6.6.2 所示。

表 6.6.2　计算机和服务器的 IP 地址参数

计　算　机	端　　口	IP 地址/子网掩码	默认网关	备　　注
Client1	Ethernet 0/0/0	202.10.4.5/24	202.10.4.254	互联网用户
Server1	Ethernet 0/0/0	10.71.0.11/24	10.71.0.254	内网服务器

（4）在路由器 R1 上进行静态 NAT 配置，实现互联网上的计算机能访问内网服务器上的 Web 服务，映射地址为 102.8.1.8。

知识准备

1．NAT 的基本概念

NAT（Network Address Translation，网络地址转换）是一个 IETF 标准，是一种把内部私有网络地址转换成合法的外部公有网络地址的技术。当今的互联网使用 TCP/IP 实现了全世界的计算机的互联互通，每台接入互联网的计算机要想和其他计算机通信，就必须拥有一个唯一的、合法的 IP 地址，此 IP 地址由互联网管理机构——网络信息中心（Network Information Center，NIC）统一进行管理和分配。而 NIC 分配的 IP 地址被称为公有的、合法的 IP 地址，这些 IP 地址具有唯一性，接入互联网的计算机只要拥有 NIC 分配的 IP 地址就可以和其他计算机通信。

但是，由于当前 TCP/IP 协议版本是 IPv4，它具有天生的缺陷，即 IP 地址数量不够多，难以满足目前爆炸性增长的 IP 需求。所以，不是每台计算机都能申请并获得 NIC 分配的

IP 地址。一般而言，需要接入互联网的个人或家庭用户，通过 ISP 间接获得合法的公有 IP 地址（例如，用户通过 ADSL 线路拨号，从电信获得临时租用的公有 IP 地址）；对于大型机构而言，它们有可能直接向 NIC 申请并使用永久的公有 IP 地址，也有可能通过 ISP 间接获得永久或临时的公有 IP 地址。

无论通过哪种方式获得公有 IP 地址，实际上当前的可用 IP 地址数量依然不足。IP 地址作为有限的资源，NIC 要为网络中数以亿计的计算机分配公有 IP 地址是不可能的。同时，为了使计算机能够具有 IP 地址并在专用网络（内部网络）中通信，NIC 定义了供专用网络内的计算机使用的专用 IP 地址。这些 IP 地址是在局部使用的（非全局的，不具有唯一性）非公有的（私有的）IP 地址，这些 IP 地址的范围具体如下。

（1）A 类 IP 地址：10.0.0.0～10.255.255.255。

（2）B 类 IP 地址：172.16.0.0～172.31.255.255。

（3）C 类 IP 地址：192.168.0.0～192.168.255.255。

组织机构可根据自身园区网络的大小及计算机数量的多少采用不同类型的专用 IP 地址范围或者不同类型 IP 地址的组合。但是，这些 IP 地址不可能出现在互联网中，也就是说，源地址或目的地址为这些私有 IP 地址的数据包不可能在互联网中被传输，这样的数据包只能在内部私有网络中被传输。

如果私有网络的计算机要访问互联网，则组织机构在连接互联网的设备上至少需要有一个公有 IP 地址，并采用 NAT 技术，将内部私有网络的计算机的私有 IP 地址转换为公有 IP 地址，从而让使用私有 IP 地址的计算机能够和互联网的计算机进行通信。如图 6.6.2 所示，通过 NAT 设备，能够使私有网络内的私有 IP 地址和公有 IP 地址互相转换，从而使私有网络中使用私有 IP 地址的计算机能够和互联网中的计算机通信。

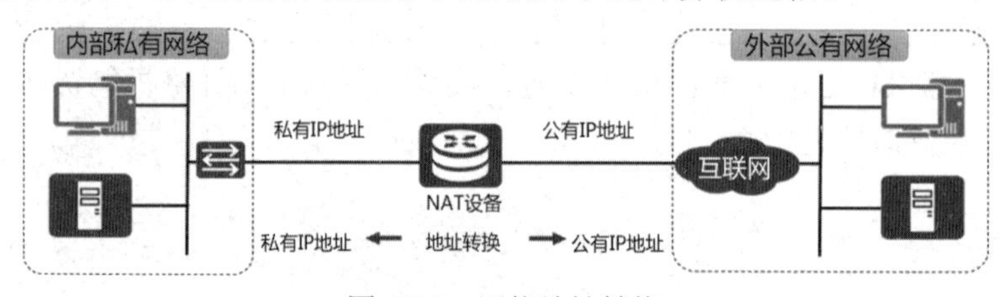

图 6.6.2　网络地址转换

2. NAT 的类型

（1）静态 NAT。静态 NAT 是指在路由器中，将内网 IP 地址固定地转换为外网 IP 地址。静态 NAT 通常应用于允许外网用户访问内网服务器的场景。

（2）动态 NAT。动态 NAT 是指将一个内部 IP 地址转换为一组外部 IP 地址池中的一个 IP 地址（公有地址）。动态 NAT 和静态 NAT 在地址转换上很相似，只是可用的公有 IP 地址不是被某个专用网络的计算机永久独自占有。

（3）动态 NAPT。动态 NAPT 是指以 IP 地址及端口号（TCP 或 UDP）为转换条件，将内部网络的私有 IP 地址及端口号转换成外部网络的公有 IP 地址及端口号。在静态 NAT 和动态 NAT 中，都是“IP 地址”到“IP 地址”的转换关系，而动态 NAPT，则是“IP 地址+端口号”到“IP 地址+端口号”的转换关系。

（4）静态 NAPT。静态 NAPT 是指在路由器中以“IP 地址+端口号”形式，将内网 IP 地址及端口号固定转换为外网 IP 地址及端口号。静态 NAPT 应用于允许外网用户访问内网计算机特定服务的场景。

（5）Easy IP。它是 NAPT 的一种简化情况。Easy IP 无须建立公有 IP 地址资源池，因为 Easy IP 只会用到一个公有 IP 地址，该 IP 地址就是路由器连接公网的出口 IP 地址。

任务实施

01 参照图 6.6.1 搭建网络拓扑图，在路由器上添加 2SA 模块于 Serial 1/0/0 端口位置，路由器之间的连线使用 Serial 串口线，其他使用直通线，开启所有设备电源，为每台计算机设置好相应的 IP 地址、子网掩码和默认网关。

02 路由器 R1 的基本配置。

```
<Huawei>system-view
[Huawei]sysname R1
[R1]interface GigabitEthernet 0/0/0
[R1-GigabitEthernet0/0/0]ip add 10.71.0.254 24
[R1-GigabitEthernet0/0/0]quit
[R1]interface Serial 1/0/0
[R1-Serial1/0/0]ip add 102.8.1.1 24
[R1-Serial1/0/0]quit
[R1]
```

03 路由器 R2 的基本配置。

```
<Huawei>system-view
[Huawei]sysname R2
[R2]interface GigabitEthernet 0/0/0
[R2-GigabitEthernet0/0/0]ip add 202.10.4.254 24
[R2-GigabitEthernet0/0/0]quit
[R2]interface Serial 1/0/0
[R2-Serial1/0/0]ip add 102.8.1.2 24
[R2-Serial1/0/0]quit
[R2]
```

04 在路由器 R1 和 R2 上配置默认路由。

```
[R1]ip route-static 0.0.0.0 0.0.0.0  102.8.1.2
[R2]ip route-static 0.0.0.0 0.0.0.0  102.8.1.1
```

05 在路由器 R1 上配置静态 NAT 映射。

```
[R1]int s1/0/0
//将公有 IP 地址 102.8.1.8 映射到私有 IP 地址 10.71.0.11
[R1-Serial1/0/0]nat static global 102.8.1.8 inside 10.71.0.11
```

06 在 Server1 服务器上配置 HttpServer 服务器。

在 Server1 上单击鼠标右键，在弹出的快捷菜单中选择“服务器信息”命令，打开设置对话框，单击“HttpServer”按钮，在“配置”选区中进行文件根目录的添加，这里选择“C:\Http\index.htm”（需提前创建好，网页内容可以为空），最后单击“启动”按钮，如图 6.6.3 所示。

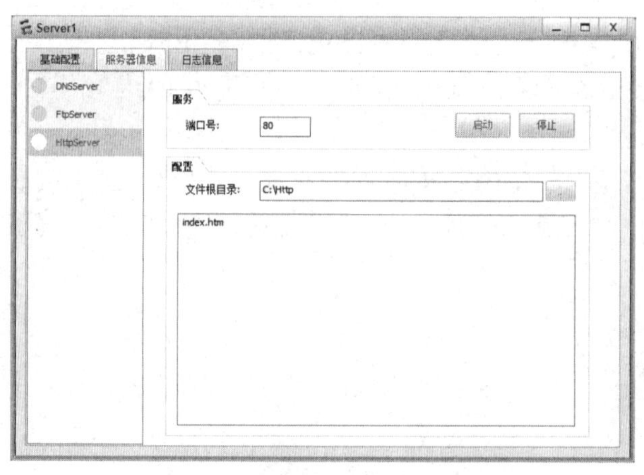

图 6.6.3　配置 HttpServer 服务器

任务验收

01 在主机 Client1 上测试访问 http://102.8.1.8，可正常访问内网 Web 服务器，如图 6.6.4 所示。

图 6.6.4　Client1 访问内网 Web 服务器

02 在路由器 R1 查看 NAT 映射关系。

```
[R1]display nat static
 Static Nat Information:
 Interface  : Serial1/0/0
   Global IP/Port     : 102.8.1.8/----
   Inside IP/Port     : 10.71.0.11/----
   Protocol : ----
   VPN instance-name : ----
   Acl number         : ----
   Netmask  : 255.255.255.255
   Description : ----
 Total :    1
```

从以上回显信息中可以看出，成功地在路由器 R1 上配置了静态 NAT，实现了 Web 服务器的私有 IP 地址 10.71.0.11 与公有 IP 地址 102.8.1.8 的映射。

任务小结

（1）静态 NAT 应用于允许互联网用户访问内部服务器的场景。

（2）通过 NAT 映射内部服务器需要使用外部公有 IP 地址，故需要申请 2 个以上的公有 IP 地址，一个用于服务器映射，一个用于内部网络的通信。

（3）要加上能使数据包向外转发的路由，如默认路由。

反思与评价

1. 自我反思（不少于 100 字）

____

____

____

____

2. 任务评价

自我评价表

序　号	自评内容	佐证内容	达　标	未达标
1	NAT 的作用和优点	能正确描述 NAT 的作用和优点		
2	NAT 的类型	能正确描述 NAT 的几种类型		
3	NAT 的工作原理	能正确描述不同类型 NAT 的工作原理		
4	静态 NAT 的配置	能正确配置静态 NAT		
5	较强的判断能力	能根据实际情况判断出使用哪种 NAT		

任务 6.7　利用动态 NAPT 实现局域网主机访问互联网

扫一扫
看微课

任务描述

某公司网络核心使用三层交换设备实现不同办公子网的互联互通，在企业网络的出口处，安装了一台路由器设备作为企业网的出口设备，一方面实现企业内部办公网之间的互联互通；另一方面把办公网接入互联网。为了把办公网接入互联网，网络管理员向中国电信申请了一条专线，该专线分配了四个公网 IP 地址，需要利用公网 IP 地址，把公司的局域网接入互联网，要求公司所有部门主机都能访问互联网。

公司通过路由器接入互联网，并且申请到四个公网 IP 地址，即与公网直连的路由器端口的 IP 地址和用来满足公司内部主机上网的地址。传统的 NAT 一般是指一对一的地址映射，不能同时满足所有内部网络主机与外部网络通信的需要，而动态 NAPT 可将网络地址转换后，使多个本地 IP 地址对应一个或多个全局 IP 地址。采用动态 NAPT 可实现局域网多台主机共用一个或少数几个公有 IP 地址来访问互联网。

任务要求

（1）利用动态 NAPT 实现局域网主机访问互联网，其网络拓扑图如图 6.7.1 所示。

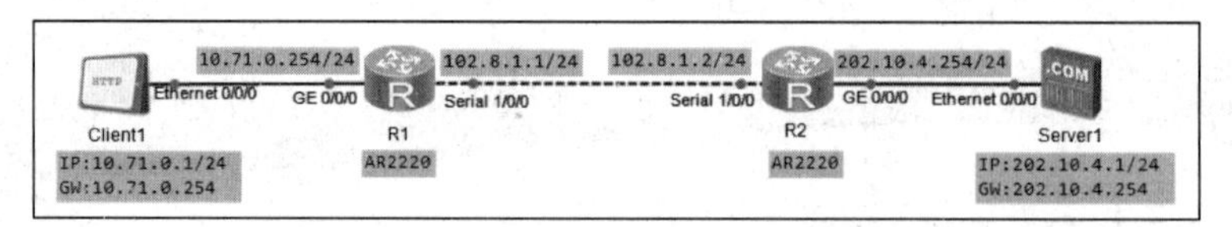

图 6.7.1　利用动态 NAPT 实现局域网访问互联网的网络拓扑图

（2）路由器的端口 IP 地址设置如表 6.7.1 所示。

表 6.7.1　路由器的端口 IP 地址设置

设　备　名	端　　口	IP 地址/子网掩码
R1	GE 0/0/0	10.71.0.254/24
	Serial 1/0/0	102.8.1.1/24
R2	Serial 1/0/0	102.8.1.2/24
	GE 0/0/0	202.10.4.254/24

（3）计算机和服务器的 IP 地址参数如表 6.7.2 所示。

表 6.7.2　计算机和服务器的 IP 地址参数

计算机	端口	IP 地址/子网掩码	网关	备注
Client1	Ethernet 0/0/0	10.71.0.1/24	10.71.0.254	局域网主机
Server1	Ethernet 0/0/0	202.10.4.1/24	202.10.4.254	互联网服务器

（4）在路由器 R1 上进行动态 NAPT 配置，实现局域网的计算机能通过公有地址访问互联网上的服务器，动态 NAPT 地址池使用 IP 地址 102.8.1.3～102.8.1.5。

知识准备

动态 NAPT 是指以 IP 地址及端口号（TCP 或 UDP）为转换条件，将内部私有网络的私有 IP 地址及端口号转换成外部公有网络的公有 IP 地址及端口号。静态 NAT 和动态 NAT 都是“IP 地址”到“IP 地址”的转换关系，而动态 NAPT 是“IP 地址+端口号”到“IP 地址+端口号”的转换关系。“IP 地址”到“IP 地址”的转换关系局限性很大，因为公网 IP 地址一旦被占用，内网的其他计算机就无法再使用被占用的公网 IP 地址访问外网。而“IP 地址+端口号”的转换关系非常灵活，一个 IP 地址可以和多个端口进行组合（可自由使用的端口号为 1024～65535），所以，路由器上可用的网络地址映射关系条目数量很多，完全可以满足大量的内网计算机访问外网的需求。

动态 NAPT 的内外网“IP 地址+端口号”映射关系是临时的，因此，动态 NAPT 主要应用于为内网计算机提供外网访问服务的场景。动态 NAPT 的典型应用如下：家庭的宽带路由器拥有动态 NAPT 功能，它可以满足家庭电子设备访问互联网的需求；网吧的出口网关拥有动态 NAPT 功能，它可以满足网吧计算机访问互联网的需求。

任务实施

01 参照图 6.7.1 搭建网络拓扑，在路由器上添加 2SA 模块于 Serial 1/0/0 端口位置，路由器之间的连线使用 Serial 串口线，其他使用直通线，开启所有设备电源，为每台计算机设置好相应的 IP 地址、子网掩码和默认网关。

02 路由器 R1 的基本配置。

```
<Huawei>system-view
[Huawei]sysname R1
[R1]interface GigabitEthernet 0/0/0
[R1-GigabitEthernet0/0/0]ip address 10.71.0.254 24
[R1-GigabitEthernet0/0/0]quit
[R1]interface Serial 1/0/0
[R1-Serial1/0/0]ip address 102.8.1.1 24
[R1-Serial1/0/0]quit
```

03 路由器 R2 的基本配置。

```
<Huawei>system-view
[Huawei]sysname R2
[R2]interface GigabitEthernet 0/0/0
[R2-GigabitEthernet0/0/0]ip address 202.10.4.254 24
[R2-GigabitEthernet0/0/0]quit
[R2]interface Serial 1/0/0
[R2-Serial1/0/0]ip address 102.8.1.2 24
[R2-Serial1/0/0]quit
```

04 在路由器 R1 上配置默认路由并验证。

```
[R1]ip route-static 0.0.0.0 0.0.0.0  Serial 1/0/0
[R1]ping 202.10.4.1
  PING 202.10.4.1: 56  data bytes, press CTRL_C to break
    Request time out
    Reply from 202.10.4.1: bytes=56 Sequence=2 ttl=254 time=20 ms
    Reply from 202.10.4.1: bytes=56 Sequence=3 ttl=254 time=30 ms
    Reply from 202.10.4.1: bytes=56 Sequence=4 ttl=254 time=40 ms
    Reply from 202.10.4.1: bytes=56 Sequence=5 ttl=254 time=20 ms
  --- 202.10.4.1 ping statistics ---
    5 packet(s) transmitted
    4 packet(s) received
    20.00% packet loss
    round-trip min/avg/max = 20/27/40 ms
```

05 在路由器 R1 上配置动态 NAPT。

```
[R1]nat address-group 1 102.8.1.3 102.8.1.5    //配置 NAPT 地址池
[R1]acl 2000
[R1-acl-basic-2000]rule permit source 10.71.0.0 0.0.0.255
[R1-acl-basic-2000]quit
[R1]int Serial 1/0/0
//用来配置 NAPT，ACL 和地址池关联起来，命令行中没有 no-pat 参数时表示 NAPT
[R1-Serial1/0/0]nat outbound 2000 address-group 1
```

06 在 Server1 服务器上配置 HttpServer 服务器。

在 Server1 上单击鼠标右键，在弹出的快捷菜单中选择“服务器信息”命令，打开设置对话框，单击“HttpServer”按钮，在“配置”选区中进行文件根目录的添加，这里选择“C:\Http\index.htm”（需提前创建好，网页内容可以为空），最后单击“启动”按钮，如图 6.7.2 所示。

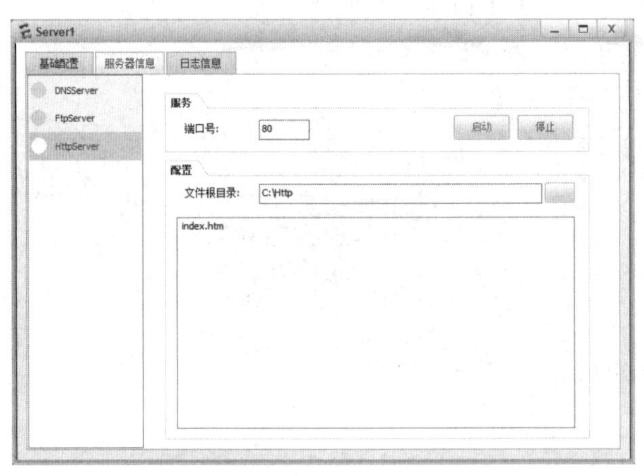

图 6.7.2　配置 HttpServer 服务器

任务验收

01 在 Client1 上测试访问 http://202.10.4.1，可正常访问 Web 服务器，如图 6.7.3 所示。

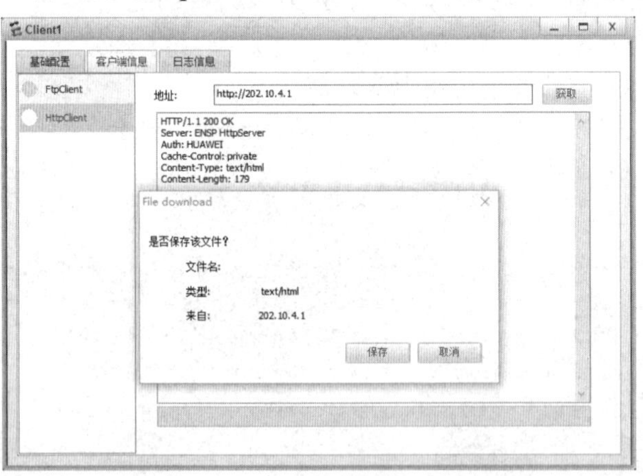

图 6.7.3　Client1 访问 Web 服务器

02 在路由器 R1 上查看 NAPT 会话信息。

```
[R1]display nat session all
  NAT Session Table Information:
     Protocol          : TCP(6)
     SrcAddr  Port Vpn : 10.71.0.1          2312
     DestAddr Port Vpn : 202.10.4.1       20480
     NAT-Info
       New SrcAddr     : 102.8.1.4
       New SrcPort     : 10240
```

```
      New DestAddr    : ----
      New DestPort    : ----
  Total : 1
```

从以上回显信息中可以看出，Client1 的私有 IP 地址映射到了一个公有 IP 地址上。

任务小结

（1）动态 NAPT 需要配置 IP 地址池，用于局域网主机的映射。

（2）动态 NAPT 解决了更多局域网终端连接互联网的问题。

（3）动态 NAPT 主要应用于为局域网计算机提供互联网范围服务的场景。

反思与评价

1. 自我反思（不少于 100 字）

____

____

____

____

2. 任务评价

自我评价表

序　　号	自 评 内 容	佐 证 内 容	达　　标	未 达 标
1	动态 NAPT 的特征	能正确描述动态 NAPT 的特征		
2	NAT 的应用场合	能正确描述不同类型 NAT 的应用场合		
3	动态 NAPT 的配置	能正确配置动态 NAPT		
4	良好的职业道德	实训过程中谦虚、不浮躁、一丝不苟		

任务 6.8　使用防火墙隐藏内部网络地址保护内网安全

扫一扫看微课

任务描述

某公司为了保证公司内部销售数据的安全，需要实施公司内网的安全防范措施。该公司购买了一台防火墙，安装在公司北京总部办公网的出口处。企业网络的出口使用该防火墙作为接入互联网的设备，满足网络安全需求。

安装在网络中心的防火墙在提升办公网安全的同时还承担着全网地址转换功能，把私有地址的内部网络接入互联网上，也就是使用防火墙隐藏内部网络地址保护内网安全。

任务要求

（1）使用防火墙隐藏内部网络地址保护内网安全，其网络拓扑图如图 6.8.1 所示。

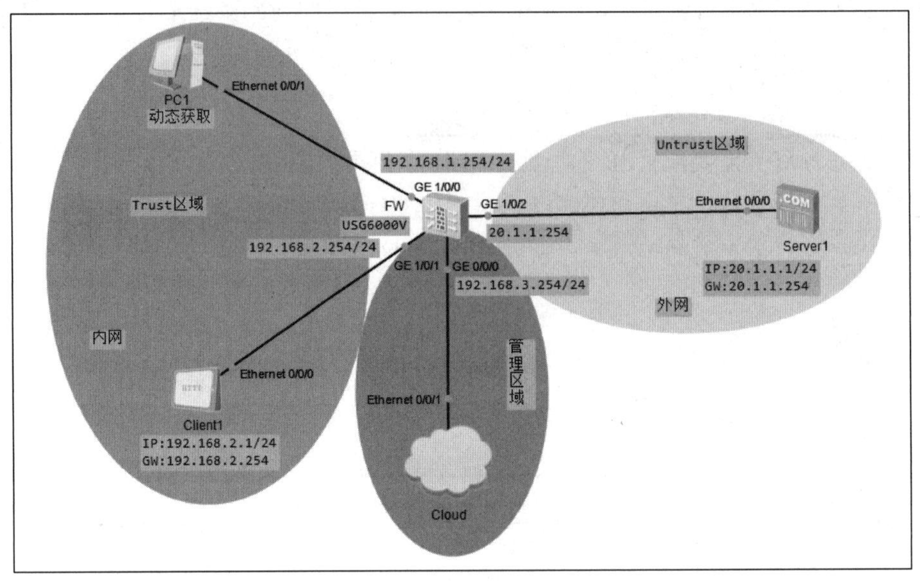

图 6.8.1　使用防火墙隐藏内部网络地址保护内网安全的网络拓扑图

（2）防火墙的端口 IP 地址设置如表 6.8.1 所示。

表 6.8.1　防火墙的端口 IP 地址设置

设 备 名	端　　口	IP 地址/子网掩码	接入的设备
FW	GE 0/0/0	192.168.3.254/24	通过 Cloud 接物理主机
	GE 1/0/0	192.168.1.254/24	PC1
	GE 1/0/1	192.168.2.254/24	Client1
	GE 1/0/2	20.1.1.254	Server1

（3）计算机和服务器的 IP 地址参数如表 6.8.2 所示。

表 6.8.2　计算机和服务器的 IP 地址参数

计 算 机	端　　口	IP 地址/子网掩码	网　　关	备　　注
Client1	Ethernet 0/0/0	192.168.2.1/24	192.168.2.254	局域网主机
PC1	Ethernet 0/0/1	动态获取	动态获取	
Server1	Ethernet 0/0/0	20.1.1.1/24	20.1.1.254	Web 服务器

（4）开启 Web 管理界面，配置通过 Password 认证可使用 Selnet 登录 CLI 界面。

（5）配置防火墙各端口并将端口加入相应的域，配置简单的 Trust 区域到 Untrust 区域的安全策略。

（6）配置使用 Password 认证的方式，使得可以通过 STelnet 登录 CLI 界面。

（7）配置源 NAT，使得内网的用户可以通过 NAT 的方式接入互联网，隐藏内部网络地址保护内网安全。

知识准备

1. 防火墙概述

防火墙起源于建筑领域，其作用是隔离火灾，阻止火势从一个区域蔓延到另一个区域；信息技术领域的防火墙主要用于保护一个网络免受来自另一个网络的攻击和入侵行为，其一般位于企业网络出口、内部子网隔离、数据中心边界等。

防火墙技术是通过有机结合各类用于安全管理与筛选的软件和硬件设备，帮助计算机网络与其内、外网之间构建一道相对隔绝的保护屏障，以保护用户资料与信息安全的一种技术。在逻辑上，防火墙是一个分离器、一个限制器，也是一个分析器，有效地监控了内部网络和互联网之间的任何活动，保证了内部网络的安全。

2. 防火墙关键技术

（1）包过滤技术。防火墙的包过滤技术一般只应用于 OSI7 层的模型网络层的数据中，其能够完成对防火墙的状态检测，从而预先可以把逻辑策略进行确定。逻辑策略主要针对地址、端口与源地址，通过防火墙的所有数据都需要进行分析，如果数据包内具有的信息和策略要求是不相符的，则其数据包就能够顺利通过，如果是完全相符的，则其数据包就被迅速拦截。计算机数据包在传输的过程中，一般都会分解成很多由目的地址等组成的一种小型数据包，当它们通过防火墙时，尽管其能够通过很多传输路径进行传输，而最终都会汇合于同一地方，在这个目的点位置，所有数据包都需要进行防火墙的检测，在检测合格后，才会允许通过，如果传输的过程中，出现数据包的丢失及地址的变化等情况，则就会被抛弃。

（2）状态检测技术。包过滤技术通过检测 IP 包头的相关信息来决定数据流的通过还是拒绝，而状态检测技术采用的是一种基于连接的状态检测机制，将属于同一连接的所有包作为一个整体的数据流看待，构成连接状态表，通过规则表与状态表的共同配合，对表中的各个连接状态因素加以识别。连接状态表中的记录可以是以前的通信信息，也可以是其他相关应用程序的信息，因此，与传统包过滤防火墙的静态过滤规则表相比，连接状态表具有更好的灵活性和安全性。

（3）NAT 技术。NAT 也称为地址伪装技术。最初设计 NAT 的目的是允许将私有 IP 地址映射到公网上（合法的互联网 IP 地址），以缓解 IP 地址短缺的问题。但是，通过 NAT 技术可以实现内部主机地址隐藏，防止内部网络结构被人掌握，因此从一定程度上降低了内部网络被攻击的可能性，提高了私有网络的安全性。正是内部主机地址隐藏的特性，使 NAT 技术成为防火墙实现中经常采用的核心技术之一。

（4）代理技术。代理服务器是防火墙技术引用比较广泛的功能，根据计算机的网络运行方法，可以通过防火墙技术设置相应的代理服务器，从而借助代理服务器来进行信息的交互。在信息数据从内网向外网发送时，其信息数据就会携带着正确 IP 地址，非法攻击者能够分析信息数据 IP 地址作为追踪的对象，来让病毒进入内网中，如果使用代理服务器就能够实现信息数据 IP 地址的虚拟化，那么非法攻击者在进行虚拟 IP 地址的跟踪中，就不能够获取真实的解析信息，从而代理服务器实现对计算机网络的安全防护。另外，代理服务器还能够进行信息数据的中转，对计算机内网外网信息的交互进行控制，对计算机的网络安全起到保护作用。

3. 安全区域

安全区域，简称区域，是防火墙中的一个重要概念，是一个或多个端口的集合。一般来说，各安全区域之间报文通信会受到限制，默认禁止跨区域通信。华为防火墙默认为大家提供了四个安全区域，分别是 Trust 区域、DMZ 区域、Untrust 区域和 Local 区域。

（1）Trust 区域：该区域内网络的受信任程度高，通常用来定义内部用户所在的网络。

（2）DMZ 区域：该区域内网络的受信任程度中等，通常用来定义对外服务的服务器所在的网络。

（3）Untrust 区域：该区域代表的是不受信任的网络，通常用来定义互联网等不安全的网络。

（4）Local 区域：该区域代表防火墙本身。Local 区域不能添加任何端口，但防火墙上所有端口本身都隐含属于 Local 区域。也就是说，报文通过端口去往某个网络时，目的安全区域是该端口所在的安全区域；报文通过端口到达防火墙本身时，目的安全区域是 Local 区域。

为了更好地理解安全区域，可参考图 6.8.2。从图 6.8.2 中我们可以看出，防火墙 1 号端口和 2 号端口连接到两个不同的运营商，它们属于同一个安全区域——Untrust 区域，防火墙 3 号端口属于 Trust 区域，防火墙 4 号端口属于 DMZ 区域。当内部用户访问互联网时，源区域是 Trust 区域，目的区域是 Untrust 区域；当互联网用户访问 DMZ 服务器时，源区域是 Untrust 区域，目的区域是 DMZ 区域；当互联网用户网管防火墙时，源区域是 Untrust 区域，目的区域是 Local 区域；当防火墙向 DMZ 服务器发起 ICMP 流量时，源区域是 Local 区域，目的区域是 DMZ 区域。了解安全区域之间的数据包流动对后续安全策略是很有帮助的。

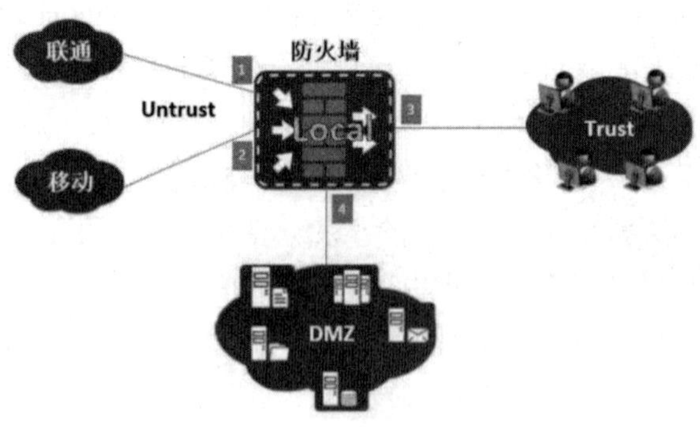

图 6.8.2 防火墙安全区域

4. 防火墙安全策略

由于防火墙默认各个安全区域禁止通信，为了让各个安全区域能进行通信，需要配置安全策略。安全策略的配置和 ACL 规则是一个道理，即根据条件进行报文放行或拒绝。安全策略的作用就是通过防火墙的数据流进行检验，只有符合安全策略的合法数据流才能通过防火墙。

传统的包过滤能够通过报文的源 MAC 地址、目的 MAC 地址、源 IP 地址、目的 IP 地址、源端口号、目的端口号、上层协议等信息组合定义网络中的数据流，其中源 IP 地址、目的 IP 地址、源端口号、目的端口号、上层协议就是在状态检测防火墙中经常提到的五元组，防火墙根据五元组的包过滤规则来控制流量在安全区域间的转发。防火墙的安全策略不仅可以完全替代包过滤的功能，还进一步实现了基于用户和应用的流量转发控制，而且还可以对流量的内容进行安全检测和处理，在源/目的安全区域、时间段、用户、应用等多个维度对流量进行更细粒度的控制。

5．防火墙的工作模式

1）透明模式

如果华为防火墙通过第二层对外连接（端口无 IP 地址），则防火墙工作在透明模式下。如果华为防火墙采用透明模式进行工作，则只需要在网络中像连接交换机一样连接华为防火墙设备即可，其最大的优点是无须修改任何已有的 IP 配置；此时防火墙就像一台交换机一样工作，内部网络和外部网络必须处于同一个子网。此模式下，报文在防火墙中不仅进行二层的交换，还会对报文进行高层分析处理。

2）路由模式

如果华为防火墙连接网络的端口配置 IP 地址，则认为防火墙工作在路由模式下，当华为防火墙位于内部网络和外部网络之间时，需要将防火墙与内部网络、外部网络及 DMZ 区域相连的端口分别配置不同网段的 IP 地址，所以需要重新规划原有网络拓扑，此时防火墙首先是一台路由器，然后提供其他防火墙功能。路由模式需要对网络拓扑进行修改（内部网络用户需要更改网关、路由器需要更改路由配置等）。

3）混合模式

如果华为防火墙既存在工作在路由模式的端口（端口具有 IP 地址），又存在工作在透明模式的端口（端口无 IP 地址），则防火墙工作在混合模式下。这种工作模式基本上是透明模式和路由模式的混合，目前只用于透明模式下提供双机热备份的特殊应用，其他环境不太建议使用。

6．NAT 概述

防火墙通过 NAT 功能，屏蔽内部网络的 IP 地址，保护内部网络用户。NAT 又分 SNAT（Source NAT，源地址转换）和 DNAT（Destination NAT，目的地址转换）两种。

（1）SNAT：SNAT 改变转发数据包的源地址，对内部网络地址进行转换，使外部非法用户难以对内部主机发起攻击，同时节省公网 IP 资源，只通过一个或几个公网 IP 地址共享上网。

（2）DNAT：DNAT 改变转发数据包的目的地址，外部网络主机向内部网络主机发出通信连接时，先把目的地址转换为防火墙的地址，然后通过防火墙转发外部网络的通信，与内部网络主机连接。这样外部网络主机与内部网络主机的通信，实际上变成了防火墙与内部网络主机的通信。NAT 功能现已成为防火墙的标配。

任务实施

1. 防火墙的基本配置

01 参照图 6.8.1 搭建网络拓扑，所有连线使用直通线，开启所有设备电源，配置好 Client1 和 Server1 的 IP 地址、子网掩码和网关。

02 启动防火墙 FW，弹出如图 6.8.3 所示的对话框。

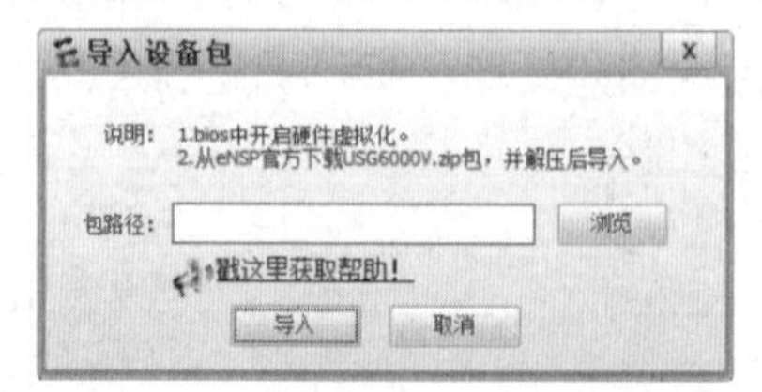

图 6.8.3 “导入设备包”对话框

03 单击“浏览”按钮，弹出“打开”对话框，如图 6.8.4 所示。

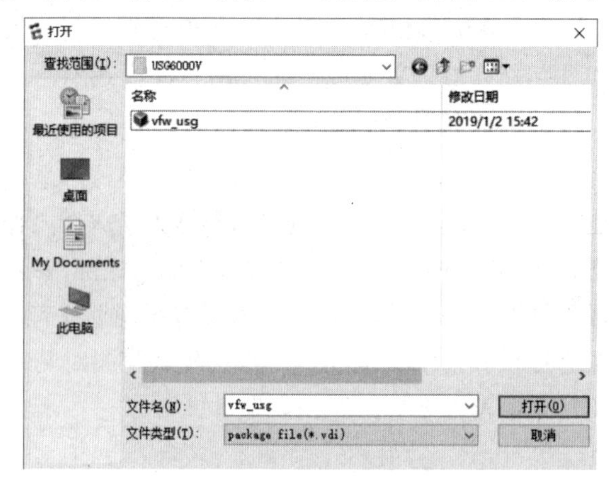

图 6.8.4 “打开”对话框

04 选择已经下载好并解压缩的防火墙 USG6000V 升级包，单击“打开”按钮，弹出“导入设备包”对话框，单击“导入”按钮，如图 6.8.5 所示。复制文件完成后，再次启动防火墙 FW（注意，在计算机 BIOS 中一定要开启 VT 功能）。

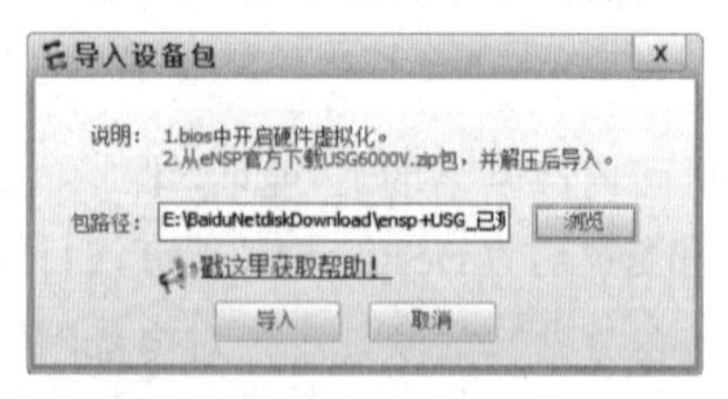

图 6.8.5 “导入设备包”对话框

05 等待设备启动后，双击FW，会弹出eNSP自带的配置对话框，进入防火墙配置界面。

```
Username:admin                                              //输入默认用户“admin”
Password:                                                   //输入默认密码“Admin@123”
The password needs to be changed. Change now? [Y/N]: y     //必须输入“y”
Please enter old password:                                  //输入原来密码“Admin@123”
Please enter new password:                                  //输入新密码“1qaz!QAZ”
```

```
Please confirm new password:                              //再一次输入新密码"1qaz!QAZ"
 Info: Your password has been changed. Save the change to survive a reboot.
*************************************************************************
*        Copyright (C) 2014-2018 Huawei Technologies Co., Ltd.          *
*                       All rights reserved.                            *
*              Without the owner's prior written consent,               *
*       no decompiling or reverse-engineering shall be allowed.         *
*************************************************************************
<USG6000V1>
```

06 修改防火墙的主机名和语言模式。

```
<USG6000V1>system-view
[USG6000V1]sysname FW
[FW]undo info-center enable
Info: Saving log files...
Info: Information center is disabled.
[FW]quit
<FW>language-mode Chinese
Change language mode, confirm? [Y/N] y                       //提示：改变语言模式成功
```

07 配置管理端口 IP 地址和开启防火墙的 Web 管理界面。

```
<FW>system-view
[FW]web-manager enable                                       //开启 Web 管理界面，默认是开启的
[FW]interface GigabitEthernet 0/0/0
[FW-GigabitEthernet0/0/0]ip address 192.168.3.254 24 //给端口配置 IP 地址
[FW-GigabitEthernet0/0/0]service-manage http permit   //放行 http 的请求
[FW-GigabitEthernet0/0/0]service-manage https permit //放行 https 的请求
```

08 配置防火墙端口 IP 地址、划分 Trust 区域和 Untrust 区域。

```
<FW>system-view
[FW]interface GigabitEthernet 1/0/0
[FW-GigabitEthernet1/0/0]ip address 192.168.1.254 24 //给端口配置 IP 地址
[FW-GigabitEthernet1/0/0]quit
[FW]interface GigabitEthernet 1/0/1
[FW-GigabitEthernet1/0/1]ip address 192.168.2.254 24 //给端口配置 IP 地址
[FW-GigabitEthernet1/0/1]quit
[FW]interface GigabitEthernet 1/0/2
[FW-GigabitEthernet1/0/2]ip address 20.1.1.254 24    //给端口配置 IP 地址
[FW-GigabitEthernet1/0/2]quit
[FW]firewall zone trust
[FW-zone-trust]add interface GigabitEthernet 1/0/0
[FW-zone-trust]add interface GigabitEthernet 1/0/1
[FW-zone-trust]firewall zone untrust
[FW-zone-untrust]add interface GigabitEthernet 1/0/2
[FW-zone-untrust]quit
```

2. 配置 STelnet 登录 CLI 界面

01 在端口上启用 SSH 服务。

```
<FW>system-view
[FW]interface GigabitEthernet 1/0/0
[FW-GigabitEthernet1/0/0]service-manage ssh permit
[FW-GigabitEthernet1/0/0]quit
```

02 配置验证方式为 AAA。

```
[FW]user-interface vty 0 4
[FW-ui-vty0-4]authentication-mode aaa
[FW-ui-vty0-4]protocol inbound ssh
[FW-ui-vty0-4]user privilege level 3
[FW-ui-vty0-4]quit
```

03 创建 SSH 管理员账号 sshadmin，指定认证方式为 Password，服务方式为 STelnet。此处以本地认证方式为例。

```
[FW]aaa
[FW-aaa]manager-user sshadmin
[FW-aaa-manager-user-sshadmin]password
Enter Password:                                    //密码至少 8 位，需要满足复杂性
Confirm Password:
[FW-aaa-manager-user-sshadmin]service-type ssh
[FW-aaa-manager-user-sshadmin]quit
[FW-aaa]bind manager-user sshadmin role system-admin
[FW-aaa]quit
[FW]ssh authentication-type default password
```

04 生成本地密钥对。

```
[FW]rsa local-key-pair create
The key name will be: FW_Host

The range of public key size is (2048 ~ 2048).
NOTES: If the key modulus is greater than 512,
       it will take a few minutes.
Input the bits in the modulus[default = 2048]:2048
Generating keys...
.+++++
.......................++
....++++
...........++
```

05 启用 STelnet 服务。

```
[FW]stelnet server enable
```

06 配置 SSH 服务器参数。

配置 SSH 服务器服务端口号为 1025，认证超时时间为 80s，认证重试次数为 4 次，密钥对更新时间为 1h，并启用兼容低版本功能。

```
[FW]ssh server port 1025
[FW]ssh server timeout 80
[FW]ssh server authentication-retries 4
[FW]ssh server rekey-interval 1
[FW]ssh server compatible-ssh1x enable
```

07 配置 eNSP 与真实 PC 桥接。通过 Cloud 可以实现 eNSP 与真实 PC 的桥接，具体步骤如下。

（1）在云设备图标上单击鼠标右键，在弹出的快捷菜单中选择“设置”命令，打开云设置界面，如图 6.8.6 所示。

图 6.8.6 云设置界面

（2）在云设置界面，创建一个端口。在“绑定信息”下拉列表中选择“UDP”选项，在“端口类型”下拉列表中选择“Ethernet”选项，然后单击“增加”按钮，新创建端口的信息将会出现在端口信息表中，序号为 1，如图 6.8.7 所示。

图 6.8.7 创建 UDP 端口

（3）创建另外一个端口。“绑定信息”选择真实 PC 任意一个网卡地址，这里选择了 PC 中的网卡，IP 地址为“192.168.3.1”，“端口类型”仍然选择“Ethernet”，之后单击“增加”按钮，端口信息表中会显示 2 个端口的信息，如图 6.8.8 所示。

图 6.8.8　创建网卡端口

（4）在“端口映射设置”选区中创建端口的映射关系。在“入端口编号”下拉列表中选择“2”选项，也就是刚才创建的对应真实 PC 上无线网卡的端口；在“出端口编号”下拉列表中选择“1”选项，勾选“双向通道”复选框，然后单击“增加”按钮，即可添加到右侧的“端口映射表”中，如图 6.8.9 所示。

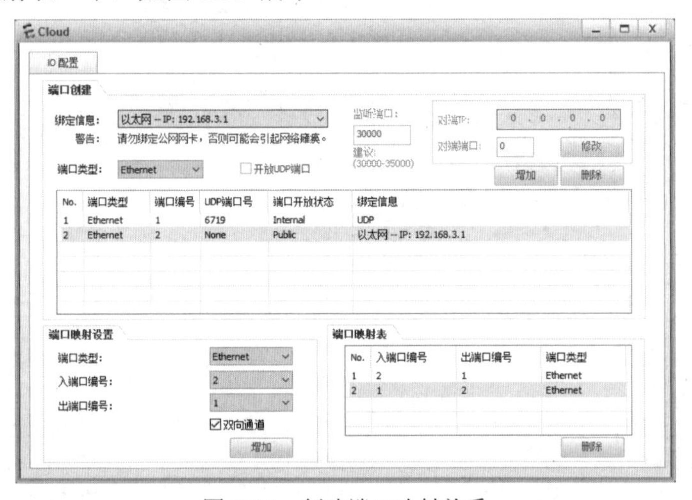

图 6.8.9　创建端口映射关系

端口的映射关系表明了模拟器的设备与真实 PC 之间的通信连接方式，指明了数据从哪个端口发送，从哪个端口接收。

3．配置安全策略

01 设置 PC1 的 IP 地址为 192.168.1.1，子网掩码为 255.255.255.0，网关为 192.168.1.254。未配置安全策略之前先检查一下 PC1 与 Server1 的连通性，如图 6.8.10 所示。

02 配置允许 PC1 可以 ping 通 Server1 的安全策略，名字为 test。

```
[FW]security-policy
[FW-policy-security]rule name test
[FW-policy-security-rule-test]source-zone trust
```

```
[FW-policy-security-rule-test]destination-zone untrust
[FW-policy-security-rule-test]service icmp                //允许 ping
[FW-policy-security-rule-test]action permit
```

03 配置完成后，再次测试 PC1 与 Server1 的连通性，如图 6.8.11 所示。

```
PC1
基础配置 命令行 组播 UDP发包工具 串口
Welcome to use PC Simulator!

PC>ping 20.1.1.1

Ping 20.1.1.1: 32 data bytes, Press Ctrl_C to break
From 192.168.1.1: Destination host unreachable
From 192.168.1.1: Destination host unreachable
From 192.168.1.1: Destination host unreachable
From 192.168.1.1: Destination host unreachable
From 192.168.1.1: Destination host unreachable

--- 192.168.1.254 ping statistics ---
  5 packet(s) transmitted
  0 packet(s) received
  100.00% packet loss

PC>
```

图 6.8.10　测试 PC1 与 Server1 的连通性

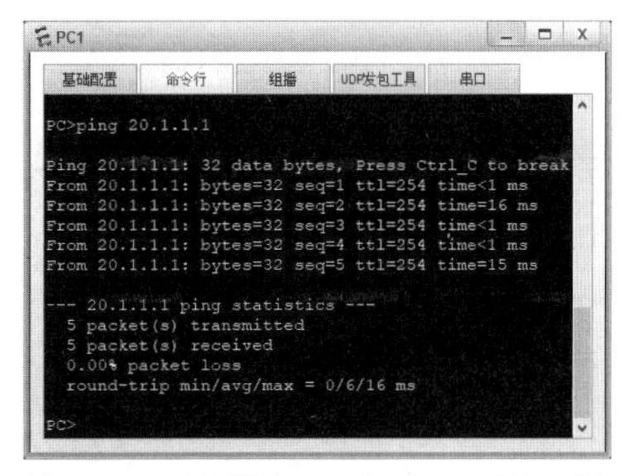

图 6.8.11　再次测试 PC1 与 Server1 的连通性

4. 配置源 NAT 转换

在配置源 NAT 转换前，清除前面配置的安全策略。

01 配置 FW 作为 DHCP 服务器。

```
[FW]dhcp enable                                          //开启 DHCP 功能
[FW]interface GigabitEthernet 1/0/0
[FW-GigabitEthernet1/0/0]dhcp select interface
[FW-GigabitEthernet1/0/0]dhcp server ip-range 192.168.1.1 192.168.1.10 //创建地址池
[FW-GigabitEthernet1/0/0]dhcp server gateway-list 192.168.1.254  //配置网关地址
[FW-GigabitEthernet1/0/0]quit
```

02 配置安全策略，允许内部网络中的 PC1 和 Client1 访问互联网。

```
[FW]security-policy
[FW-security-policy] rule name policy_sec_1
[FW-security-policy-sec_policy_1]source-address 192.168.1.0 mask 255.255.255.0
[FW-security-policy-sec_policy_1]source-address 192.168.2.0 mask 255.255.255.0
[FW-security-policy-sec_policy_1]source-zone trust
[FW-security-policy-sec_policy_1]destination-zone untrust
[FW-security-policy-sec_policy_1]action permit
[FW-security-policy-sec_policy_1]quit
[FW-security-policy]quit
```

03 配置 NAT 策略，当内部网络中的计算机访问互联网时进行地址转换。

```
[FW]nat-policy
[FW-policy-nat]rule name policy_nat_1
[FW-policy-nat-rule-policy_nat_1]source-address 192.168.1.0 mask 255.255.255.0
[FW-policy-nat-rule-policy_nat_1]source-address 192.168.2.0 mask 255.255.255.0
[FW-policy-nat-rule-policy_nat_1]source-zone trust
[FW-policy-nat-rule-policy_nat_1]egress-interface GigabitEthernet 1/0/2
[FW-policy-nat-rule-policy_nat_1]action source-nat easy-ip
[FW-policy-nat-rule-policy_nat_1]quit
[FW-policy-nat]quit
```

任务验收

01 将 PC1 网卡设置为自动获取 IP 地址，PC1 可以自动获取 IP 地址，如图 6.8.12 所示。

图 6.8.12　PC1 自动获取 IP 地址

02 在 Client1 上访问“http://20.1.1.1”，可正常访问 Web 服务器，如图 6.8.13 所示。

图 6.8.13　Client1 访问 Web 服务器

03 将物理网卡的 IP 地址设置为 192.168.3.1，掩码为 255.255.255.0，在“cmd”界面通过“ssh sshadmin@192.168.3.254”可正常远程到 FW 防火墙上，如图 6.8.14 所示。

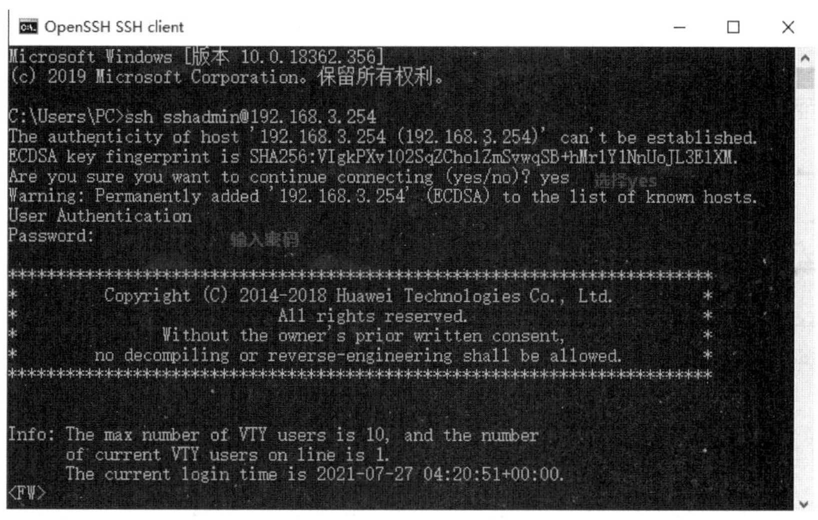

图 6.8.14　SSH 远程成功

04 在物理机上访问“http://192.168.3.254”，会自动跳转到如图 6.8.15 所示的 Web 管理界面。

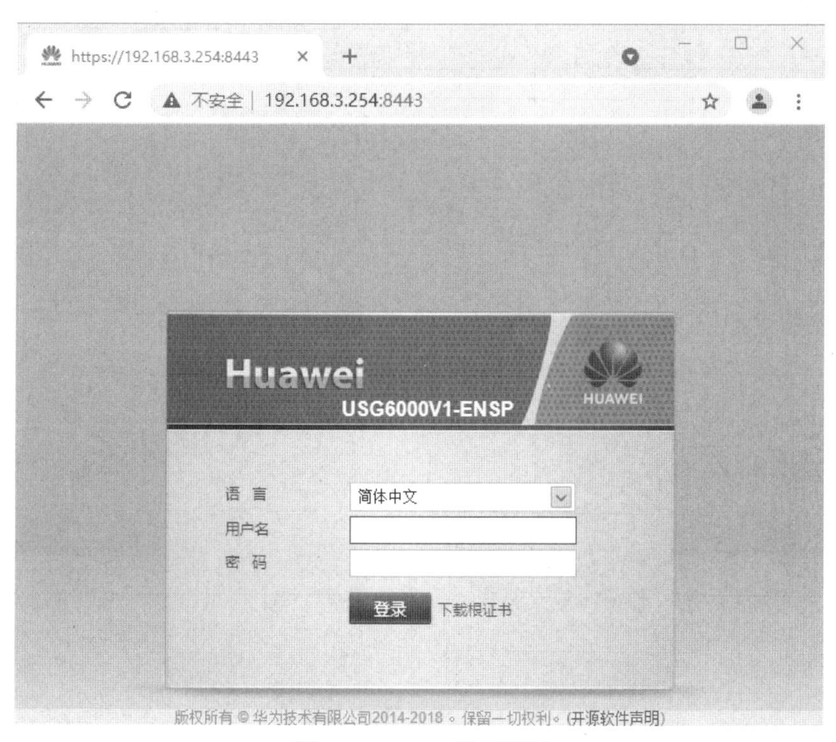

图 6.8.15　Web 管理界面

任务小结

（1）在使用防火墙前，需要导入设备包，防火墙的密码必须修改才能使用。

（2）防火墙的基本配置，包括指定区域、将端口加入区域、安全策略配置和密码配置等。

（3）防火墙内网用户可通过 Easy IP 访问互联网。

反思与评价

1. 自我反思（不少于 100 字）

____

____

____

____

2. 任务评价

自我评价表

序　号	自评内容	佐证内容	达　标	未达标
1	防火墙的概念和功能	能正确描述防火墙的概念和功能		
2	Web 管理界面的开启	能用管理地址登录 Web 管理界面		
3	端口地址配置和区域划分	能实现端口地址配置和区域划分		
4	STelnet 登录 CLI 界面	能实现 STelnet 登录 CLI 界面		
5	源 NAT 的配置	能实现内网用户通过源 NAT 访问 Web 服务器		
6	法律意识	熟悉相关的网络安全法律法规		

项目 7　园区网络综合实训

知识目标

1．了解网络设备管理与维护的方法。

2．了解三层网络架构的作用和特点。

3．熟悉负载均衡的作用和应用。

4．熟悉企业网综合知识的应用。

5．熟悉无线网络的搭建和应用。

6．熟悉防火墙的基本操作。

能力目标

1．能实现网络设备的管理与维护。

2．能实现三层网络架构的局域网通信。

3．能实现 MSTP 和 VRRP 技术的负载均衡的企业网络。

4．能实现路由器的 DHCP 服务配置。

5．能实现不同的路由协议应用在企业网络中。

6．能实现无线网络的搭建。

7．能实现防火墙保护企业网络。

思政目标

1．培养读者诚信、务实、谦虚和严谨的职业素养。

2．培养读者的团队合作精神，强化其学习的兴趣和积极性。

3．培养读者系统分析与解决问题的能力，能够掌握相关知识点并完成综合任务。

4．培养读者严谨的逻辑思维能力，使其能够正确地处理交换网络中的问题。

思维导图

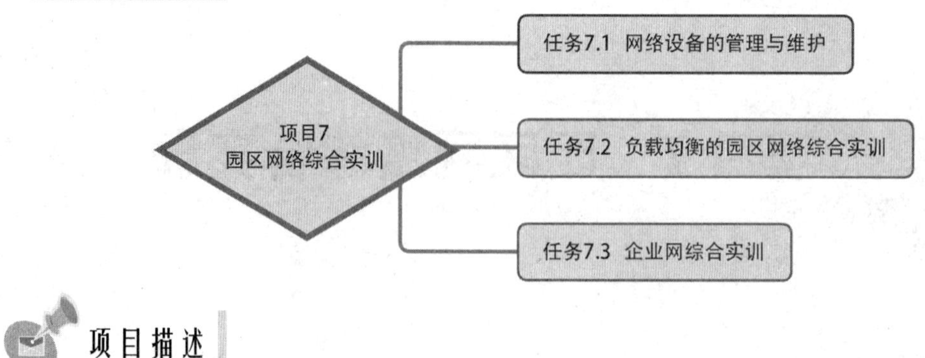

项目描述

eNSP 是华为公司发布的一个非常好的网络实训工具，为学习网络课程的初学者设计、配置、排除网络故障提供了良好的网络模拟环境。eNSP 企业网络仿真平台拥有着仿真程度高、更新及时、界面友好、操作方便等特点。这款仿真软件运行的是与真实设备同样的 VRP 操作系统，能够最大限度地模拟真实设备环境。用户可以利用 eNSP 模拟工程开局与网络测试，高效地构建企业优质的 ICT 网络。eNSP 支持与真实设备对接，以及数据包的实时抓取，可以帮助用户深刻理解网络协议的运行原理，协助用户进行网络技术的钻研和探索。在此模拟环境中，可以更加直观地熟悉网络环境和网络配置。

在本项目中，根据实际工作的要求，专门设计以下 3 个任务来学习网络的综合应用。

任务 7.1　网络设备的管理与维护

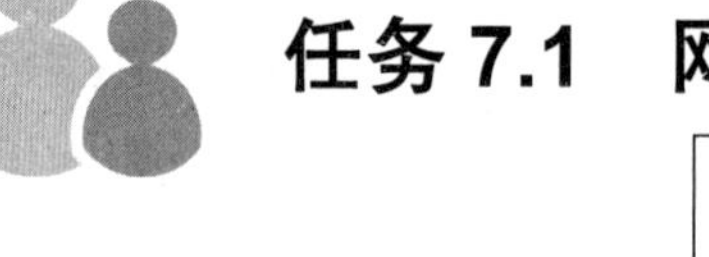

扫一扫
看微课

任务描述

作为一名网络维护人员，在新接手一台已经调试好的网络设备时，首先需要做的就是将网络设备的配置文件进行保存和备份，以便设备出现问题时可找到解救的办法。所以，备份网络设备的配置文件，对每位网络维护人员来说是很重要的。同时，网络维护人员需要对网络设备进行配置和管理，而远程管理绝对是一个很好的选择。

任务要求

（1）网络设备的管理与维护的网络拓扑图如图 7.1.1 所示。

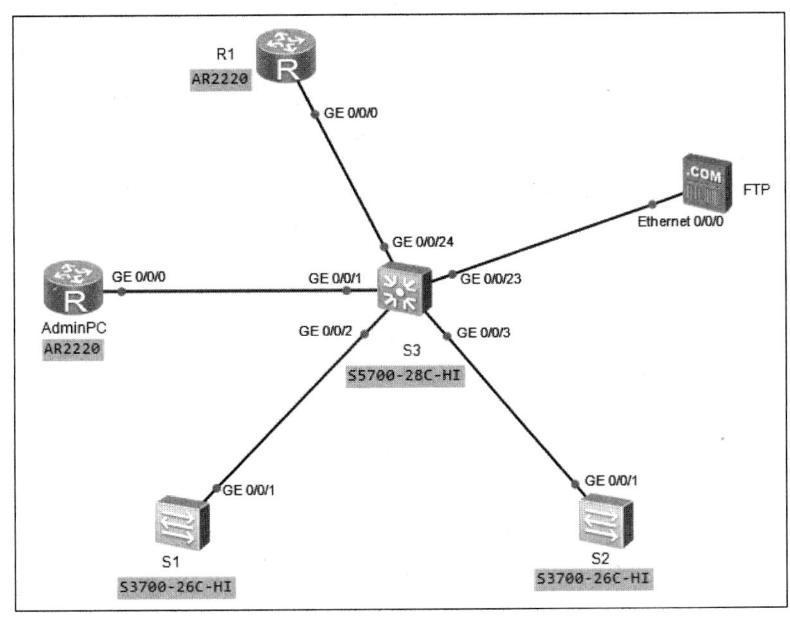

图 7.1.1　网络设备的管理与维护的网络拓扑图

（2）AdminPC 用路由器来模拟网络管理员的计算机，R1 是网络出口路由器，S1、S2 和 S3 是交换机，FTP 服务器用来备份网络设备的配置文件。设备说明如表 7.1.1 所示。

表 7.1.1　设备说明

设备名（型号）	端口	IP 地址/子网掩码	默认网关	端口属性	对端设备及端口
S1（S3700-26C-HI）	GE 0/0/1	——	——	Trunk	S3：GE 0/0/2
	VLAN1	192.168.1.1/24	192.168.1.254	——	——
S2（S3700-26C-HI）	GE 0/0/1	——	——	Trunk	S3：GE 0/0/3
	VLAN1	192.168.1.2/24	192.168.1.254	——	——
S3（S5700-28C-HI）	GE 0/0/1	——	——	Trunk	AdminPC：GE 0/0/0
	GE 0/0/2	——	——	Trunk	S1：GE 0/0/1
	GE 0/0/3	——	——	Access	S2：GE 0/0/1
	GE 0/0/23	——	——	Access	FTP：Ethernet 0/0/0
	GE 0/0/24	——	——	Trunk	R1：GE 0/0/0
	VLAN1	192.168.1.254/24	——	——	——
	VLAN10	192.168.10.254/24	——	——	——
	VLAN100	192.168.100.254/24	——	——	——
R1（AR2220）	GE 0/0/0	192.168.100.1/24	——	——	S3：GE 0/0/24
AdminPC（AR2220）	GE 0/0/0	192.168.10.1/24	192.168.10.254	——	S3：GE 0/0/1
FTP（Server）	Ethernet 0/0/0	192.168.10.2/24	192.168.10.254	——	S3：GE 0/0/23

（3）交换机 S3 的 VLAN 规划如表 7.1.2 所示。

表 7.1.2　交换机 S3 的 VLAN 规划

VLAN ID	VLANIF 地址	包含设备	备　注
1	192.168.1.254/24	S1、S2	管理网段
10	192.168.10.254/24	FTP、AdminPC	管理服务网段
100	192.168.100.254/24	R1	与 R1 通信网段

（4）配置网络设备，实现全网互通。

（5）配置网络设备的 Console、STelnet 等登录方式的安全访问。

（6）能通过 Console 端口和远程 STelnet 登录网络设备，能备份和还原网络设备的配置文件。

任务实施

1．网络设备的基础配置

01 参照图 7.1.1 搭建网络拓扑，连线全部使用直通线，开启所有设备电源，为每台计算机设置好相应的 IP 地址、子网掩码和默认网关。

02 交换机 S1 的基本配置。

```
<Huawei>system-view
[Huawei]sysname S1
[S1]interface GigabitEthernet 0/0/1
[S1-GigabitEthernet0/0/1]port link-type trunk                //配置 Trunk
[S1-GigabitEthernet0/0/1]port trunk allow-pass vlan all      //允许所有 VLAN 通过
[S1-GigabitEthernet0/0/1]quit
[S1]interface Vlanif 1
[S1-Vlanif1]ip add 192.168.1.1 24                            //S1 的管理 IP 地址
[S1-Vlanif1]quit
[S1]ip route-static 0.0.0.0 0.0.0.0 192.168.1.254            //默认网关
[S1]
```

03 交换机 S2 的基本配置。

```
<Huawei>system-view
[Huawei]sysname S2
[S2]interface GigabitEthernet 0/0/1
[S2-GigabitEthernet0/0/1]port link-type trunk                //配置 Trunk
[S2-GigabitEthernet0/0/1]port trunk allow-pass vlan all      //允许所有 VLAN 通过
[S2-GigabitEthernet0/0/1]quit
[S2]int Vlanif 1
[S2-Vlanif1]ip add 192.168.1.2 24                            //S2 的管理 IP 地址
[S2-Vlanif1]quit
[S2]ip route-static 0.0.0.0 0.0.0.0 192.168.1.254            //默认网关
[S2]
```

04 交换机 S3 的基本配置。

```
<Huawei>system-view
[Huawei]sysname S3
[S3]interface GigabitEthernet 0/0/2
[S3-GigabitEthernet0/0/2]port link-type trunk
[S3-GigabitEthernet0/0/2]port trunk allow-pass vlan all
[S3-GigabitEthernet0/0/2]quit
[S3]interface GigabitEthernet 0/0/3
[S3-GigabitEthernet0/0/3]port link-type trunk
[S3-GigabitEthernet0/0/3]port trunk allow-pass vlan all
[S3-GigabitEthernet0/0/3]quit
```

```
[S3]vlan batch 10 100                                  //创建 VLAN
[S3]interface Vlanif 1
[S3-Vlanif1]ip add 192.168.1.254 24                    //S3 的管理 IP 地址
[S3-Vlanif1]quit
[S3]interface Vlanif 10
[S3-Vlanif10]ip add 192.168.10.254 255.255.255.0
[S3-Vlanif10]quit
[S3]port-group vlan10                                  //创建名称为"VLAN10"的端口组
[S3-port-group-vlan10]group-member g0/0/1 g0/0/23      //将端口加入端口组
[S3-port-group-vlan10]port link-type access            //设置端口组下的端口模式
[S3-port-group-vlan10]port default vlan 10             //设置端口组下的端口所属 VLAN
[S3-port-group-vlan10]quit
[S3]interface Vlanif 100
[S3-Vlanif100]ip add 192.168.100.254 255.255.255.0
[S3-Vlanif100]quit
[S3]interface GigabitEthernet 0/0/24
[S3-GigabitEthernet0/0/24]port link-type access
[S3-GigabitEthernet0/0/24]port default vlan 100
[S3-GigabitEthernet0/0/24]quit
[S3]ip route-static 0.0.0.0 0.0.0.0 192.168.100.1     //配置默认路由
[S3]
```

05 AdminPC 的基本配置。

```
<Huawei>system-view
[Huawei]sysname AdminPC
[AdminPC]interface GigabitEthernet 0/0/0
[AdminPC-GigabitEthernet0/0/0]ip add 192.168.10.1 255.255.255.0
[AdminPC-GigabitEthernet0/0/0]quit
[AdminPC]ip route-static 0.0.0.0 0.0.0.0 192.168.10.254
[AdminPC]quit
<AdminPC>save
```

06 FTP 服务器的基础配置。

服务器的 IP 地址一般都要手动配置，如果使用 DHCP 来自动分配，我们无法得知服务器确切的 IP 地址，所以一般都是手动输入。

（1）在 FTP 服务器的“基础配置”选项卡，设置 FTP 服务器的 IP 地址、子网掩码和网关，设置完成后单击“保存”按钮，如图 7.1.2 所示。

图 7.1.2　FTP 服务器的基础配置

（2）在 FTP 服务器的“服务器信息”选项卡中，单击“FtpServer”按钮，并将“文件根目录”（要先在自己计算机 D 盘新建 FTP 目录）设置为“D:\FTP”，最后单击“启动”按钮，如图 7.1.3 所示。

图 7.1.3　配置 FTP 服务器

07 路由器 R1 的基础配置。

```
<Huawei>system-view
[Huawei]sysname R1
[R1]interface GigabitEthernet 0/0/0
[R1-GigabitEthernet0/0/0]ip add 192.168.100.1 255.255.255.0
[R1-GigabitEthernet0/0/0]quit
[R1]ip route-static 192.168.0.0 16 192.168.100.254        //配置回指内网路由
[R1]quit
```

2. 配置网络设备的 Console 端口登录密码

01 配置交换机 S1 的 Console 端口登录密码。

```
[S1]user-interface console 0                              //进入 Console 用户界面
[S1-ui-console0]authentication-mode aaa                   //配置认证方式为 AAA
[S1-ui-console0]quit
[S1]aaa
[S1-aaa]local-user admin123 password cipher huawei@123    //增加本地用户及密码
[S1-aaa]local-user admin123 privilege level 15            //设置本地等级
//配置本地用户 admin123 的接入类型为终端用户，即 Console 用户
[S1-aaa]local-user admin123 service-type terminal
[S1-aaa]quit
```

02 配置交换机 S2 的 Console 端口登录密码。

```
[S2]user-interface console 0                              //进入 Console 用户界面
[S2-ui-console0]authentication-mode aaa                   //配置认证方式为 AAA
[S2-ui-console0]quit
[S2]aaa
[S2-aaa]local-user admin123 password cipher huawei@123 //增加本地用户及密码
[S2-aaa]local-user admin123 privilege level 15         //设置本地等级
//配置本地用户 admin123 的接入类型为终端用户，即 Console 用户
[S2-aaa]local-user admin123 service-type terminal
[S2-aaa]quit
```

03 配置交换机 S3 的 Console 端口登录密码。

```
[S3]user-interface console 0                                  //进入 Console 用户界面
[S3-ui-console0]authentication-mode aaa                       //配置认证方式为 AAA
[S3-ui-console0]quit
[S3]aaa
[S3-aaa]local-user admin123 password cipher huawei@123        //增加本地用户及密码
[S3-aaa]local-user admin123 privilege level 15                //设置本地等级
//配置本地用户 admin123 的接入类型为终端用户，即 Console 用户
[S3-aaa]local-user admin123 service-type terminal
[S3-aaa]quit
```

04 配置路由器 R1 的 Console 端口登录密码。

```
[R1]user-interface console 0                                  //进入 Console 用户界面
[R1-ui-console0]authentication-mode aaa                       //配置认证方式为 AAA
[R1-ui-console0]quit
[R1]aaa
[R1-aaa]local-user admin123 password cipher huawei@123        //增加本地用户及密码
[R1-aaa]local-user admin123 privilege level 15                //设置本地等级
//配置本地用户 admin123 的接入类型为终端用户，即 Console 用户
[R1-aaa]local-user admin123 service-type terminal
[R1-aaa]quit
```

3. 配置使用 STelnet 安全登录路由器和交换机

01 在 R1 上配置 STelnet（SSH）服务。

```
<R1>system-view
[R1]rsa local-key-pair create                       //生成本地 RSA 密钥对
The key name will be: Host
Confirm to replace them? (y/n)[n]:y                 //输入“y”
The range of public key size is (512 ~ 2048).
NOTES: If the key modulus is greater than 512,
      It will take a few minutes.
Input the bits in the modulus[default = 512]:       //按回车键即可，数值默认为 512
Generating keys...
......++++++++++++
....++++++++++++
.........++++++++
...................................++++++++
R1]user-interface vty 0 4                       //配置 VTY 用户
[R1-ui-vty0-4]authentication-mode aaa
[R1-ui-vty0-4]protocol inbound ssh              //指定 VTY 类型用户界面只支持 SSH 协议
[R1-ui-vty0-4]quit
[R1]aaa
//配置本地用户 admin123 的接入类型为 Console 和 SSH
[R1-aaa]local-user admin123 service-type terminal ssh
[R1-aaa]quit
[R1]stelnet server enable               //开启 SSH 功能
[R1]display ssh server status           //查询 SSH 服务状态
 SSH version                            :1.99
 SSH connection timeout                 :60 seconds
 SSH server key generating interval     :0 hours
 SSH Authentication retries             :3 times
 SFTP Server                            :Disable
 Stelnet server                         :Enable
[R1]quit
<R1>save
```

02 在 S1 上配置 STelnet（SSH）服务。

```
<S1>system-view
[S1]rsa local-key-pair create                       //生成本地 RSA 密钥对
The key name will be: S1_Host
The range of public key size is (512 ~ 2048).
NOTES: If the key modulus is greater than 512,
```

```
      It will take a few minutes.
Input the bits in the modulus[default = 512]:      //按回车键即可，数值默认为 512
Generating keys...
......++++++++++++
....++++++++++++
.........++++++++
....++++++++
[S1]user-interface vty 0 4                          //配置 VTY 用户
[S1-ui-vty0-4]authentication-mode aaa
[S1-ui-vty0-4]protocol inbound ssh                  //指定 VTY 类型用户界面只支持 SSH 协议
[S1-ui-vty0-4]quit
[S1]aaa
//配置本地用户 admin123 的接入类型为 Console 和 SSH
[S1-aaa]local-user admin123 service-type terminal ssh
[S1-aaa]quit
[S1]ssh user admin123 authentication-type password  //添加 SSH 用户，这与路由器不同
[S1]ssh user admin123 service-type stelnet
[S1]stelnet server enable                            //开启 SSH 功能
[S1]quit
<S1>save
```

03 在 S2 上配置 STelnet（SSH）服务。

```
<S2>system-view
[S2]rsa local-key-pair create                          //生成本地 RSA 密钥对
The key name will be: S2_Host
The range of public key size is (512 ~ 2048).
NOTES: If the key modulus is greater than 512,
      It will take a few minutes.
Input the bits in the modulus[default = 512]:      //按回车键即可，数值默认为 512
Generating keys...
......++++++++++++
....++++++++++++
.........++++++++
..................................++++++++
[S2]user-interface vty 0 4          //配置 VTY 用户
[S2-ui-vty0-4]authentication-mode aaa
[S2-ui-vty0-4]protocol inbound ssh    //指定 VTY 类型用户界面只支持 SSH 协议
[S2-ui-vty0-4]quit
[S2]aaa
//配置本地用户 admin123 的接入类型为 Console 和 SSH
[S2-aaa]local-user admin123 service-type terminal ssh
[S2-aaa]quit
[S2]ssh user admin123 authentication-type password
[S2]ssh user admin123 service-type stelnet
[S2]stelnet server enable             //开启 SSH 功能
[S2]quit
<S2>save
```

04 在 S3 上配置 STelnet（SSH）服务。

```
<S3>sys
[S3]rsa local-key-pair create                       //生成本地 RSA 密钥对
The key name will be: S3_Host
The range of public key size is (512 ~ 2048).
NOTES: If the key modulus is greater than 512,
      It will take a few minutes.
Input the bits in the modulus[default = 512]:      //按回车键即可，数值默认为 512
Generating keys...
......++++++++++++
....++++++++++++
.........++++++++
..................................++++++++
[S3]user-interface vty 0 4                          //配置 VTY 用户
```

```
[S3-ui-vty0-4]authentication-mode aaa
[S3-ui-vty0-4]protocol inbound ssh    //指定VTY类型用户界面只支持SSH协议
[S3-ui-vty0-4]quit
[S3]aaa
//配置本地用户admin123的接入类型为Console和SSH
[S3-aaa]local-user admin123 service-type terminal ssh
[S3-aaa]quit
[S3]ssh user admin123 authentication-type password
[S3]ssh user admin123 service-type stelnet
[S3]stelnet server enable              //开启SSH功能
[S3]quit
<S3>save
```

05 在AdminPC上配置SSH客户端首次认证功能并对R1进行远程登录测试。对S1、S2和S3的远程登录测试在此省略，请读者自己完成。

```
<AdminPC>system-view
[AdminPC]ssh client first-time enable   //开启SSH客户端首次认证功能
[AdminPC]stelnet 192.168.100.1          //对R1进行远程登录测试
Please input the username:admin123      //输入用户名"admin123"
Trying 192.168.100.1 ...
Press CTRL+K to abort
Connected to 192.168.100.1 ...
The server is not authenticated. Continue to access it? (y/n)[n]:y   //输入"y"
Jun 28 2021 10:05:41-08:00 AdminPC %%01SSH/4/CONTINUE_KEYEXCHANGE(l)[0]:The serv
er had not been authenticated in the process of exchanging keys. When deciding w
hether to continue, the user chose Y.
[AdminPC]
Save the server's public key? (y/n)[n]:y //输入"y"，保存服务器端公钥
Jun 28 2021 10:05:49-08:00 AdminPC %%01SSH/4/SAVE_PUBLICKEY(l)[1]:When deciding
whether to save the server's public key 192.168.100.1, the user chose Y.
[AdminPC]
The server's public key will be saved with the name 192.168.100.1. Please wait...
Enter password:                         //输入密码"Huawei@123"
<R1>system-view                         //登录成功
[R1]display ssh server session          //查看SSH服务器端的当前会话连接信息
 -------------------------------------------------------------------
 Conn   Ver  Encry    State  Auth-type       Username
 -------------------------------------------------------------------
 VTY 0  2.0  AES      run    password        admin123
 -------------------------------------------------------------------
```

4. 配置路由器和交换机的配置文件的备份与还原

01 将R1上的配置文件备份到FTP服务器。

```
<R1>save r1-backup.cfg                        //保存当前配置到r1-backup.cfg文件中
 Are you sure to save the configuration to R1-backup.cfg? (y/n)[n]:y  //输入"y"
  It will take several minutes to save configuration file, please wait........
  Configuration file had been saved successfully
  Note: The configuration file will take effect after being activated
<R1>dir                                        //查看r1-backup.cfg文件
Directory of flash:/

  Idx  Attr     Size(Byte)  Date        Time(LMT)  FileName
    0  drw-              -  Jul 01 2021 01:58:35   dhcp
    1  -rw-        121,802  May 26 2014 09:20:58   portalpage.zip
    2  -rw-          2,263  Jul 01 2021 01:58:29   statemach.efs
    3  -rw-        828,482  May 26 2014 09:20:58   sslvpn.zip
    4  -rw-            249  Jul 01 2021 02:10:35   private-data.txt
    5  -rw-          1,194  Jul 01 2021 02:10:35   r1-backup.cfg
    6  -rw-            705  Jul 01 2021 01:58:26   vrpcfg.zip
```

```
1,090,732 KB total (784,444 KB free)
<R1>ftp 192.168.10.2                                    //连接 FTP 服务器
Trying 192.168.10.2 ...

Press CTRL+K to abort
Connected to 192.168.10.2.
220 FtpServerTry FtpD for free
User(192.168.10.2:(none)):                              //直接按回车键，匿名登录
331 Password required for  .
Enter password:                                         //直接按回车键
230 User  logged in , proceed

[R1-ftp]put r1-backup.cfg                               //将 r1-backup.cfg 文件上传到 FTP 服务器
200 Port command okay.
150 Opening BINARY data connection for r1-backup.cfg

 100%
226 Transfer finished successfully. Data connection closed.
FTP: 1194 byte(s) sent in 0.180 second(s) 6.63Kbyte(s)/sec.

[R1-ftp]quit                                            //断开与 FTP 服务器的连接
221 Goodbye.
```

02 打开 FTP 服务器，可以看到，r1-backup.cfg 文件上传成功，如图 7.1.4 所示。

图 7.1.4　r1-backup.cfg 文件已上传到 FTP 服务器

03 将 FTP 服务器上的 R1 的配置文件还原到 R1。

```
<R1>delete r1-backup.cfg                  //删除路由器本地的 r1-backup.cfg 文件
Delete flash:/r1-backup.cfg? (y/n)[n]:y
//确认路由器本地的 r1-backup.cfg 文件已删除
Info: Deleting file flash:/r1-backup.cfg...succeed.
<R1>dir
Directory of flash:/
  Idx  Attr     Size(Byte)  Date        Time(LMT)  FileName
    0  drw-              -  Jul 01 2021 01:58:35   dhcp
    1  -rw-        121,802  May 26 2014 09:20:58   portalpage.zip
    2  -rw-          2,263  Jul 01 2021 01:58:29   statemach.efs
    3  -rw-        828,482  May 26 2014 09:20:58   sslvpn.zip
    4  -rw-            249  Jul 01 2021 02:10:35   private-data.txt
    5  -rw-            705  Jul 01 2021 01:58:26   vrpcfg.zip
<R1>system-view
```

```
[R1]int LoopBack 1
//新增配置，如按照 r1-backup.cfg 文件配置，重启路由器后应没有新增配置
[R1-LoopBack1]ip add 10.10.10.1 24
[R1-LoopBack1]quit
<R1>quit
<R1>save                              //将新增内容保存到 saved-configuration 文件中
<R1>ftp 192.168.10.2                  //重新连接 FTP 服务器
Trying 192.168.10.2 ...
Press CTRL+K to abort
Connected to 192.168.10.2.
220 FtpServerTry FtpD for free
User(192.168.10.2:(none)):           //直接按回车键
331 Password required for  .
Enter password:                      //直接按回车键
230 User  logged in , proceed
[R1-ftp]get r1-backup.cfg            //从 FTP 服务器下载 r1-backup.cfg 文件到路由器
200 Port command okay.
150 Sending r1-backup.cfg (1194 bytes). Mode STREAM Type BINARY
226 Transfer finished successfully. Data connection closed.
FTP: 1194 byte(s) received in 0.370 second(s) 3.22Kbyte(s)/sec.
[R1-ftp]quit
221 Goodbye.
<R1>startup saved-configuration r1-backup.cfg    //设置引导启动
<R1>reboot
Info: The system is comparing the configuration, please wait.
Warning: All the configuration will be saved to the next startup configuration.
Continue ? [y/n]:n                               //输入"n"，不保存
System will reboot! Continue ? [y/n]:y           //输入"y"，确认重启
Info: system is rebooting ,please wait...
//因模拟器原因，R1 重启后，需要自己手动"停止设备"，再"开启设备"，才能正常使用
<R1>dis current-configuration
[V200R003C00]
.
......           //此处省略部分内容
.
#
interface NULL0 //int LoopBack 1 的配置没有了，因为 r1-backup.cfg 文件中没有这部分配置信息
#
 stelnet server enable
```

04 将 S1 上的配置文件备份到 FTP 服务器。

```
<S1>save s1-backup.cfg
Are you sure to save the configuration to flash:/s1-backup.cfg?[Y/N]:y //输入"y"
Now saving the current configuration to the slot 0.
Save the configuration successfully.
<S1>dir
Directory of flash:/
  Idx  Attr     Size(Byte)     Date          Time         FileName
    0  drw-     -              Aug 06 2015   21:26:42     src
    1  drw-     -              Jun 26 2021   15:46:05     compatible
    2  -rw-     772            Jun 28 2021   12:54:07     vrpcfg.zip
    3  -rw-     2,437          Jul 01 2021   11:21:35     s1-backup.cfg
32,004 KB total (31,964 KB free)
<S1>ftp 192.168.10.2
Trying 192.168.10.2 ...
Press CTRL+K to abort
Connected to 192.168.10.2.
220 FtpServerTry FtpD for free
User(192.168.10.2:(none)):                       //直接按回车键
331 Password required for  .
Enter password:                                  //直接按回车键
```

```
230 User  logged in , proceed

[ftp]put s1-backup.cfg                        //上传配置文件
200 Port command okay.
150 Opening BINARY data connection for s1-backup.cfg
100%
226 Transfer finished successfully. Data connection closed.
FTP: 2437 byte(s) sent in 0.070 second(s) 34.81Kbyte(s)/sec.
[ftp]quit
221 Goodbye.
<S1>
```

05 打开 FTP 服务器，可以看到 s1-backup.cfg 文件上传成功，如图 7.1.5 所示。

图 7.1.5　s1-backup.cfg 文件已上传到 FTP 服务器

06 将 FTP 服务器上的 S1 的配置文件还原到 S1。

```
<S1>delete s1-backup.cfg
Delete flash:/s1-backup.cfg?[Y/N]:y                   //输入"y"
Info: Deleting file flash:/s1-backup.cfg...succeeded.
<S1>ftp 192.168.10.2
Trying 192.168.10.2 ...
Press CTRL+K to abort
Connected to 192.168.10.2.
220 FtpServerTry FtpD for free
User(192.168.10.2:(none)):                            //直接按回车键
331 Password required for  .
Enter password:                                       //直接按回车键
230 User  logged in , proceed
[ftp]get s1-backup.cfg
200 Port command okay.
150 Sending s1-backup.cfg (2437 bytes). Mode STREAM Type BINARY
226 Transfer finished successfully. Data connection closed.
FTP: 2437 byte(s) received in 0.200 second(s) 12.18Kbyte(s)/sec.
[ftp]quit
221 Goodbye.
<S1>startup saved-configuration s1-backup.cfg
<S1>reboot
Info: The system is comparing the configuration, please wait.
Warning: All the configuration will be saved to the next startup configuration.
Continue ? [y/n]:n                                   //输入"n"，不保存
System will reboot! Continue ? [y/n]:y               //输入"y"，确认重启
```

```
Info: system is rebooting ,please wait...
```

交换机 S2、S3 的配置文件备份和还原工作与交换机 S1 的操作一样，不再赘述。

任务验收

01 使用 AdminPC 测试 R1、S1、S2 和 S3 的 SSH 登录功能。

02 在 FTP 服务器上查看备份文件。

03 确认还原备份文件后的 R1 没有新增内容。

任务小结

本任务包含了路由器、交换机的远程登录安全配置和配置文件的备份与还原，有助于培养读者网络设备的综合管理和运维能力。

反思与评价

1. 自我反思（不少于 100 字）

____

____

____

____

2. 任务评价

自我评价表

序　号	自评内容	佐证内容	达　标	未达标
1	设备间通信情况	各设备之间能互相 ping 通		
2	配置 STelnet（SSH）服务	可以安全地远程登录到 R1、S1、S2 和 S3		
3	配置文件的备份与还原	能在 R1 和 S1 上完成配置文件的备份和还原		
4	系统分析问题的能力	能掌握相关的技术并完成综合任务		

任务 7.2　负载均衡的园区网络综合实训

任务描述

某公司是位于工业园区内的新技术企业，原网络为单核心网络，具有“单点故障的风险”。为保障公司网络的稳定性、可用性，现对公司的原网络进行升级改造，改造后的网络要求为“双核心”的稳定结构；因公司移动办公的用户越来越多，现在公司需要在网络中部署 WLAN 以满足员工的移动办公需求。公司的网络工程师现要求根据拓扑图对网络设备进行调试。

单核心网络已经无法满足公司的需求，因此采用双核心的冗余网络，可以保证公司网络的稳定性。利用MSTP（多生成树协议）和VRRP（虚拟路由冗余协议）提高可靠性，实现冗余备份的同时，可实现负载均衡，MSTP创建多个生成树实例，实现VLAN间负载均衡，不同VLAN的流量按照不同的路径转发。VRRP创建多个备份组，各备份组指定不同的Master与Backup，实现虚拟路由的负载均衡。

移动终端已经成为人们生活和工作的必备工具，无线网络是移动终端最重要的网络接入路径，考虑到消费级的无线路由器的性能、扩展性、可管理型都无法满足要求，公司准备采用AC+AP的方案。

任务要求

（1）负载均衡的园区网络拓扑图如图7.2.1所示。

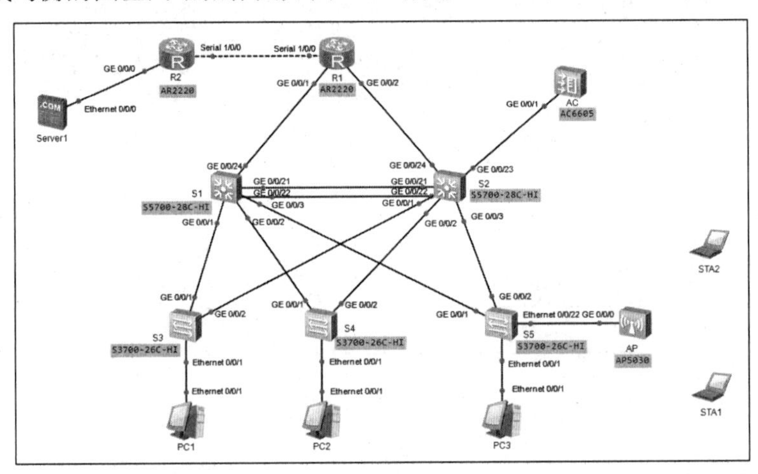

图7.2.1　负载均衡的园区网络拓扑图

（2）设备说明如表7.2.1所示。

表7.2.1　设备说明

设备名（型号）	端　口	IP地址/子网掩码	默 认 网关	端 口 属 性	对端设备：端口
PC1	Ethernet 0/0/1	自动获取	自动获取	——	S3：Ethernet 0/0/1
PC2	Ethernet 0/0/1	自动获取	自动获取	——	S4：Ethernet 0/0/1
PC3	Ethernet 0/0/1	自动获取	自动获取	——	S5：Ethernet 0/0/1
STA1	——	自动获取	自动获取	——	——
STA2	——	自动获取	自动获取	——	——
S3（S3700-26C-HI）	Ethernet 0/0/1	——	——	Access	PC1：Ethernet 0/0/1
	GE 0/0/1	——	——	Trunk	S1：GE 0/0/1
	GE 0/0/2	——	——	Trunk	S2：GE 0/0/1
	VLAN61	——	——	Access	——
	VLAN62	——	——	Access	——
	VLAN63	——	——	Access	——
	VLAN64	——	——	Access	——

续表

设备名（型号）	端　口	IP 地址/子网掩码	默认网关	端口属性	对端设备：端口
S4（S3700-26C-HI）	Ethernet 0/0/1	——	——	Access	PC2：Ethernet 0/0/1
	GE 0/0/1	——	——	Trunk	S1：GE 0/0/2
	GE 0/0/2	——	——	Trunk	S2：GE 0/0/2
	VLAN61	——	——	Access	——
	VLAN62	——	——	Access	——
	VLAN63	——	——	Access	——
	VLAN64	——	——	Access	——
S5（S3700-26C-HI）	GE 0/0/1	——	——	trunk	S1：GE 0/0/3
	GE 0/0/2	——	——	trunk	S2：GE 0/0/3
	Ethernet 0/0/1	——	——	Access	PC3：Ethernet 0/0/1
	Ethernet 0/0/22	——	——	trunk	AP：GE 0/0/0
	VLAN61	——	——	Access	——
	VLAN62	——	——	Access	——
	VLAN63	——	——	Access	——
	VLAN64	——	——	Access	——
	VLAN102	——	——	Access	——
S1（S5700-28C-HI）	GE 0/0/1	——	——	Trunk	S3：GE 0/0/1
	GE 0/0/2	——	——	Trunk	S4：GE 0/0/1
	GE 0/0/3	——	——	Trunk	S5：GE 0/0/1
	GE 0/0/21	——	——	Eth-Trunk	S2：GE 0/0/21
	GE 0/0/22	——	——		S2：GE 0/0/22
	GE 0/0/24	——	——	Access	R1：GE 0/0/1
	VLAN61	10.10.61.252/24	——	——	——
	VLAN62	10.10.62.252/24	——	——	——
	VLAN63	10.10.63.252/24	——	——	——
	VLAN64	10.10.64.252/24	——	——	——
	VLAN102	10.10.102.253/24	——	——	——
	VLAN111	10.10.111.2/30	——	——	——
S2（S5700-28C-HI）	GE 0/0/1	——	——	Trunk	S3：GE 0/0/2
	GE 0/0/2	——	——	Trunk	S4：GE 0/0/2
	GE 0/0/3	——	——	Trunk	S5：GE 0/0/2
	GE 0/0/21	——	——	Eth-trunk 1	S1：GE 0/0/21
	GE 0/0/22	——	——		S1：GE 0/0/22
	GE 0/0/23	——	——	Trunk	AC：GE 0/0/1
	GE 0/0/24	——	——	Access	R1：GE 0/0/2
	VLAN1	10.10.101.254/24	——	——	——
	VLAN61	10.10.61.253/24	——	——	——
	VLAN62	10.10.62.253/24	——	——	——
	VLAN63	10.10.63.253/24	——	——	——
	VLAN64	10.10.64.253/24	——	——	——
	VLAN102	10.10.102.254/24	——	——	——
	VLAN112	10.10.112.2/30	——	——	——

续表

设备名（型号）	端　口	IP 地址/子网掩码	默认网关	端口属性	对端设备：端口
R1 （AR2220）	GE 0/0/1	10.10.111.1/30		—	S1：GE 0/0/24
	GE 0/0/2	10.10.112.1/30		—	S2：GE 0/0/24
	Serial 1/0/0	11.11.11.1/24		—	R2：Serial 1/0/0
R2 （AR2220）	Serial 1/0/0	11.11.11.2/24	—	—	R1：Serial 1/0/0
	GE 0/0/0	20.20.20.2/30	—	—	Server1：Ethernet 0/0/0
AC （AC6605）	GE 0/0/1	—	—	Trunk	S2：GE 0/0/23
	VLAN1	10.10.101.253/24	10.10.101.254	—	—
AP （AP5030）	GE 0/0/0	DHCP 获取	DHCP 获取	—	S5：Ethernet 0/0/22
Server1	Ethernet 0/0/0	20.20.20.1/24	20.20.20.254	—	R2：GE 0/0/0

（3）VLAN 规划如表 7.2.2 所示。

表 7.2.2　VLAN 规划

VLAN ID	VRRP 地址	包含设备	备　注
61	10.10.61.254/24	PC1	计算机接入网段
62	10.10.62.254/24	PC2	计算机接入网段
63	10.10.63.254/24	PC3	计算机接入网段
64	10.10.64.254/24	STA1、STA2	无线用户

（4）该企业内网核心交换机 S1 和 S2 互为备份，实现链路聚合，设备冗余设计，核心交换机通过路由器 R1 与互联网连通。

（5）路由器 R1 与 R2 通过 PPP 链路连接，启用 PPP 协议的 CHAP 认证功能，路由器 R2 为认证方，路由器 R1 为被认证方，用户名使用路由器名称，认证加密类型密钥为 123456。

（6）路由器 R1 与 R2 之间不配置路由协议，可通过默认路由配置实现网络通信。

（7）路由器 R1 上配置 NAT 地址转换，使内部计算机能访问互联网服务器 Server1。

（8）所有 VLAN 的网关在核心交换机上实现，核心交换机 S1 和 S2 与路由器 R1 通过 OSPF 实现路由互通，认证模式和密钥采用 md5 1 ciper gd。

（9）在核心交换机 S1 和 S2 上分别配置 DHCP 服务，实现高可用的 DHCP 服务器双机热备，使得客户端可以动态获取正确的 IP 地址。

（10）在核心交换机 S1 和 S2 上启用 VRRP 协议，并且配置使 VLAN61、VLAN62 数据流默认通过 S1 转发，VLAN63、VLAN64 数据流默认通过 S2 转发。

（11）整个网络启用 MSTP 多生成树，设置 S1 作为生成树实例 1 的根，配置 VLAN61、VLAN62 参与生成树实例 1，配置 S2 作为生成树实例 2 的根，配置 VLAN63、VLAN64 参与生成树实例 2。

（12）交换机 S3、S4 和 S5 作为接入层交换机，分别连接 VLAN61、VLAN62、VLAN63 虚拟局域网。

（13）无线控制器AC连接到核心交换机S2的GE 0/0/23端口上，无线控制参数自定义。VLAN64是无线局域网业务网段，通过AP与S5的Ethernet 0/0/22端口连接，使得无线客户端可以动态获取正确的IP地址，并能访问互联网服务器Server1。

任务实施

1. 交换机的基础配置

01 参照图7.2.1搭建网络拓扑，路由器之间使用Serial串口线，其他连线全部使用直通线，开启所有设备电源。

02 接入层交换机S3的基本配置。

```
<Huawei>system-view
[Huawei]sysname S3
[S3]undo info-center enable
[S3]vlan batch 61 to 64                          //批量创建VLAN61～VLAN64
[S3]interface Ethernet 0/0/1
[S3-Ethernet0/0/1]port link-type access
[S3-Ethernet0/0/1]port default vlan 61
[S3-Ethernet0/0/1]quit
[S3]interface GigabitEthernet 0/0/1              //配置GE 0/0/1端口为Trunk端口
[S3-GigabitEthernet0/0/1]port link-type trunk
[S3-GigabitEthernet0/0/1]port trunk allow-pass vlan 61 to 64 //允许VLAN61～VLAN64通过
[S3-GigabitEthernet0/0/1]quit
[S3]interface GigabitEthernet 0/0/2              //配置GE 0/0/2端口为Trunk端口
[S3-GigabitEthernet0/0/2]port link-type trunk
[S3-GigabitEthernet0/0/2]port trunk allow-pass vlan 61 to 64 //允许VLAN61～VLAN64通过
[S3-GigabitEthernet0/0/2]quit
```

03 接入层交换机S4的基本配置。

```
<Huawei>system-view
[Huawei]sysname S4
[S4]undo info-center enable
[S4]vlan batch 61 to 64                          //批量创建VLAN61～VLAN64
[S4]interface Ethernet 0/0/1
[S4-Ethernet0/0/1]port link-type access
[S4-Ethernet0/0/1]port default vlan 62
[S4-Ethernet0/0/1]quit
[S4]interface GigabitEthernet 0/0/1              //配置GE 0/0/1端口为Trunk端口
[S4-GigabitEthernet0/0/1]port link-type trunk
[S4-GigabitEthernet0/0/1]port trunk allow-pass vlan 61 to 64 //允许VLAN61～VLAN64通过
[S4-GigabitEthernet0/0/1]quit
[S4]interface GigabitEthernet 0/0/2              //配置GE 0/0/2端口为Trunk端口
[S4-GigabitEthernet0/0/2]port link-type trunk
[S4-GigabitEthernet0/0/2]port trunk allow-pass vlan 61 to 64 //允许VLAN61～VLAN64通过
[S4-GigabitEthernet0/0/2]quit
```

04 接入层交换机S5的基本配置。

```
<Huawei>system-view
[Huawei]sysname S5
[S5]undo info-center enable
[S5]vlan batch 61 to 64 102                      //批量创建VLAN61～VLAN64、VLAN102
[S5]interface Ethernet 0/0/1
[S5-Ethernet0/0/1]port link-type access
[S5-Ethernet0/0/1]port default vlan 63
[S5-Ethernet0/0/1]quit
[S5]interface Ethernet 0/0/22
[S5-Ethernet0/0/22]port link-type trunk
```

```
[S5-Ethernet0/0/22]port trunk pvid vlan 102
[S5-Ethernet0/0/22]port trunk allow-pass vlan 64 102 //允许 VLAN64、VLAN102 通过
[S5-Ethernet0/0/22]quit
[S5]interface GigabitEthernet 0/0/1                   //配置 GE 0/0/1 端口为 Trunk 端口
[S5-GigabitEthernet0/0/1]port link-type trunk
[S5-GigabitEthernet0/0/1]port trunk allow-pass vlan 61 to 64 102
                                                 //允许 VLAN61～VLAN64、VLAN102 通过
[S5-GigabitEthernet0/0/1]quit
[S5]interface GigabitEthernet 0/0/2                //配置 GE 0/0/2 端口为 Trunk 端口
[S5-GigabitEthernet0/0/2]port link-type trunk
//允许 VLAN61～VLAN64、VLAN102 通过
[S5-GigabitEthernet0/0/2]port trunk allow-pass vlan 61 to 64 102

[S5-GigabitEthernet0/0/2]quit
```

05 核心交换机 S1 的基本配置。

```
<Huawei>system-view
[Huawei]undo info-center enable
[Huawei]sysname S1
[S1]vlan batch 61 to 64 102 111        //批量创建 VLAN61～VLAN64、VLAN102 和 VLAN111
[S1]interface GigabitEthernet 0/0/24
[S1-GigabitEthernet0/0/24]port link-type access
[S1-GigabitEthernet0/0/24]port default vlan 111
[S1-GigabitEthernet0/0/24]quit
[S1]interface GigabitEthernet 0/0/1   //配置 GE 0/0/1 端口为 Trunk 端口
[S1-GigabitEthernet0/0/1]port link-type trunk
[S1-GigabitEthernet0/0/1]port trunk allow-pass vlan 61 to 64  //允许 VLAN61～VLAN64 通过
[S1-GigabitEthernet0/0/1]quit
[S1]interface GigabitEthernet 0/0/2  //配置 GE 0/0/2 端口为 Trunk 端口
[S1-GigabitEthernet0/0/2]port link-type trunk
[S1-GigabitEthernet0/0/2]port trunk allow-pass vlan 61 to 64 //允许 VLAN61～VLAN64 通过
[S1-GigabitEthernet0/0/2]quit
[S1]interface GigabitEthernet 0/0/3  //配置 GE 0/0/3 端口为 Trunk 端口
[S1-GigabitEthernet0/0/3]port link-type trunk
//允许 VLAN61～VLAN64、VLAN102 通过
[S1-GigabitEthernet0/0/3]port trunk allow-pass vlan 61 to 64 102
[S1-GigabitEthernet0/0/3]quit
[S1]interface Vlanif 61
[S1-Vlanif61]ip address 10.10.61.252 255.255.255.0
[S1-Vlanif61]interface Vlanif 62
[S1-Vlanif62]ip address 10.10.62.252 255.255.255.0
[S1-Vlanif62]interface Vlanif 63
[S1-Vlanif63]ip address 10.10.63.252 255.255.255.0
[S1-Vlanif63]interface Vlanif 64
[S1-Vlanif64]ip address 10.10.64.252 255.255.255.0
[S1-Vlanif64]interface Vlanif 102                          //供 AP 使用
[S1-Vlanif102]ip address 10.10.102.252 255.255.255.0
[S1-Vlanif102]interface Vlanif 111
[S1-Vlanif111]ip address 10.10.111.2 255.255.255.252
[S1-Vlanif111]quit
```

06 核心交换机 S2 的基本配置。

```
<Huawei>system-view
[Huawei]undo info-center enable
[Huawei]sysname S2
[S2]vlan batch 61 to 64 102 112
[S2]interface GigabitEthernet 0/0/24
[S2-GigabitEthernet0/0/24]port link-type access
[S2-GigabitEthernet0/0/24]port default vlan 112     //设置上行链路所属 VLAN
[S2-GigabitEthernet0/0/24]quit
[S2]interface GigabitEthernet 0/0/1                 //配置 GE 0/0/1 端口为 Trunk 端口
[S2-GigabitEthernet0/0/1]port link-type trunk
```

```
[S2-GigabitEthernet0/0/1]port trunk allow-pass vlan 61 to 64 //允许VLAN61～VLAN64通过
[S2-GigabitEthernet0/0/1]quit
[S2]interface GigabitEthernet 0/0/2          //配置GE 0/0/2端口为Trunk端口
[S2-GigabitEthernet0/0/2]port link-type trunk
[S2-GigabitEthernet0/0/2]port trunk allow-pass vlan 61 to 64 //允许VLAN61～VLAN64通过
[S2-GigabitEthernet0/0/2]quit
[S2]interface GigabitEthernet 0/0/3          //配置GE 0/0/3端口为Trunk端口
[S2-GigabitEthernet0/0/3]port link-type trunk
//允许VLAN61～VLAN64、VLAN102通过
[S2-GigabitEthernet0/0/3]port trunk allow-pass vlan 61 to 64 102
[S2-GigabitEthernet0/0/3]quit
[S2]interface Vlanif 1                       //与AC通信
[S2-Vlanif1]ip address 10.10.101.254 255.255.255.0
[S2-Vlanif1]interface Vlanif 61
[S2-Vlanif61]ip address 10.10.61.253 255.255.255.0
[S2-Vlanif61]interface Vlanif 62
[S2-Vlanif62]ip address 10.10.62.253 255.255.255.0
[S2-Vlanif62]interface Vlanif 63
[S2-Vlanif63]ip address 10.10.63.253 255.255.255.0
[S2-Vlanif63]interface Vlanif 64
[S2-Vlanif64]ip address 10.10.64.253 255.255.255.0
[S2-Vlanif64]interface Vlanif 102                      //供AP使用
[S2-Vlanif102]ip address 10.10.102.254 255.255.255.0
[S2-Vlanif102]interface Vlanif 112
[S2-Vlanif112]ip address 10.10.112.2 255.255.255.252
[S2]
```

2. 交换机的Eth-Trunk配置

01 核心交换机S1的Eth-Trunk配置。

```
[S1]interface Eth-Trunk 1
[S1-Eth-Trunk1]port link-type trunk
[S1-Eth-Trunk1]port trunk allow-pass vlan 61 to 64 102
[S1-Eth-Trunk1]quit
[S1]interface GigabitEthernet 0/0/21
[S1-GigabitEthernet0/0/21]eth-trunk 1
[S1-GigabitEthernet0/0/21]quit
[S1]interface GigabitEthernet 0/0/22
[S1-GigabitEthernet0/0/22]eth-trunk 1
[S1-GigabitEthernet0/0/22]quit
```

02 核心交换机S2的Eth-Trunk配置。

```
[S2]interface Eth-Trunk 1
[S2-Eth-Trunk1]port link-type trunk
[S2-Eth-Trunk1]port trunk allow-pass vlan 61 to 64 102
[S2-Eth-Trunk1]quit
[S2]interface GigabitEthernet 0/0/21
[S2-GigabitEthernet0/0/21]eth-trunk 1          //将此端口加入链路组1
[S2-GigabitEthernet0/0/21]quit
[S2]interface GigabitEthernet 0/0/22
[S2-GigabitEthernet0/0/22]eth-trunk 1          //将此端口加入链路组1
[S2-GigabitEthernet0/0/22]quit
```

3. 交换机的MSTP配置

01 核心交换机S1的MSTP配置。

```
[S1]stp instance 1 priority 4096
[S1]stp instance 2 priority 0
[S1]stp region-configuration
[S1-mst-region]region-name test
[S1-mst-region]revision-level 1
```

```
[S1-mst-region]instance 1 vlan 61 to 62
[S1-mst-region]instance 2 vlan 63 to 64 102
[S1-mst-region]active region-configuration
[S1-mst-region]quit
```

02 核心交换机 S2 的 MSTP 配置。

```
[S2]stp instance 1 priority 0
[S2]stp instance 2 priority 4096
[S2]stp region-configuration
[S2-mst-region]region-name test
[S2-mst-region]revision-level 1
[S2-mst-region]instance 1 vlan 61 to 62
[S2-mst-region]instance 2 vlan 63 to 64 102
[S2-mst-region]active region-configuration
[S2-mst-region]quit
```

03 接入层交换机 S3 的 MSTP 配置。

```
[S3]stp region-configuration
[S3-mst-region]region-name test
[S3-mst-region]revision-level 1
[S3-mst-region]instance 1 vlan 61 to 62
[S3-mst-region]instance 2 vlan 63 to 64
[S3-mst-region]active region-configuration
[S3-mst-region]return
<S3>save
```

04 接入层交换机 S4 的 MSTP 配置。

```
[S4]stp region-configuration
[S4-mst-region]region-name test
[S4-mst-region]revision-level 1
[S4-mst-region]instance 1 vlan 61 to 62
[S4-mst-region]instance 2 vlan 63 to 64
[S4-mst-region]active region-configuration
[S4-mst-region]return
<S4>save
```

05 接入层交换机 S5 的 MSTP 配置。

```
[S5]stp region-configuration
[S5-mst-region]region-name test
[S5-mst-region]revision-level 1
[S5-mst-region]instance 1 vlan 61 to 62          //配置实例 1 对应 VLAN61、VLAN62
[S5-mst-region]instance 2 vlan 63 to 64 102      //配置实例 2 对应 VLAN63、VLAN64、VLAN102
[S5-mst-region]active region-configuration
[S5-mst-region]return
<S5>save
```

4. 在交换机上配置 DHCP 给有线客户端使用

01 在核心交换机 S1 上的配置。

```
[S1]dhcp enable
[S1]ip pool vlan61
[S1-ip-pool-vlan61]network 10.10.61.0 mask 255.255.255.0
[S1-ip-pool-vlan61]excluded-ip-address 10.10.61.252 10.10.61.253
[S1-ip-pool-vlan61]gateway-list 10.10.61.254
[S1-ip-pool-vlan61]dns-list 114.114.114.114
[S1-ip-pool-vlan61]quit
[S1]ip pool vlan62
[S1-ip-pool-vlan62]network 10.10.62.0 mask 255.255.255.0
[S1-ip-pool-vlan62]excluded-ip-address 10.10.62.252 10.10.62.253
[S1-ip-pool-vlan62]gateway-list 10.10.62.254
[S1-ip-pool-vlan62]dns-list 114.114.114.114
[S1-ip-pool-vlan62]quit
```

```
[S1]ip pool vlan63
[S1-ip-pool-vlan63]network 10.10.63.0 mask 255.255.255.0
[S1-ip-pool-vlan63]excluded-ip-address 10.10.63.252 10.10.63.253
[S1-ip-pool-vlan63]gateway-list 10.10.63.254
[S1-ip-pool-vlan63]dns-list 114.114.114.114
[S1-ip-pool-vlan63]quit
```

02 在核心交换机 S2 上的配置。

```
[S2]dhcp enable
[S2]ip pool vlan61
[S2-ip-pool-vlan61]network 10.10.61.0 mask 255.255.255.0
[S2-ip-pool-vlan61]excluded-ip-address 10.10.61.252 10.10.61.253
[S2-ip-pool-vlan61]gateway-list 10.10.61.254
[S2-ip-pool-vlan61]dns-list 114.114.114.114
[S2-ip-pool-vlan61]quit
[S2]ip pool vlan62
[S2-ip-pool-vlan62]network 10.10.62.0 mask 255.255.255.0
[S2-ip-pool-vlan62]excluded-ip-address 10.10.62.252 10.10.62.253
[S2-ip-pool-vlan62]gateway-list 10.10.62.254
[S2-ip-pool-vlan62]dns-list 114.114.114.114
[S2-ip-pool-vlan62]quit
[S2]ip pool vlan63
[S2-ip-pool-vlan63]network 10.10.63.0 mask 255.255.255.0
[S2-ip-pool-vlan63]excluded-ip-address 10.10.63.252 10.10.63.253
[S2-ip-pool-vlan63]gateway-list 10.10.63.254
[S2-ip-pool-vlan63]dns-list 114.114.114.114
[S2-ip-pool-vlan63]quit
```

5. 交换机的 VRRP 配置

01 核心交换机 S1 的 VRRP 配置。

```
[S1]dhcp enable
[S1]interface Vlanif 61
[S1-Vlanif61]vrrp vrid 61 virtual-ip 10.10.61.254     //设置 VLAN61 的虚拟网关
[S1-Vlanif61]vrrp vrid 61 priority 120                //配置 VRRP 组 61 的优先级为 120
//配置 VRRP 组 61 的检查项 Track 端口并设置出现端口故障时优先级减少 30
[S1-Vlanif61]vrrp vrid 61 track interface GigabitEthernet0/0/24 reduced 30
[S1-Vlanif61]dhcp select global                       //配置 DHCP 全局模式
[S1-Vlanif61]quit
[S1]interface Vlanif 62
[S1-Vlanif62]vrrp vrid 62 virtual-ip 10.10.62.254    //设置 VLAN62 的虚拟网关
[S1-Vlanif62]vrrp vrid 62 priority 120               //配置 VRRP 组 62 的优先级为 120
//配置 VRRP 组 62 的检查项 Track 端口并设置出现端口故障时优先级减少 30
[S1-Vlanif62]vrrp vrid 62 track interface GigabitEthernet0/0/24 reduced 30
[S1-Vlanif62]dhcp select global                      //配置 DHCP 全局模式
[S1-Vlanif62]quit
[S1]interface Vlanif 63
[S1-Vlanif63]vrrp vrid 63 virtual-ip 10.10.63.254
[S1-Vlanif63]quit
[S1]interface Vlanif 64
[S1-Vlanif64]vrrp vrid 64 virtual-ip 10.10.64.254
[S1-Vlanif64]quit
```

02 核心交换机 S2 的 VRRP 配置。

```
[S2]interface Vlanif 61
[S2-Vlanif61]vrrp vrid 61 virtual-ip 10.10.61.254
[S2-Vlanif61]dhcp select global
[S2-Vlanif61]quit
[S2]interface Vlanif 62
[S2-Vlanif62]vrrp vrid 62 virtual-ip 10.10.62.254
[S2-Vlanif62]dhcp select global
[S2-Vlanif62]quit
```

```
[S2]interface Vlanif 63
[S2-Vlanif63]vrrp vrid 63 virtual-ip 10.10.63.254
[S2-Vlanif63]vrrp vrid 63 priority 120
[S2-Vlanif63]vrrp vrid 63 track interface GigabitEthernet0/0/24 reduced 30
[S2-Vlanif63]dhcp select global
[S2-Vlanif63]quit
[S2]interface Vlanif 64
[S2-Vlanif64]vrrp vrid 64 virtual-ip 10.10.64.254
[S2-Vlanif64]vrrp vrid 64 priority 120
[S2-Vlanif64]vrrp vrid 64 track interface GigabitEthernet0/0/24 reduced 30
[S2-Vlanif64]dhcp select global
[S2-Vlanif64]quit
```

6. 交换机的路由配置

01 核心交换机 S1 的路由配置。

```
[S1]ospf 1
[S1-ospf-1]area 0
[S1-ospf-1-area-0.0.0.0]authentication-mode md5 1 cipher gd
                                        //设置 ospf 验证算法为 md5，密码为 gd
[S1-ospf-1-area-0.0.0.0]network 10.10.111.0 0.0.0.3
[S1-ospf-1-area-0.0.0.0]network 10.10.61.0 0.0.0.255
[S1-ospf-1-area-0.0.0.0]network 10.10.62.0 0.0.0.255
[S1-ospf-1-area-0.0.0.0]network 10.10.63.0 0.0.0.255
[S1-ospf-1-area-0.0.0.0]network 10.10.64.0 0.0.0.255
[S1-ospf-1-area-0.0.0.0]network 10.10.102.0 0.0.0.255
[S1-ospf-1-area-0.0.0.0]quit
[S1-ospf-1]quit
```

02 核心交换机 S2 的路由配置。

```
[S2]ospf 1
[S2-ospf-1]area 0
[S2-ospf-1-area-0.0.0.0]authentication-mode md5 1 cipher gd
[S2-ospf-1-area-0.0.0.0]network 10.10.112.0 0.0.0.3
[S2-ospf-1-area-0.0.0.0]network 10.10.61.0 0.0.0.255
[S2-ospf-1-area-0.0.0.0]network 10.10.62.0 0.0.0.255
[S2-ospf-1-area-0.0.0.0]network 10.10.63.0 0.0.0.255
[S2-ospf-1-area-0.0.0.0]network 10.10.64.0 0.0.0.255
[S2-ospf-1-area-0.0.0.0]network 10.10.102.0 0.0.0.255
[S2-ospf-1-area-0.0.0.0]quit
[S2-ospf-1]quit
```

7. 路由器的基本配置

01 路由器 R1 的配置。

```
<Huawei>system-view
[Huawei]sysname R1
[R1]undo info-center enable
[R1]interface GigabitEthernet 0/0/1
[R1-GigabitEthernet0/0/1]ip address 10.10.111.1 255.255.255.252
[R1-GigabitEthernet0/0/1]quit
[R1]interface GigabitEthernet 0/0/2
[R1-GigabitEthernet0/0/2]ip address 10.10.112.1 255.255.255.252
[R1-GigabitEthernet0/0/2]quit
[R1]interface Serial 1/0/0
[R1-Serial1/0/0]ip address 11.11.11.1 255.255.255.252
[R1-Serial1/0/0]quit
```

02 路由器 R2 的配置。

```
<Huawei>system-view
[Huawei]sysname R2
```

```
[R2]undo info-center enable
[R2]interface Serial 1/0/0
[R2-Serial1/0/0]ip address 11.11.11.2 255.255.255.252
[R2-Serial1/0/0]quit
[R2]interface GigabitEthernet 0/0/0
[R2-GigabitEthernet0/0/0]ip address 20.20.20.254 24
[R2-GigabitEthernet0/0/0]quit
```

8. 路由器的 PPP 配置

01 路由器 R1 的 PPP 配置（PPP 认证方）。

```
[R1]interface Serial 1/0/0
[R1-Serial1/0/0]ppp chap user R1                        //配置认证账号为 R1
[R1-Serial1/0/0]ppp chap password cipher 123456         //配置认证账号密码为 123456
[R1-Serial1/0/0]quit
```

02 路由器 R2 的配置（PPP 认证方）。

```
[R2]interface Serial 1/0/0
[R2-Serial1/0/0]ppp authentication-mode chap            //设置 PPP 的认证模式为 CHAP
[R2-Serial1/0/0]quit
[R2]aaa
[R2-aaa]local-user R1 password cipher 123456            //添加 PPP 认证账号和密码
[R2-aaa]local-user R1 service-type ppp                  //账号 R1 的服务类型为 PPP
[R2-aaa]return
<R2>save
```

9. 路由器的路由和 NAT 配置

```
[R1]ip route-static 0.0.0.0 0.0.0.0 Serial 1/0/0               //配置默认路由指向出口
[R1]ospf 1
[R1-ospf-1]area 0
[R1-ospf-1-area-0.0.0.0]authentication-mode md5 1 cipher gd
[R1-ospf-1-area-0.0.0.0]network 10.10.111.0 0.0.0.3            //配置内网互联网段
[R1-ospf-1-area-0.0.0.0]network 10.10.112.0 0.0.0.3            //配置内网互联网段
[R1-ospf-1-area-0.0.0.0]quit
[R1-ospf-1]default-route-advertise always                      //宣告默认路由
[R1-ospf-1]quit
[R1]acl 2000
[R1-acl-basic-2000]rule permit source 10.10.0.0 0.0.255.255 //配置进行 NAT 转换的 ACL
[R1-acl-basic-2000]quit
[R1]interface Serial 1/0/0
[R1-Serial1/0/0]nat outbound 2000
[R1-Serial1/0/0]return
<R1>save
```

10. 在交换机上配置 DHCP 给无线客户端使用

01 在核心交换机 S1 上的配置。

```
[S1]ip pool vlan64
[S1-ip-pool-vlan64]network 10.10.64.0 mask 255.255.255.0    //设置无线终端的地址池网段
//设置无线网段的排除地址
[S1-ip-pool-vlan64]excluded-ip-address 10.10.64.252 10.10.64.253
[S1-ip-pool-vlan64]gateway-list 10.10.64.254                //设置无线终端的网关
[S1-ip-pool-vlan64]dns-list 114.114.114.114
[S1-ip-pool-vlan64]quit
[S1]int Vlanif 64
[S1-Vlanif64]dhcp select global
[S1-Vlanif64]quit
[S1]ip pool ap-vlan102
[S1-ip-pool-ap-vlan102]network 10.10.102.0 mask 255.255.255.0 //定义 AP 的地址池网段
[S1-ip-pool-ap-vlan102]excluded-ip-address 10.10.102.1 10.10.102.100
[S1-ip-pool-ap-vlan102]gateway-list 10.10.102.254            //设置 AP 的网关
```

```
[S1-ip-pool-ap-vlan102]dns-list 114.114.114.114
//AP 通过 DHCP option 43 方式指向 AC 的地址
[S1-ip-pool-ap-vlan102]option 43 sub-option 3 ascii 10.10.101.253
[S1-ip-pool-ap-vlan102]quit
[S1]interface Vlanif 102
[S1-Vlanif102]dhcp select global
[S1-Vlanif102]quit
```

02 在核心交换机 S2 上的配置。

```
[S2]ip pool vlan64
[S2-ip-pool-vlan64]network 10.10.64.0 mask 255.255.255.0  //设置无线终端的地址池网段
//设置无线网段的排除地址
[S2-ip-pool-vlan64]excluded-ip-address 10.10.64.252 10.10.64.253
[S2-ip-pool-vlan64]gateway-list 10.10.64.254              //设置无线终端的网关
[S2-ip-pool-vlan64]dns-list 114.114.114.114
[S2-ip-pool-vlan64]quit
[S2]int Vlanif 64
[S2-Vlanif64]dhcp select global
[S2-Vlanif64]quit
[S2]ip pool ap-vlan102
[S2-ip-pool-ap-vlan102]network 10.10.102.0 mask 255.255.255.0//定义 AP 的地址池网段
[S2-ip-pool-ap-vlan102]excluded-ip-address 10.10.102.1 10.10.102.100
[S2-ip-pool-ap-vlan102]gateway-list 10.10.102.254          //设置 AP 的网关
[S2-ip-pool-ap-vlan102]dns-list 114.114.114.114
//AP 通过 DHCP option 43 方式指向 AC 的地址
[S2-ip-pool-ap-vlan102]option 43 sub-option 3 ascii 10.10.101.253
[S2-ip-pool-ap-vlan102]quit
[S2]interface Vlanif 102
[S2-Vlanif102]dhcp select global
[S2-Vlanif102]quit
```

11．查询 AP 的 MAC 地址

```
<AP>display system-information
System Information
================================================
Serial Number            : 210235448310352B9014
System Time              : 2021-07-30 17:37:20
System Up time           : 1min 14sec
System Name              : Huawei
Country Code             : US
MAC Address              : 00:e0:fc:49:2a:20
......                                  //此处省略部分内容
```

这里显示 AP 的 Hardware address（MAC 地址）为 00:e0:fc:49:2a:20。

12．无线控制器 AC 的配置

01 无线控制器 AC 的基本配置。

```
<Huawei>sys
[Huawei]sysname AC
[AC]undo info-center enable
[AC]interface Vlanif 1
[AC-Vlanif1]ip address 10.10.101.253 255.255.255.0
[AC-Vlanif1]quit
[AC]ip route-static 0.0.0.0 0.0.0.0 10.10.101.254       //配置指向 S2 的默认路由
[AC]interface GigabitEthernet 0/0/1
[AC-GigabitEthernet0/0/1]port link-type trunk
[AC-GigabitEthernet0/0/1]quit
```

02 配置 AP 上线。

（1）配置 AC 的源端口。

```
[AC]capwap source interface vlanif 1                    //绑定 capwap 隧道 VLAN
```

（2）创建域管理模板，在域管理模板下配置 AC 的国家码并在 AP 组中引用域管理模板。

```
[AC]wlan
[AC-wlan-view]regulatory-domain-profile name domain       //创建域管理模板
[AC-wlan-regulate-domain-domain]country-code cn           //配置 AC 的国家码
[AC-wlan-view]ap-group name default
[AC-wlan-ap-group-default]regulatory-domain-profile domain //在 AP 组下引用域管理模板
Warning: Modifying the country code will clear channel, power and antenna gain c
onfigurations of the radio and reset the AP. Continue?[Y/N]:y
[AC-wlan-ap-group-default]quit
```

（3）在 AC 上离线导入 AP，并将 AP 加入组 default 默认组。

```
[AC-wlan-view]ap-id 0 ap-mac 00e0-fc49-2a20
[AC-wlan-ap-0]ap-name AP
[AC-wlan-ap-0]ap-group default
Warning: This operation may cause AP reset. If the country code changes, it will
 clear channel, power and antenna gain configurations of the radio, Whether to c
ontinue? [Y/N]:y
[AC-wlan-ap-0]quit
[AC-wlan-view]
```

（4）使用 display ap all 命令查看 AP 的 MAC 地址、Type 及运行状态。

```
[AC-wlan-ap-0]display ap all
Info: This operation may take a few seconds. Please wait for a moment.done.
Total AP information:
nor  : normal          [1]
-------------------------------------------------------------------------------
ID  MAC            Name Group   IP               Type            State STA Uptime
-------------------------------------------------------------------------------
0   00e0-fc49-2a20 AP   default 10.10.102.253 AP5030DN            nor    0    3S
-------------------------------------------------------------------------------
Total: 1
```

（5）此时 AP 上出现圆环状信号范围，如图 7.2.2 所示。

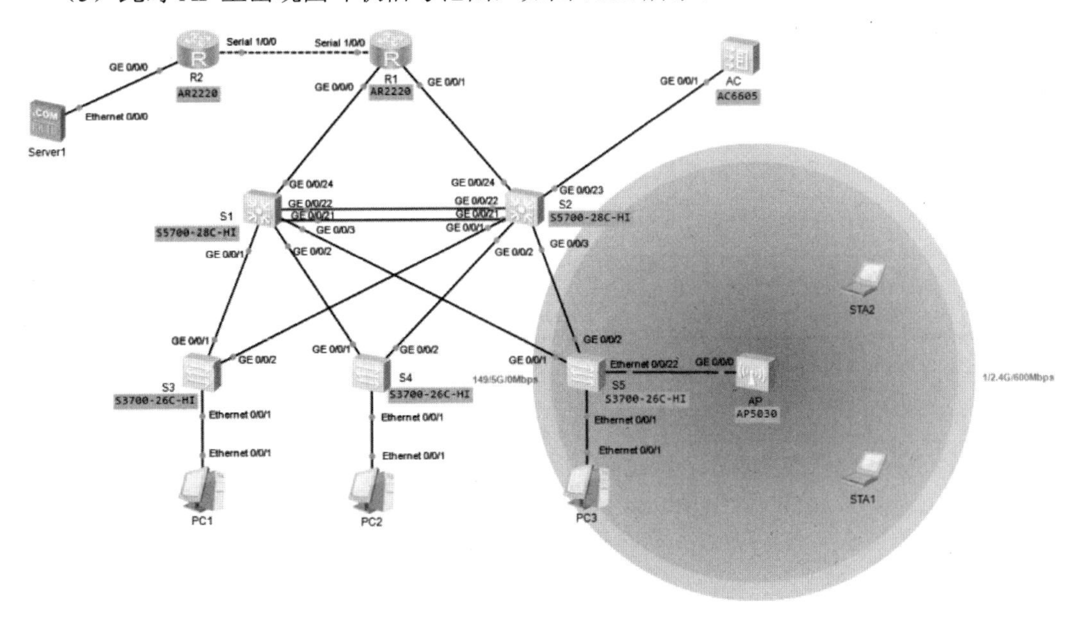

图 7.2.2　AP 已经上线

03 配置 WLAN 业务。

（1）创建安全模板、SSID 模板和 VAP 模板。

```
[AC-wlan-view]security-profile name sec-test          //配置安全模板
[AC-wlan-sec-prof-sec-test]security wpa2 psk pass-phrase abcd1234 aes
[AC-wlan-sec-prof-sec-test]quit
[AC-wlan-view]ssid-profile name test                   //配置 SSID 模板
[AC-wlan-ssid-prof-test]ssid Campus                    //SSID 名称为“Campus”
[AC-wlan-ssid-prof-test]quit
[AC-wlan-view]vap-profile name default                 //配置 VAP 模板
[AC-wlan-vap-prof-default]ssid-profile test            //关联 SSID 模板
[AC-wlan-vap-prof-default]security-profile sec-test //关联安全模板
[AC-wlan-vap-prof-default]service-vlan vlan-id 64   //配置无线 VLAN ID 为 64
[AC-wlan-vap-prof-default]quit
[AC-wlan-view]ap-group name default                    //配置 AP 组引用 VAP 模板
//配置射频 0 引用 VAP default 模板
[AC-wlan-ap-group-default]vap-profile default wlan 1 radio 0
//配置射频 1 引用 VAP default 模板
[AC-wlan-ap-group-default]vap-profile default wlan 1 radio 1
[AC-wlan-ap-group-default]quit
[AC-wlan-view]
```

（2）使用 display vap ssid Office 命令查看业务型 VAP 的相关信息。

```
[AC]display vap ssid Office                              //查看业务型 VAP 的相关信息
WID : WLAN ID
--------------------------------------------------------------------------------
----
AP ID AP name RfID WID  BSSID          Status    Auth type        STA   SSID
----------------------------------------------------------------------------
0     AP      0    1    00E0-FC49-2A20  ON      WPA2-PSK          0     Campus
0     AP      1    1    00E0-FC49-2A30  ON      WPA2-PSK          0     Campus
Total: 2
```

当“Status”项显示为“ON”时，表示 AP 对应的射频上的 VAP 已创建成功。

04 无线客户端的测试。

（1）启动 STA1，查看“Vap 列表”，并连接“信道 1”的 VAP，如图 7.2.3 所示。

图 7.2.3　STA1 的 Vap 列表

（2）在弹出的对话框中输入“abcd1234”，并单击“确定”按钮，如图7.2.4所示，这时可以看到状态显示为“已连接”，表示连接成功，如图7.2.5所示。

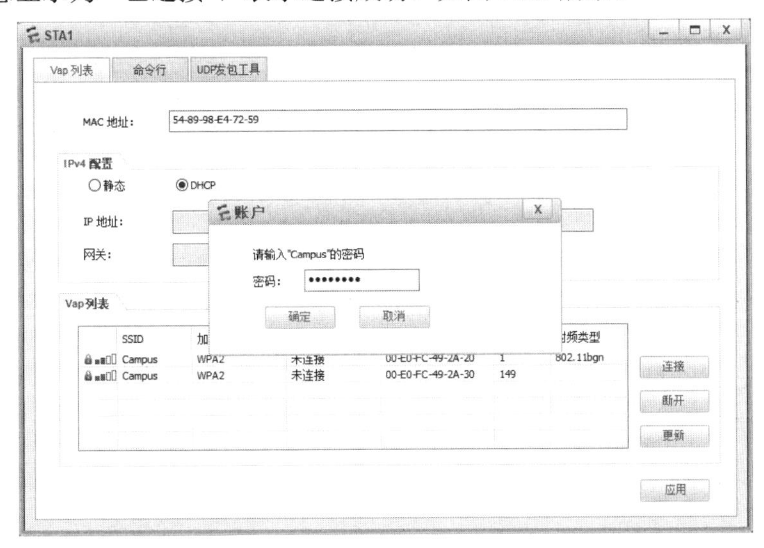

图7.2.4　连接“信道1”无线网络

图7.2.5 显示连接状态

（3）使用ipconfig命令查看STA1从DHCP服务器获取的IP地址信息，如图7.2.6所示。

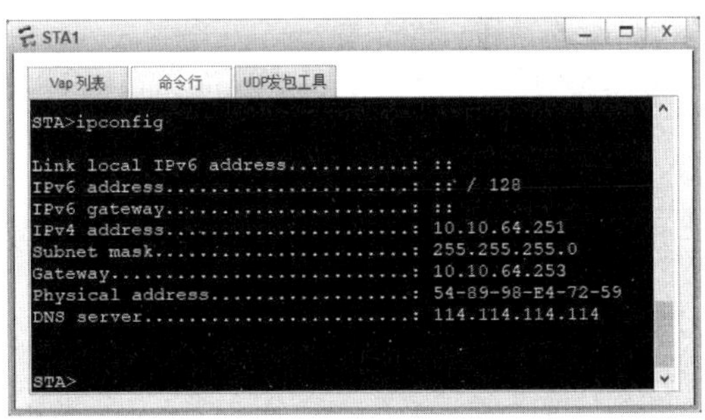

图7.2.6　STA1从DHCP服务器获取的IP地址信息

（4）使用同样的方法，将 STA2 进行连接。设备全部连接无线网络后，在 AC 上执行 display station ssid Campus 命令，可以看到用户已经接入无线网络"Campus"中。

```
<AC>display station ssid Campus
Rf/WLAN: Radio ID/WLAN ID
Rx/Tx: link receive rate/link transmit rate(Mbps)
---------------------------------------------------------------------------------
STA MAC          AP ID Ap name  Rf/WLAN  Band  Type  Rx/Tx   RSSI  VLAN  IP address
---------------------------------------------------------------------------------
5489-9830-367b   0     AP       0/1      2.4G  -     -/-     -     64    10.10.64.250
5489-98e4-7259   0     AP       0/1      2.4G  -     -/-     -     64    10.10.64.251
---------------------------------------------------------------------------------
Total: 2 2.4G: 2 5G: 0
```

最终所有用户都可以获取正确的 IP 地址，整个网络实现全网互通，如图 7.2.7 所示。

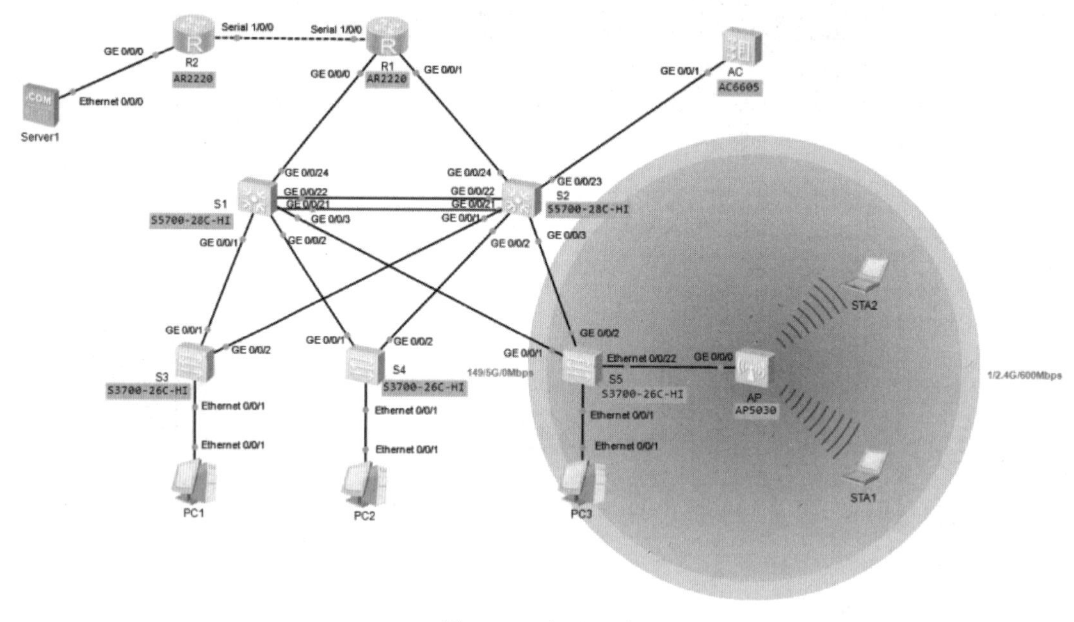

图 7.2.7　全网互通

任务验收

01 所有计算机都可正确获得相应网段的 IP 地址。

02 AP 可正常上线，并检查无线网络接入情况。

03 MSTP 及 VRRP 可正常工作。

04 检查路由器 R1 和 R2 的 PPP 链路和 CHAP 单向认证情况。

05 使用 display nat session all 命令查看 NAT 的链路情况。

06 PC1、PC2、PC3、STA1 和 STA2 都可以与 Server1 正常通信。

任务小结

本任务采用经典的三层网络结构模型构建了园区局域网络，综合考察了 VLAN、Trunk、

VLANIF、链路聚合、交换机 DHCP 服务配置、静态路由、动态路由、AC、AP、NAT、PPP CHAP、MSTP、VRRP 等知识，有利于提高学生综合水平。

反思与评价

1. 自我反思（不少于 100 字）

____

____

____

____

2. 任务评价

自我评价表

序号	自评内容	佐证内容	达标	未达标
1	园区内网的搭建	内网各设备可以互相通信		
2	客户端获取 IP 地址	园区客户端可动态获取 IP 地址		
3	园区无线网络的搭建	无线设备可以获取 IP 地址		
4	负载均衡的园区内网	MSTP+VRRP 配置成功		
5	客户端访问服务器	Client1 可浏览 Server1 的 Web 站点网页		
6	系统分析与解决问题的能力	能完成任务要求的分析并完成综合任务		

任务 7.3　企业网综合实训

扫一扫
看微课

任务描述

某公司的中心机房、办公区一和办公区二位于同一园区内；根据要求，各大楼间需互联互通，并且均能访问互联网；同时公司业务需要对外扩展，需要在互联网数据中心机房部署一台对外提供 DNS 和 Web 站点服务的服务器；你作为网络工程师，请根据网络拓扑图完成具体的任务要求。

任务要求

（1）企业网综合实训的网络拓扑图如图 7.3.1 所示。

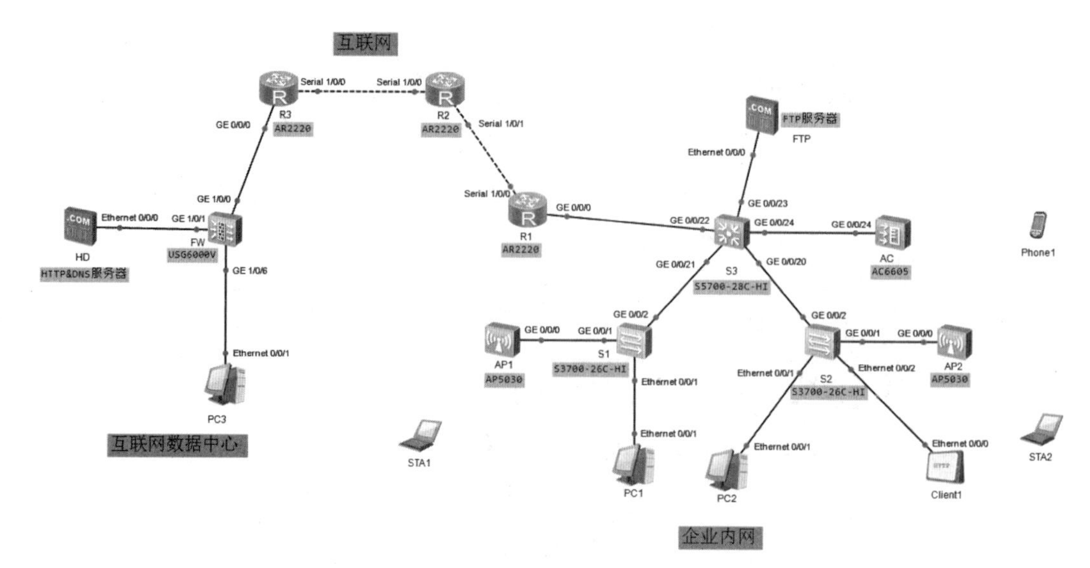

图 7.3.1　企业网综合实训的网络拓扑图

（2）设备说明如表 7.3.1 所示。

表 7.3.1 设备说明

设备名（型号）	端　　口	IP 地址/子网掩码	默 认 网 关	端 口 属 性	对端设备及端口
R1（AR2220）	Serial 1/0/0	200.200.200.1/30	200.200.200.2	——	R2：Serial 1/0/1
	GE 0/0/0	192.168.200.1/24	——	——	S3：GE 0/0/22
R2（AR2220）	Serial 1/0/0	200.200.210.1/30	——	——	R3：Serial 1/0/0
	Serial 1/0/1	200.200.200.2/30	——	——	R1：Serial 1/0/0
R3（AR2220）	Serial 1/0/0	200.200.210.2/30	——	——	R2：Serial 1/0/0
	GE 0/0/0	200.200.220.1/30	——	——	FW：GE 1/0/0
FW（USG6000V）	GE 1/0/0	200.200.220.2/30	200.200.220.1	——	R3：GE 0/0/0
	GE 1/0/1	172.16.100.254/24	——	——	HD：Ethernet 0/0/0
	GE 1/0/6	172.16.1.254/24	——	——	PC3：Ethernet 0/0/1
AC（AC6605）	GE 0/0/24	——	——	Trunk	S3：GE 0/0/24
	VLAN1	192.168.1.153/24	192.168.1.254	——	——
AP1（AP5030）	GE 0/0/0	DHCP 获取	DHCP 获取	——	S1：GE 0/0/1
AP2（AP5030）	GE 0/0/0	DHCP 获取	DHCP 获取	——	S2：GE 0/0/1
S1（S3700-26C-HI）	Ethernet 0/0/1	——	——	Access	PC1：Ethernet 0/0/1
	GE 0/0/1	——	——	Access	AP1：GE 0/0/0
	GE 0/0/2	——	——	Trunk	S3：GE 0/0/21
S2（S3700-26C-HI）	Ethernet 0/0/1	——	——	Access	PC2：Ethernet 0/0/1
	Ethernet 0/0/2	——	——	Access	Client1：Ethernet 0/0/0
	GE 0/0/1	——	——	Access	AP2：GE 0/0/0
	GE 0/0/2	——	——	Trunk	S3：GE 0/0/20

续表

设备名（型号）	端　口	IP 地址/子网掩码	默 认 网 关	端 口 属 性	对端设备及端口
S3（S5700-28C-HI）	GE 0/0/21	——	——	Trunk	S1：GE 0/0/2
	GE 0/0/20	——	——	Trunk	S2：GE 0/0/2
	GE 0/0/23	——	——	Access	FTP：Ethernet 0/0/0
	GE 0/0/24	——	——	Access	AC：GE 0/0/24
	GE 0/0/22	——	——	Access	R1：GE 0/0/0
	VLAN1	192.168.1.254/24	——	——	——
	VLAN20	192.168.20.254/24	——	——	——
	VLAN30	192.168.30.254/24	——	——	——
	VLAN40	192.168.40.254/24	——	——	——
	VLAN200	192.168.200.254/24	——	——	——
HD（Server）	Ethernet 0/0/0	172.16.100.1/24	172.16.100.254	——	FW：GE 1/0/1
FTP（Server）	Ethernet 0/0/0	192.168.40.1/24	192.168.40.254	VLAN40	S3：GE 0/0/23
PC1	Ethernet 0/0/1	DHCP 获取	DHCP 获取	VLAN10	S1：Ethernet 0/0/1
PC2	Ethernet 0/0/1	DHCP 获取	DHCP 获取	VLAN20	S2：Ethernet 0/0/1
PC3	Ethernet 0/0/1	172.16.1.1/24	172.16.1.254	——	FW：GE 1/0/6
Client1	Ethernet 0/0/0	192.168.30.100/24	192.168.30.254	VLAN30	S2：Ethernet 0/0/2
STA1	自动获取 AP1 的信息				
STA2	自动获取 AP2 的信息				
Phone1	自动获取 AP2 的信息				

（3）VLAN 规划如表 7.3.2 所示。

表 7.3.2　VLAN 规划

VLAN ID	VLANIF 地址	包 含 设 备	备　注
1	192.168.1.254/24	S1、AC	网络设备管理网段
10	192.168.10.254/24	PC1	计算机接入网段
20	192.168.20.254/24	PC2	计算机接入网段
30	192.168.30.254/24	Client1	计算机接入网段
40	192.168.40.254/24	FTP	服务器网段
100	192.168.100.254/24	AP1、AP2	AP 所在网段
101	192.168.101.254/24	无线用户	无线用户所在网段
102	192.168.102.254/24		
200	192.168.200.254/24	R1	与 R1 通信

（4）在 SW3 上为 VLAN1、VLAN10、VLAN20、VLAN30、VLAN40、VLAN100、VLAN101、VLAN102、VLAN200 配置 VLANIF 端口，实现公司总部网络互联互通。

（5）在 R1 上配置静态的默认路由，使用对端设备端口的 IP 地址作为下一跳地址，并完成配置让内网用户可以访问互联网。

（6）在 R1 上配置 DHCP 服务，并在交换机 S3 上配置 DHCP 中继，使得 PC1、PC2 和无线用户动态获取 IP 地址。

（7）在互联网区域的路由器 R2 和 R3 上启用 OSPF 动态路由协议，实现全网互通。

（8）在防火墙 FW 上完成端口地址配置和 Trust、DMZ、Untrust 区域划分；通过配置 NAT 让内网用户 PC3 可以访问互联网和管理 HD 服务器；让外网用户可以访问 HD 服务器上的 HTTP 服务和 DNS 服务。

（9）在 HD 服务器上配置 HTTP 服务和 DNS 服务，对外提供服务地址 200.200.220.2，并添加一条 A 记录“www.test.com -> 200.200.220.2”。

（10）无线控制器 AC 连接到交换机 S3 的 GE 0/0/24 端口上，无线控制参数自定义，实现客户端可以连接到 SSID 为 Office、密码为 a1234567 的无线办公网络。

任务实施

1．网络设备的基础配置

01 参照图 7.3.1 搭建网络拓扑，路由器之间使用 Serial 串口线，其他连线全部使用直通线，开启所有设备电源。

02 交换机 S1 的基本配置。

```
<Huawei>system-view
[Huawei]sysname S1
[S1]vlan batch 10 100
[S1-vlan20]interface Ethernet 0/0/1
[S1-Ethernet0/0/1]port link-type access
[S1-Ethernet0/0/1]port default vlan 10
[S1-Ethernet0/0/1]int GigabitEthernet 0/0/2
[S1-GigabitEthernet0/0/2]port link-type trunk
[S1-GigabitEthernet0/0/2]port trunk allow-pass vlan 10 100
[S1-GigabitEthernet0/0/2]quit
[S1]int GigabitEthernet 0/0/1
[S1-GigabitEthernet0/0/1]port link-type trunk
[S1-GigabitEthernet0/0/1]port trunk pvid vlan 100
[S1-GigabitEthernet0/0/1]port trunk allow-pass vlan 100
[S1-GigabitEthernet0/0/1]quit
[S1]quit
```

03 交换机 S2 的基本配置。

```
<Huawei>system-view
[Huawei]sysname S2
[S2]vlan batch 20 30 100
[S2-vlan30]interface Ethernet 0/0/1
[S2-Ethernet0/0/1]port link-type access
[S2-Ethernet0/0/1]port default vlan 20
[S2-Ethernet0/0/1]interface Ethernet 0/0/2
[S2-Ethernet0/0/2]port link-type access
[S2-Ethernet0/0/2]port default vlan 30
[S2-Ethernet0/0/2]interface GigabitEthernet 0/0/2
[S2-GigabitEthernet0/0/2]port link-type trunk
[S2-GigabitEthernet0/0/2]port trunk allow-pass vlan 20 30 100
[S2-GigabitEthernet0/0/2]quit
[S2]interface GigabitEthernet 0/0/1
[S2-GigabitEthernet0/0/1]port link-type trunk
[S2-GigabitEthernet0/0/1]port trunk pvid vlan 100
[S2-GigabitEthernet0/0/1]port trunk allow-pass vlan 100
```

```
[S2-GigabitEthernet0/0/1]quit
[S2]quit
```

04 交换机 S3 的基本配置。

```
<Huawei>system-view
[Huawei]sysname S3
[S3]vlan batch 10 20 30 40 100 101 102 200
[S3]interface GigabitEthernet 0/0/23
[S3-GigabitEthernet0/0/23]port link-type access
[S3-GigabitEthernet0/0/23]port default vlan 40
[S3-GigabitEthernet0/0/23]interface GigabitEthernet 0/0/22
[S3-GigabitEthernet0/0/22]port link-type access
[S3-GigabitEthernet0/0/22]port default vlan 200
[S3-GigabitEthernet0/0/22]interface GigabitEthernet 0/0/24
[S3-GigabitEthernet0/0/24]port link-type trunk
[S3-GigabitEthernet0/0/24]port trunk allow-pass vlan 1 101 102
[S3-GigabitEthernet0/0/24]interface GigabitEthernet 0/0/21
[S3-GigabitEthernet0/0/21]port link-type trunk
[S3-GigabitEthernet0/0/21]port trunk allow-pass vlan all
[S3-GigabitEthernet0/0/21]interface GigabitEthernet 0/0/20
[S3-GigabitEthernet0/0/20]port link-type trunk
[S3-GigabitEthernet0/0/20]port trunk allow-pass vlan all
[S3-GigabitEthernet0/0/20]interface Vlanif 1
[S3-Vlanif1]ip address 192.168.1.254 24
[S3-Vlanif1]interface Vlanif 10
[S3-Vlanif10]ip address 192.168.10.254 24
[S3-Vlanif10]interface Vlanif 20
[S3-Vlanif20]ip address 192.168.20.254 24
[S3-Vlanif20]interface Vlanif 30
[S3-Vlanif30]ip address 192.168.30.254 24
[S3-Vlanif30]interface Vlanif 40
[S3-Vlanif40]ip address 192.168.40.254 24
[S3-Vlanif40]interface Vlanif 100
[S3-Vlanif100]ip address 192.168.100.254 24
[S3-Vlanif100]interface Vlanif 101
[S3-Vlanif101]ip address 192.168.101.254 24
[S3-Vlanif101]interface Vlanif 102
[S3-Vlanif102]ip address 192.168.102.254 24
[S3-Vlanif102]interface Vlanif 200
[S3-Vlanif200]ip address 192.168.200.254 24
[S3]dhcp enable                                  //启用 DHCP 功能，配置 DHCP 中继
[S3]interface Vlanif 10                          //给 VLAN10 配置 DHCP 中继
[S3-Vlanif10]dhcp select relay
[S3-Vlanif10]dhcp relay server-ip 192.168.200.1
[S3-Vlanif10]int vlan 20                         //给 VLAN20 配置 DHCP 中继
[S3-Vlanif20]dhcp select relay
[S3-Vlanif20]dhcp relay server-ip 192.168.200.1
[S3-Vlanif20]interface Vlanif 100                //给 VLAN100（AP）配置 DHCP 中继
[S3-Vlanif100]dhcp select relay
[S3-Vlanif100]dhcp relay server-ip 192.168.1.253
[S3-Vlanif100]interface Vlanif 101               //给 VLAN101（无线用户）配置 DHCP 中继
[S3-Vlanif101]dhcp select relay
[S3-Vlanif101]dhcp relay server-ip 192.168.200.1
[S3-Vlanif101]int vlan 102                       //给 VLAN102（无线用户）配置 DHCP 中继
[S3-Vlanif102]dhcp select relay
[S3-Vlanif102]dhcp relay server-ip 192.168.200.1
[S3-Vlanif102]quit
```

05 路由器 R1 的基本配置。

```
<Huawei>system-view
[Huawei]sysname R1
[R1]interface GigabitEthernet 0/0/0
```

```
[R1-GigabitEthernet0/0/0]ip add 192.168.200.1 24
[R1-GigabitEthernet0/0/0]interface Serial 1/0/0
[R1-Serial1/0/0]ip add 200.200.200.1 30
[R1-Serial1/0/0]quit
[R1]quit
```

06 路由器 R2 的基本配置。

```
<Huawei>system-view
[Huawei]sysname R2
[R2]interface Serial 1/0/1
[R2-Serial1/0/1]ip add 200.200.200.2 30
[R2-Serial1/0/1]interface Serial 1/0/0
[R2-Serial1/0/0]ip add 200.200.210.1 30
[R2-Serial1/0/0]quit
```

07 路由器 R3 的基本配置。

```
<Huawei>system-view
[Huawei]sysname R3
[R3]int Serial1/0/0
[R3-Serial1/0/0]ip add 200.200.210.2 30
[R3-Serial1/0/0]int g0/0/0
[R3-GigabitEthernet0/0/0]ip add 200.200.220.1 30
[R3-GigabitEthernet0/0/0]quit
```

2. 网络设备的路由配置

01 交换机 S3 的静态路由配置。

```
[S3]ip route-static 0.0.0.0 0 192.168.200.1                //配置默认路由
```

02 路由器 R1 的静态路由配置。

```
[R1]ip route-static 0.0.0.0 0  200.200.200.2               //配置默认路由
[R1]ip route-static 192.168.0.0 16 192.168.200.254         //配置内网回指路由
```

03 路由器 R2 的路由配置。

```
[R2]ospf 1
[R2-ospf-1]area 0
[R2-ospf-1-area-0.0.0.0]network 200.200.200.0 0.0.0.3
[R2-ospf-1-area-0.0.0.0]network 200.200.210.0 0.0.0.3
[R2-ospf-1-area-0.0.0.0]quit
[R2-ospf-1]quit
[R2]quit
```

04 路由器 R3 的路由配置。

```
[R3]ospf 1
[R3-ospf-1]area 0
[R3-ospf-1-area-0.0.0.0]network 200.200.210.0 0.0.0.3
[R3-ospf-1-area-0.0.0.0]network 200.200.220.0 0.0.0.3
[R3-ospf-1-area-0.0.0.0]quit
[R3-ospf-1]quit
[R3]quit
```

3. 内网 DHCP 服务的配置

01 在路由器 R1 上配置 DHCP 服务。

```
[R1]dhcp enable
[R1]ip pool vlan10
[R1-ip-pool-vlan10]network 192.168.10.0
[R1-ip-pool-vlan10]gateway-list 192.168.10.254
[R1-ip-pool-vlan10]dns-list 200.200.220.2
[R1-ip-pool-vlan10]ip pool vlan20
[R1-ip-pool-vlan20]network 192.168.20.0
```

```
[R1-ip-pool-vlan20]gateway-list 192.168.20.254
[R1-ip-pool-vlan20]dns-list 200.200.220.2
[R1-ip-pool-vlan20]ip pool vlan101
[R1-ip-pool-vlan101]network 192.168.101.0
[R1-ip-pool-vlan101]gateway-list 192.168.101.254
[R1-ip-pool-vlan101]dns-list 200.200.220.2
[R1-ip-pool-vlan101]ip pool vlan102
[R1-ip-pool-vlan102]network 192.168.102.0
[R1-ip-pool-vlan102]gateway-list 192.168.102.254
[R1-ip-pool-vlan102]dns-list 200.200.220.2
[R1-ip-pool-vlan102]quit
[R1]interface GigabitEthernet 0/0/0
[R1-GigabitEthernet0/0/0]dhcp select global
[R1-GigabitEthernet0/0/0]quit
[R1]quit
```

02 检查 DHCP 服务是否正常。

设置 PC1、PC2 的 IP 地址获取方式为 DHCP，获取结果如图 7.3.2 和图 7.3.3 所示。

图 7.3.2 PC1 获取的 IP 地址

```
PC2
基础配置 命令行 组播 UDP发包工具 串口
Welcome to use PC Simulator!

PC>ipconfig

Link local IPv6 address...........: fe80::5689:98ff:feab:4a5
IPv6 address......................: :: / 128
IPv6 gateway......................: ::
IPv4 address......................: 192.168.20.253
Subnet mask.......................: 255.255.255.0
Gateway...........................: 192.168.20.254
Physical address..................: 54-89-98-AB-04-A5
DNS server........................: 200.200.220.2

PC>
```

图 7.3.3 PC2 获取的 IP 地址

4. 企业内网的出口配置

在路由器 R1 上，使用 Easy IP 技术实现对外访问。

```
[R1]acl 2000                                    //采用 Easy IP 方式让内网访问外网
[R1-acl-basic-2000]rule 5 permit source 192.168.0.0 0.0.255.255
[R1-acl-basic-2000]quit
[R1]interface Serial 1/0/0
[R1-Serial1/0/0]nat outbound 2000
[R1-Serial1/0/0]quit
```

5. 查询 AP1 和 AP2 的 MAC 地址

```
<AP1>display system-information
System Information
===============================================
Serial Number                    : 210235448310352B9014
```

```
System Time                    : 2021-07-30 17:37:20
System Up time                 : 1min 14sec
System Name                    : Huawei
Country Code                   : US
MAC Address                    : 00:e0:fc:e6:6d:b0
......                                                //此处省略部分内容
```

这里显示 AP1 的 Hardware address（MAC 地址）为 00:e0:fc:e6:6d:b0。

```
<AP2>display system-information
System Information
===============================================
Serial Number                  : 2102354483108313D82C
System Time                    : 2021-07-30 17:37:20
System Up time                 : 1min 14sec
System Name                    : Huawei
Country Code                   : US
MAC Address                    : 00:e0:fc:12:57:80
......                                 //此处省略部分内容
```

这里显示 AP2 的 Hardware address（MAC 地址）为 00:e0:fc:12:57:80。

6．无线控制器 AC 的配置

01 无线控制器 AC 的基本配置。

（1）无线控制器 AC 的基础配置。

```
<AC6605>system-view
[AC6605]sysname AC
[AC]vlan batch 101 102                    //业务 VLAN
[AC]int vlan 1
[AC-Vlanif1]ip add 192.168.1.253 24
[AC-Vlanif1]int g0/0/24
[AC-GigabitEthernet0/0/24]port link-type trunk
[AC-GigabitEthernet0/0/24]port trunk allow-pass vlan 1 101 102
[AC-GigabitEthernet0/0/24]quit
//配置 AC 到 AP 的路由，下一跳为 S3 的 VLANIF1
[AC]ip route-static 192.168.100.0 24 192.168.1.254
```

（2）无线控制器 AC 的 DHCP 配置。

```
[AC]dhcp enable                           //启用 AC 的 DHCP 功能
[AC]ip pool appool                        //创建全局地址池，为 AP 提供地址
[AC-ip-pool-appool]network 192.168.100.0 mask 24
[AC-ip-pool-appool]gateway-list 192.168.100.254
[AC-ip-pool-appool]option 43 sub-option 3 ascii 192.168.1.253
[AC-ip-pool-appool]quit
[AC]int vlan 1
[AC-Vlanif1]dhcp select global
[AC-Vlanif1]quit
```

02 配置 AP 上线。

（1）创建 AP 组，用于将相同配置的 AP 加入同一 AP 组。

```
[AC]wlan
[AC-wlan-view]ap-group name office_wifi
```

（2）配置 AC 的源端口。

```
[AC]capwap source interface vlan 1                //配置 AC 的源端口
```

（3）创建域管理模板，在域管理模板下配置 AC 的国家码并在 AP 组中引用域管理模板。

```
[AC]wlan
[AC-wlan-view]regulatory-domain-profile name default //创建域管理模板
[AC-wlan-regulate-domain-default]country-code cn     //配置 AC 的国家码
```

```
[AC-wlan-regulate-domain-default]quit
[AC-wlan-view]ap-group name office_wifi          //命名一个“office_wifi”ap组
[AC-wlan-ap-group-office_wifi]regulatory-domain-profile default
                                                 //在AP组下引用域管理模板
Warning: Modifying the country code will clear channel, power and antennagain configurations of the radio and reset the AP. Continue?[Y/N]:y     //输入“y”
[AC-wlan-ap-group-office_wifi]quit
```

（4）在 AC 上离线导入 AP1、AP2，并将 AP 加入组 office_wifi。

```
//00e0-fce6-6db0为AP1的GE 0/0/0端口的MAC地址
[AC-wlan-view]ap-id 1 ap-mac 00e0-fce6-6db0
[AC-wlan-ap-1]ap-name AP1               //将“ap-id 1”命名为“AP1”
[AC-wlan-ap-1]ap-group office_wifi      //将“ap-id 1”加入“office_wifi”ap组
Warning: This operation may cause AP reset. If the country code changes, it will clear channel, power and antenna gain configurations of the radio, Whether to continue?[Y/N]:y                                   //输入“y”
[AC-wlan-ap-1]quit
//00e0-fc12-5780为AP2的GE 0/0/0端口的MAC地址
[AC-wlan-view]ap-id 2 ap-mac 00e0-fc12-5780
[AC-wlan-ap-2]ap-name AP2
[AC-wlan-ap-2]ap-group office_wifi
Warning: This operation may cause AP reset. If the country code changes, it will clear channel, power and antenna gain configurations of the radio, Whether to continue?[Y/N]:y
```

（5）使用 display ap all 命令查看 AP 的 MAC 地址、Type 及运行状态。

```
[AC-wlan-view]dispaly ap all
Total AP information:
nor  : normal     [2]
----------------------------------------------------------------------------------------
ID   MAC            Name  Group        IP               Type      State  STA  Uptime
----------------------------------------------------------------------------------------
1    00e0-fce6-6db0 AP1   office_wifi  192.168.100.125  AP5030DN  nor    0    1S
2    00e0-fc12-5780 AP2   office_wifi  192.168.100.11   AP5030DN  nor    0    23S
Total: 2
```

当 AP 的“State”字段为“nor”时，表示 AP 正常上线。

03 配置 WLAN 业务。

（1）创建 VLAN pool，配置 VLAN pool 中的 VLAN 分配算法。

```
[AC]vlan pool sta-pool                  //创建VLAN pool，用于作为业务VLAN
[AC-vlan-pool-sta-pool]vlan 101 102
[AC-vlan-pool-sta-pool]assignment hash  //配置VLAN pool中的VLAN分配算法为“hash”
[AC-vlan-pool-sta-pool]
```

（2）创建名为“wlan-net”的安全模板，并配置安全策略。

```
[AC]wlan
[AC-wlan-view]security-profile name wlan-net   //创建名为“wlan-net”的安全模板
//配置安全模板的安全策略
[AC-wlan-sec-prof-wlan-net]security wpa-wpa2 psk pass-phrase a1234567 aes
[AC-wlan-sec-prof-wlan-net]quit
```

（3）创建名为“wlan-net”的 SSID 模板，并配置 SSID 名为“Office”。

```
[AC-wlan-view]ssid-profile name wlan-net       //创建名为“wlan-net”的SSID模板
[AC-wlan-ssid-prof-wlan-net]ssid Office        //配置SSID名为“Office”
[AC-wlan-ssid-prof-wlan-net]quit
```

（4）创建名为“wlan-net”的 VAP 模板，配置业务数据转发模式、业务 VLAN，并引用安全模板和 SSID 模板。这里采用隧道转发模式，业务 VLAN 是 sta-pool。

```
[AC-wlan-view]vap-profile name wlan-net      //创建名为"wlan-net"的 VAP 模板
[AC-wlan-vap-prof-wlan-net]forward-mode tunnel                  //配置业务数据转发模式
[AC-wlan-vap-prof-wlan-net]service-vlan vlan-pool sta-pool      //配置业务 VLAN
[AC-wlan-vap-prof-wlan-net]security-profile wlan-net            //引用安全模板
[AC-wlan-vap-prof-wlan-net]ssid-profile wlan-net                //引用 SSID 模板
[AC-wlan-vap-prof-wlan-net]quit
```

（5）配置 AP 组引用 VAP 模板，射频 0 和射频 1 都使用 VAP 模板“wlan-net”的配置。

```
[AC-wlan-view]ap-group name office_wifi     //配置 AP 组引用 VAP 模板
//AP 上射频 0（2.4GHz）使用 VAP 模板"wlan-net"的配置
[AC-wlan-ap-group-office_wifi]vap-profile wlan-net wlan 1 radio 0
//AP 上射频 1（5GHz）使用 VAP 模板"wlan-net"的配置
[AC-wlan-ap-group-office_wifi]vap-profile wlan-net wlan 1 radio 1
[AC-wlan-ap-group-office_wifi]quit
```

（6）使用 display vap ssid Office 查看业务型 VAP 的相关信息。

```
[AC]display vap ssid Office        //查看业务型 VAP 的相关信息
WID : WLAN ID
---------------------------------------------------------------------------------------------------------------------
AP ID AP name RfID WID  BSSID         Status       Auth type         STA   SSID
---------------------------------------------------------------------------------
1     AP1     0    1    00E0-FCE6-6DB0    ON     WPA/WPA2-PSK        0     Office
1     AP1     1    1    00E0-FCE6-6DC0    ON     WPA/WPA2-PSK        0     Office
2     AP2     0    1    00E0-FC12-5780    ON     WPA/WPA2-PSK        0     Office
2     AP2     1    1    00E0-FC12-5790    ON     WPA/WPA2-PSK        0     Office
```

当“Status”项显示为“ON”时，表示 AP 对应的射频上的 VAP 已创建成功。

04 客户端的测试。

（1）启动 STA1，查看“Vap 列表”，并连接“信道 1”的 VAP，如图 7.3.4 所示。

图 7.3.4　STA1 的 Vap 列表

（2）在弹出的对话框中输入“a1234567”，并单击“确定”按钮，如图 7.3.5 所示，这时可以看到状态显示为“已连接”，表示连接成功，如图 7.3.6 所示。

图 7.3.5 连接“信道 1”无线网络

图 7.3.6 显示连接状态

（3）查看 STA1 从 DHCP 服务器获取的 IP 地址信息，如图 7.3.7 所示。

图 7.3.7 STA1 从 DHCP 服务器获取的 IP 地址信息

（4）使用同样的方法，将 STA2 和 Phone1 进行连接。设备全部连接无线网络后，在 AC 上执行 display station ssid office 命令，可以看到用户已经接入无线网络“Office”中。

```
<AC>display station ssid Office
Rf/WLAN: Radio ID/WLAN ID
Rx/Tx: link receive rate/link transmit rate(Mbps)
-------------------------------------------------------------------------------
STA MAC        AP IDAp name Rf/WLAN  Band  Type  Rx/Tx  RSSI  VLAN  IP address
-------------------------------------------------------------------------------
5489-9809-10cf 2     AP2     0/1     2.4G   -     -/-     -   102   192.168.102.253
5489-9821-33bf 2     AP2     0/1     2.4G   -     -/-     -   101   192.168.101.252
5489-986b-0864 1     AP1     0/1     2.4G   -     -/-     -   101   192.168.101.253
-------------------------------------------------------------------------------
Total: 3 2.4G: 3 5G: 0
```

7. 防火墙的配置

01 更改防火墙的默认密码。

防火墙在首次登录时，要修改密码才能使用。

```
Username: admin
Password:                                              //输入默认密码“Admin@123”
The password needs to be changed. Change now? [Y/N]: y //必须输入“y”
Please enter old password:                             //输入原来密码“Admin@123”
Please enter new password:                             //输入新密码“1qaz!QAZ”
Please confirm new password:                           //再一次输入新密码“1qaz!QAZ”
 Info: Your password has been changed. Save the change to survive a reboot.
*************************************************************************
*        Copyright (C) 2014-2018 Huawei Technologies Co., Ltd.          *
*                        All rights reserved.                           *
*             Without the owner's prior written consent,                *
*       no decompiling or reverse-engineering shall be allowed.         *
*************************************************************************
<USG6000V1>
```

02 完成端口地址的配置和区域划分。

```
<USG6000V1> system-view
[USG6000V1] sysname FW
[FW] interface g1/0/0
[FW-GigabitEthernet1/0/0] ip address 200.200.220.2 30
[FW-GigabitEthernet1/0/0] quit
[FW] interface g1/0/1
[FW-GigabitEthernet1/0/1] ip address 172.16.100.254 24
[FW-GigabitEthernet1/0/1] quit
[FW]interface g1/0/6
[FW-GigabitEthernet1/0/6]ip address 172.16.100.254 24
[FW-GigabitEthernet1/0/6]quit
[FW]firewall zone trust
[FW-zone-trust]add interface g1/0/6
[FW-zone-trust]quit
[FW]firewall zone dmz
[FW-zone-dmz]add interface g1/0/1
[FW-zone-dmz]quit
[FW]firewall zone untrust
[FW-zone-untrust]add interface g1/0/0
[FW-zone-untrust]quit
```

03 配置互联网数据中心的用户可以访问互联网。

```
[FW]security-policy          //配置安全策略，内网可以访问外网
[FW-policy-security]rule name tr_to_untr
```

```
[FW-policy-security-rule-tr_to_untr]source-zone trust
[FW-policy-security-rule-tr_to_untr]destination-zone untrust
[FW-policy-security-rule-tr_to_untr]source-address 172.16.1.0 24
[FW-policy-security-rule-tr_to_untr]action permit
[FW-policy-security-rule-tr_to_untr]quit
[FW-policy-security] quit
[FW]nat-policy              //配置端口方式的源 NAT 策略
[FW-policy-nat]rule name tr_nat_untr
[FW-policy-nat-rule-policy_tr_nat_untr]source-zone trust
[FW-policy-nat-rule-policy_tr_nat_untr]destination-zone untrust
[FW-policy-nat-rule-policy_tr_nat_untr]source-address 172.16.1.0 24
//使用私网用户直接借用 FW 的公网 IP 地址来访问互联网
[FW-policy-nat-rule-policy_tr_nat_untr]action source-nat easy-ip
[FW-policy-nat-rule-policy_tr_nat_untr]quit
[FW-policy-nat]quit
```

04 配置内网用户可以访问 HTTP 服务器和 DNS 服务器。

```
[FW]security-policy
[FW-policy-security] rule name tr_to_dmz
[FW-policy-security-rule-tr_to_dmz]source-zone trust
[FW-policy-security-rule-tr_to_dmz]destination-zone dmz
[FW-policy-security-rule-tr_to_dmz]source-address 172.16.1.0 24
[FW-policy-security-rule-tr_to_dmz]action permit
[FW-policy-security-rule-tr_to_dmz]quit
```

05 配置外网用户可以访问 HD 服务器。

```
[FW]security-policy                    //配置安全策略，允许外网用户访问内部服务器
[FW-policy-security]rule name untr_to_dmz
[FW-policy-security-rule-untr_to_dmz]source-zone untrust
[FW-policy-security-rule-untr_to_dmz]destination-zone dmz
[FW-policy-security-rule-untr_to_dmz]destination-address 172.16.100.1 32
[FW-policy-security-rule-untr_to_dmz]action permit
[FW-policy-security-rule-untr_to_dmz]quit
[FW-policy-security] quit
[FW]destination-nat address-group addgroup1        //配置目的 NAT 地址池
[FW-dnat-address-group-addressgroup1]section 172.16.100.1 172.16.100.1
[FW-dnat-address-group-addressgroup1]quit
[FW]nat-policy                                     //配置 NAT（DNS）策略
[FW-policy-nat] rule name untr_dns_dmz
[FW-policy-nat-rule-untr_dns_dmz]source-zone untrust
[FW-policy-nat-rule-untr_dns_dmz]destination-address 200.200.220.2 32
[FW-policy-nat-rule-untr_dns_dmz]service dns
[FW-policy-nat-rule-untr_dns_dmz]action  destination-nat  static  port-to-address
address-group addgroup1 53
[FW-policy-nat-rule-untr_dns_dmz]quit
[FW-policy-nat]quit
[FW]nat-policy                                     //配置 NAT（HTTP）策略
[FW-policy-nat]rule name untr_http_dmz
[FW-policy-nat-rule-untr_http_dmz]source-zone untrust
[FW-policy-nat-rule-untr_http_dmz]destination-address 200.200.220.2 32
[FW-policy-nat-rule-untr_http_dmz]service http
[FW-policy-nat-rule-untr_http_dmz]action  destination-nat  static  port-to-address
address-group addgroup1 80
[FW-policy-nat-rule-untr_http_dmz]quit
```

06 路由协议配置。

```
[FW]ip route-static 0.0.0.0 0.0.0.0 200.200.220.1  //配置默认路由
```

8. HD 服务器的配置

01 完成 HD 服务器的 IP 地址设置，如图 7.3.8 所示。

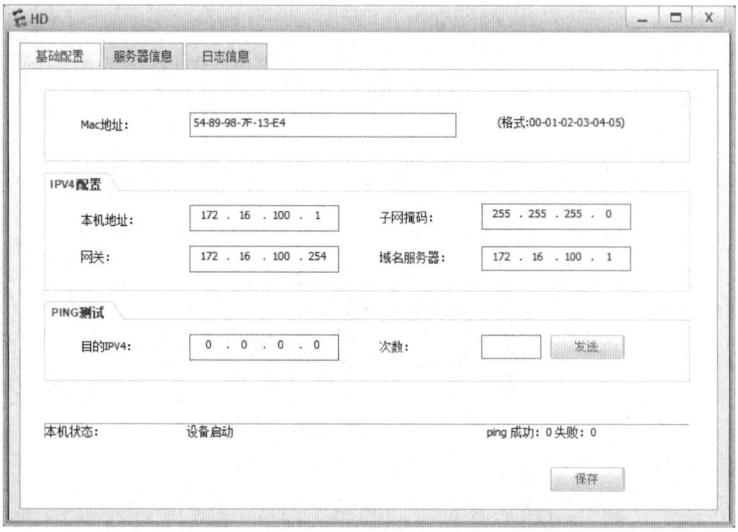
HD
基础配置
服务器信息
日志信息
Mac地址：
54-89-98-7F-13-E4
(格式:00-01-02-03-04-05)
IPV4配置
本机地址：
172 . 16 . 100 . 1
子网掩码：
255 . 255 . 255 . 0
网关：
172 . 16 . 100 . 254
域名服务器：
172 . 16 . 100 . 1
PING测试
目的IPV4：
0 . 0 . 0 . 0
次数：
发送
本机状态：
设备启动
ping 成功：0 失败：0
保存

图 7.3.8　HD 服务器的 IP 地址设置

02 在 HD 服务器上配置 DNS 服务。

在 HD 上单击鼠标右键，在弹出的快捷菜单中选择“服务器信息”命令，打开设置对话框，单击“DNSServer”按钮，在“主机域名”处填写“www.test.com”，在“IP 地址”处填写“200.200.220.2”，单击“增加”按钮，最后单击“启动”按钮，如图 7.3.9 所示。

HD
基础配置
服务器信息
日志信息
DNSServer
FtpServer
HttpServer
服务
服务端口号：
53
启动
停止
配置
主机域名：
IP地址：
增加
修改
删除
主机域名
IP地址
www.test.com
200.200.220.2

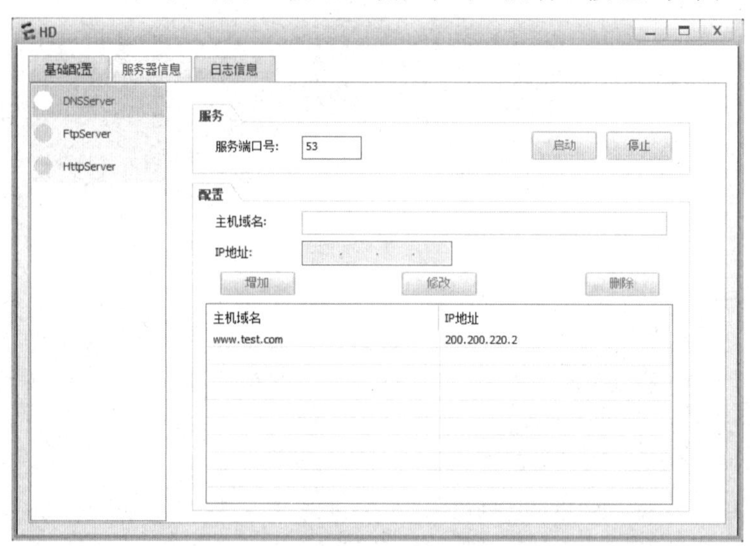

图 7.3.9　DNS 服务配置

03 在 HD 服务器上配置 HTTP 服务。

在 HD 上单击鼠标右键，在弹出的快捷菜单中选择“服务器信息”命令，打开设置对话框，单击“HttpServer”按钮，在“配置”选区中进行文件根目录的添加，这里选择“C:\Http\index.htm”（需提前创建好），最后单击“启动”按钮，如图 7.3.10 所示。

图 7.3.10 HTTP 服务配置

完成以上配置后，HD 服务器就可以对外提供 HTTP 服务和 DNS 服务了。

9. 验证 DNS 服务和 HTTP 服务

01 完成 Client1 的 IP 地址设置。Client1 的 IP 地址设置如图 7.3.11 所示。

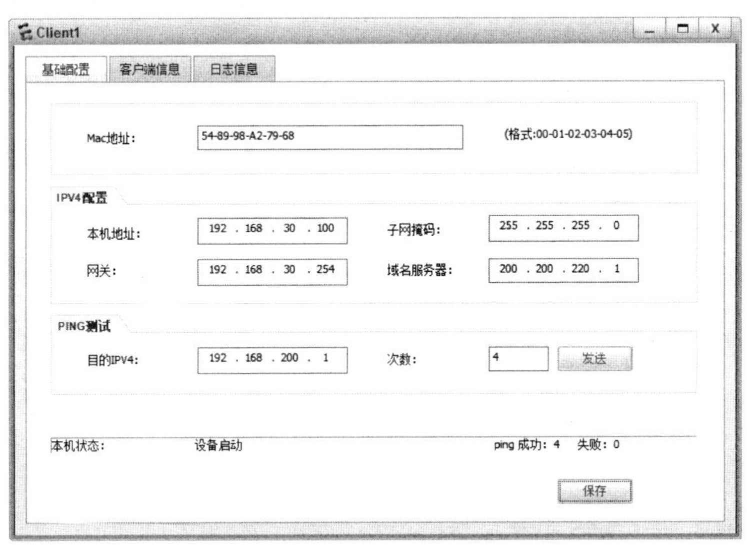

图 7.3.11 Cient1 的 IP 地址设置

02 验证 HD 服务器上的 HTTP 服务。

使用 Client1 中的“HttpClient”访问“http://200.200.220.2/index.html”，浏览网页，如图 7.3.12 所示。

图 7.3.12　验证 HD 服务器上的 HTTP 服务

03 验证 HD 服务器上的 DNS 服务。

使用 Client1 中的“HttpClient”访问“http://www.test.com/index.html”，浏览网页，如图 7.3.13 所示。

图 7.3.13　验证 HD 服务器上的 DNS 服务

最终无线用户都可以获取正确的 IP 地址，整个网络实现全网互通 ，如图 7.3.14 所示。

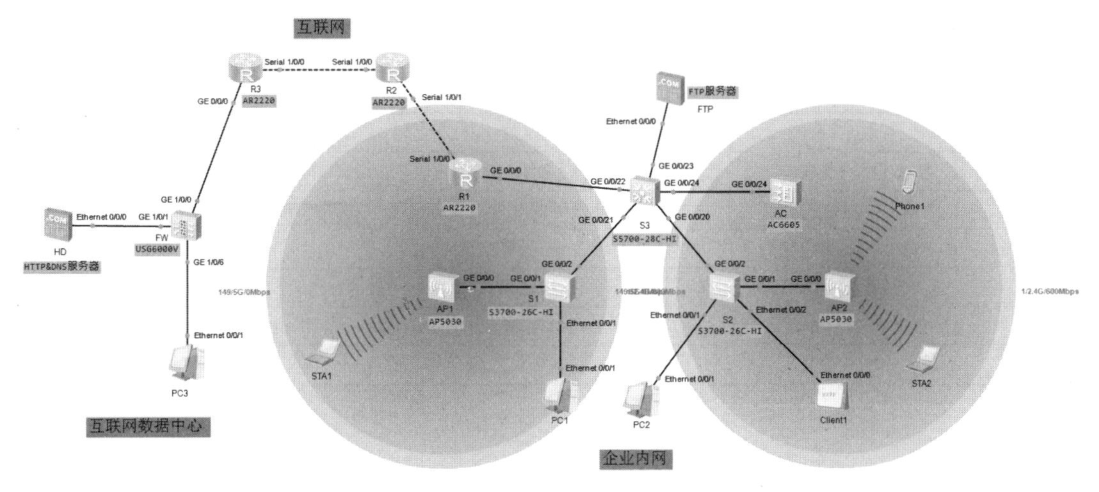

图 7.3.14　全网互通

任务验收

01 查看客户端 PC1、PC2 和无线用户是否都正确地获取了 IP 地址。

02 测试 PC1 是否可以到达 FTP 服务器。

03 使用 Client1 中的“HttpClient”访问“http://200.200.220.2/index.html”，是否可以浏览网页。

04 使用 Client1 中的“HttpClient”访问“http://www.test.com/index.html”，是否可以浏览网页。

05 查看是否实现整个网络全网互通。

任务小结

本任务为企业网综合实训，综合考察了 VLAN、SVI、路由器 DHCP 服务配置、NAT、静态路由、无线配置、防火墙、OSPF 等知识，有利于提高读者的综合水平。

反思与评价

1．自我反思（不少于 100 字）

____

____

____

____

2. 任务评价

自我评价表

序　号	自 评 内 容	佐 证 内 容	达　标	未 达 标
1	企业内网的搭建	内网各设备可以互相通信		
2	企业无线网络的搭建	无线设备可以获取 IP 地址		
3	企业内网与互联网的通信	PC1 可以 ping 通 200.200.220.1		
4	互联网数据中心网络的搭建	PC3 可以与 HD 服务器、路由器 R3 通信		
5	HD 服务器对外提供服务	Client1 可以浏览 HD 服务器 Web 站点网页		
6	系统分析与解决问题的能力	能完成任务要求的分析并完成综合任务		

华信SPOC官方公众号

欢迎广大院校师生 **免费**注册应用

www. hxspoc. cn

华信SPOC在线学习平台

专注教学

教学课件
师生实时同步

数百门精品课
数万种教学资源

多种在线工具
轻松翻转课堂

电脑端和手机端（微信）使用

测试、讨论、
投票、弹幕……
互动手段多样

一键引用，快捷开课
自主上传，个性建课

教学数据全记录
专业分析，便捷导出

登录 www. hxspoc. cn 检索 华信SPOC 使用教程 获取更多

华信SPOC宣传片

教学服务QQ群： 1042940196
教学服务电话：010-88254578/010-88254481
教学服务邮箱：hxspoc@phei. com. cn

华信教育研究所